"十二五"国家重点图书出版规划项目

信息与计算科学丛书　62

环境科学数值模拟的理论和实际应用

袁益让　芮洪兴　梁　栋　著

科学出版社

北　京

内 容 简 介

本书包含防治海水入侵主要工程后效与调控模式、核废料污染和油田地层硫酸盐结垢数值模拟. 主要内容：海水入侵的数值模拟概论、数值模拟和数值分析、防治工程后效预测、线性规划和调控应用模式、有限元方法和潜水面问题、核废料污染问题的有限元、混合元数值模拟方法和分析，以及油田地层硫酸盐结垢预测的数值模拟方法、工程软件和实际应用.

本书可作为信息和计算科学、数学和应用数学、计算流体力学、计算机软件、水利和土建、环保、石油开发等专业的本科生参考书及研究生教材，也可作为高等学校、科研单位、生产企业等相关专业的教师、科研人员和工程师的读物或参考书.

图书在版编目（CIP）数据

环境科学数值模拟的理论和实际应用/袁益让，芮洪兴，梁栋著. —北京：科学出版社，2014.3

（信息与计算科学丛书；62）

ISBN 978–7–03–040075–8

Ⅰ. ①环⋯ Ⅱ. ①袁⋯ ②芮⋯ ③梁⋯ Ⅲ. ①环境科学–数值模拟 Ⅳ. ①X

中国版本图书馆 CIP 数据核字 (2014) 第 045345 号

责任编辑: 王丽平 / 责任校对: 刘小梅
责任印制: 徐晓晨 / 封面设计: 陈　敬

科学出版社 出版

北京东黄城根北街 16 号
邮政编码: 100717
http://www.sciencep.com

北京建宏印刷有限公司 印刷
科学出版社发行　各地新华书店经销

*

2014 年 3 月第 一 版　开本: 720 × 1000 1/16
2019 年 1 月第二次印刷　印张: 16 1/2
字数: 332 000

定价: 98.00 元
（如有印装质量问题，我社负责调换）

《信息与计算科学丛书》序

20 世纪 70 年代末，由已故著名数学家冯康先生任主编、科学出版社出版了一套《计算方法丛书》，至今已逾 30 多册. 这套丛书以介绍计算数学的前沿方向和科研成果为主旨，学术水平高、社会影响大，对计算数学的发展、学术交流及人才培养起到了重要的作用.

1998 年教育部进行学科调整，将计算数学及其应用软件、信息科学、运筹控制等专业合并，定名为"信息与计算科学专业". 为适应新形势下学科发展的需要，科学出版社将《计算方法丛书》更名为《信息与计算科学丛书》，组建了新的编委会，并于 2004 年 9 月在北京召开了第一次会议，讨论并确定了丛书的宗旨、定位及方向等问题.

新的《信息与计算科学丛书》的宗旨是面向高等学校信息与计算科学专业的高年级学生、研究生以及从事这一行业的科技工作者，针对当前的学科前沿、介绍国内外优秀的科研成果. 强调科学性、系统性及学科交叉性，体现新的研究方向. 内容力求深入浅出，简明扼要.

原《计算方法丛书》的编委和编辑人员以及多位数学家曾为丛书的出版做了大量工作，在学术界赢得了很好的声誉，在此表示衷心的感谢. 我们诚挚地希望大家一如既往地关心和支持新丛书的出版，以期为信息与计算科学在新世纪的发展起到积极的推动作用.

石钟慈

2005 年 7 月

前　言

本书是山东大学计算数学科研梯队有关 "防治海水入侵主要工程后效与调控模式研究"、"核废料污染问题数值模拟" 和 "油田地层硫酸盐结垢预测数值模拟" 的科研成果总结和近期进一步发展.

海水入侵的预测和主要工程后效与调控模式数值模拟方法的研究和实际应用, 是十分重要的环境、资源、防灾减灾课题. 海水入侵沿海地区, 在自然海水环境条件改变和社会环境条件影响下, 造成海水向沿海地区储水层的侵入. 我国的环渤海经济区情况特别严重, 给山东省莱州湾沿海地区的经济发展和人民生活带来极大的危害. 因此深入研究海水入侵的成因、机制、规律, 有的放矢地提出防治方案, 采取切实可行的综合治理措施, 尽快制止海水入侵的发展, 缓解海水入侵带来的灾害, 促进环境和资源的良性循环是一项十分重要的科研和工程任务. 海水入侵这种复杂的地下水运动, 具有危害大、隐蔽性强、动态变化多、难以治理等特点. 利用现代计算机的高速计算能力, 在渗流力学、水文地质学基础上, 考虑地理环境、地质结构等复杂条件的影响, 建立合理的数学模型, 在计算机上进行定量描述海水入侵过程. 对认识、掌握海水入侵的机制和规律, 预测海水入侵的发展趋势, 是切实可行、行之有效的方法. 防治海水入侵的工程要花费巨大的投资, 要在长时间内发挥重大的作用, 因此依靠科学与工程计算的方法, 采用计算机对工程的后效进行数值模拟, 对工程的作用给出定量预测是很有必要的, 对提出工程调控应用模式的研究, 更具有深刻的现实意义.

本书内容共分三部分.

第 1 部分内容是作者 1992 年 1 月～ 1995 年 12 月主持国家 "八五" 攻关项目 "防治海水入侵主要工程后效及调控模式研究"(编号 85-806-06-04) 的部分理论成果. 其应用成果获 1997 年国家水利部科技进步奖三等奖, 已在山东省莱州湾防治工程中采用. 本部分内容为本书前 5 章.

第 1 章　海水入侵的数值模拟概论. 主要讨论我国特别是山东省沿海地区海水入侵的现状及特点. 这种灾害主要表现为海水 (卤水或古海水) 在地下向内陆入侵 (卤水入侵又称咸水入侵). 在计算机上模拟海水入侵的运动规律, 首先必须研究这种多孔介质地层中海水和淡水的运动规律, 研究其满足的渗流力学-数学模型, 它具有非线性、强对流、自由边界等特点. 为了使数值模拟适合评价大范围、三维问题, 我们采用迎风算子分裂算法, 来离散水头方程和盐分浓度方程, 研制了工程应用软件系统.

　　第 2 章　数值模拟结果比较和数值分析. 应用我们研制的软件系统, 对莱州湾地区的海水入侵, 进行了全面、系统的大规模数值模拟计算, 计算结果与实测一致, 并对主要防治工程进行后效预测和综合工程后效预测, 提出了调控应用模式. 在此基础上, 对求解问题的迎风差分方法、特征差分方法进行数值分析研究, 使数值软件模拟系统, 建立在坚实的数学和力学基础上.

　　第 3 章　防治海水入侵主要工程的后效预测. 防治海水入侵的主要工程如节水工程、引黄调水工程、拦蓄补源工程、人工增雨工程、地下坝、防潮堤工程等. 其总体目标就是增加地面可供水量, 在保证工农业生产和人畜饮水需要的同时, 尽量减少对地下水的开采. 从而延缓地下水位下降, 甚至促使地下水位回升, 对防治海水入侵是非常有效的.

　　第 4 章　线性规划与工程调控应用模式. 我们将最优化方法 (线性规划) 和数值方法相结合来解决工程调控应用模式. 如对供水来说, 如何使有限的地下水资源发挥最大的社会经济效益, 如何使地下水位降深控制在我们限定的范围, 而使供水量达到最大, 对资源保护来说, 如何控制污染物以限制地下水被污染, 使水质保持在卫生标准允许的范围内.

　　第 5 章　海水入侵数值模拟的有限元方法与潜水面问题. 在第 1 章、第 2 章的基础上, 提出一类海水入侵数值模拟的有限元程序, 应用微分方程先验估计的理论和技巧, 得到了特征有限元方法的收敛性估计. 并研究了带自由潜水面地下渗流分裂–隐处理方法和水质污染自由边界问题的数值方法, 这在水资源和环境科学等领域均有重要的实用价值.

　　本书的第 2 部分, 第 6 章　核废料污染问题的数值模拟方法. 核废料深埋在地层下, 若遇到地震、岩石裂隙发生时, 它就会扩散, 因此研究其扩散及安全问题是十分重要的. 对于不可压缩、可压缩、二维模型, 它是一类地层中迁移的耦合抛物型方程组的初边值问题. 问题的数学模型由四类方程组成: ①压力函数的流动方程; ②主要污染元素浓度函数的对流扩散方程; ③微量元素浓度函数组的对流扩散方程组; ④温度函数的热传导方程. 该章内容主要是作者 1987 年 1 月 ~1988 年 3 月在美国 Wyoming 大学石油工程数学研究所参加 R.E.Ewing 教授领导的 “核废料污染问题数值模拟研究” 的部分理论成果. 我国和美国一样, 也是地震高发区, 因此这些成果对我国核工业的发展和废料的处理, 均有一定的借鉴价值. 该章主要讨论不可压缩核废料污染问题的有限元方法, 可压缩核废料污染问题的特征混合元方法, 特征混合元–差分方法及其理论分析.

　　本书第 3 部分, 第 7 章　地层硫酸盐结垢数值模拟. 该章内容是作者主持的中国石油天然气总公司 “八五” 重点科技攻关项目 “低渗注水油田地层结垢机理及防治技术研究” 中 “注水地层结垢预测及防治技术” 专题的子课题 (编号 00-04-01). 由山东大学承担, 长庆石油管理局协助完成. 从 1991 年年初起, 到 1992 年年底基本完成. 我们从地层结垢物生成机理提出了合理可靠具有共沉淀因素的结垢趋势综合预测数学模型, 提出了解决这类问题的高精度计算方法, 并采用新型的计算机技术编制程序. 与国外的具体实例进行比较, 预测结果稳定可靠, 功能更加全面. 还对长庆油田提供的实例预测, 其结果与室内试验和实测结果基本吻合, 它对油水资源的开发和利用有着重要的价值.

作者 1985~1988 年在美国和 J. Douglas Jr, R.E. Ewing 合作, 从事能源、环境科学领域的科研和软件开发工作. 回国后带领课题组在此领域承担了国家 "973" 计划、攀登计划 (A、B)、自然科学基金 (数学、力学)、国家教委博士点基金、国家攻关、国家石油天然气总公司、国家石油石化总公司的攻关课题, 从事这一领域的基础理论和应用软件技术开发研究.

在能源和环境科学的基础理论方面. 课题组曾先后获得 1995 年国家光华科技基金三等奖, 2003 年教育部提名国家科学技术奖 (自然科学) 一等奖 —— 能源数值模拟的理论和应用, 1997 年国家教委科技进步奖 (甲类自然科学) 二等奖 —— 油水资源数值方法的理论和应用, 1993 年国家教委科技进步奖 (甲类自然科学) 二等奖 —— 能源数值模拟的理论方法和应用, 1989 年国家教委科技进步奖 (甲类自然科学) 二等奖 —— 有限元方法及其在工程技术中的应用, 并于 1993 年由于培养研究生的突出成果 ——"面向经济建设主战场探索培养高层次数学人才的新途径" 获国家优秀教学成果一等奖.

在环境科学数值模拟计算方法的理论和应用课题的研究中, 在数学、渗流力学方面我们始终得到 J. Douglas Jr、R. E. Ewing、姜礼尚教授、石钟慈院士、符鸿源研究员的指导、帮助和支持, 在计算渗流力学和地球科学方面得到郭尚平院士、汪集旸院士的指导、帮助和支持, 并一直得到山东大学、山东省农业委员会和长庆石油管理局有关领导的大力支持, 特在此表示深深的谢意! 本书在出版过程中曾得到国家自然科学基金 (批准号: 11271231) 的部分资助.

在环境科学数值模拟的攻关项目中, 我的学生: 王文洽教授, 羊丹平、杜宁和李长峰等博士也先后做了很多工作.

作　者

2012 年 10 月于山东大学 (济南)

目　　录

第1章 海水入侵的数值模拟概论

海水入侵是沿海地区自然水环境条件改变和社会环境条件影响下造成的海水向沿海地区储水层的侵入. 自 20 世纪 70 年代以来, 我国陆续出现零星的海水入侵, 进入 80 年代中期以后, 入侵范围逐渐扩大, 情况日益严重, 特别是环渤海经济区的山东、河北、辽宁等沿岸尤为突出, 而山东省莱州湾沿海地区成为海水入侵的典型区域, 海水入侵给该地区的经济发展和人民生活带来极大的危害. 深入研究莱州湾地区海水入侵的成因、机理、规律, 有的放矢地提出综合防治方案, 采取各种切实可行的综合治理措施, 尽快制止海水入侵的发展, 缓解海水入侵带来的灾害, 促进资源与环境的良性循环, 是一项十分重要的科研和工程任务 [1~7].

随着科学技术的飞速发展, 电子计算机作为强化人的思维和智能的工具也像望远镜、显微镜带动天文学、生物学和医学的发展一样, 正影响着一切科学技术领域, 使科学与工程计算方法成为继 Galileo 和 Newton 开创的实验与理论两大科学方法之后的第三类科学研究方法. 海水入侵这种复杂的地下运动, 具有危害大、隐蔽性强、动态变化多、难以治理等特点. 利用计算机的高速计算能力, 在渗流力学、水文地质科学基础上, 考虑地理环境、地质结构等复杂条件的影响, 建立合理适用的数学模型, 进而在计算机上定量描述海水入侵过程, 对认识、掌握海水入侵问题的机理和规律, 预测海水入侵的发展趋势, 是切实可行、行之有效的方法. 防治海水入侵的工程要花费巨大的投资, 要在长时间内发挥巨大作用, 因此, 依靠科学与工程计算的方法, 采用计算机对工程的后效进行数值模拟, 对工程的作用给出定量预测, 是很有必要的, 对提出工程的调控应用模式具有更现实的意义.

海水入侵定量研究是一个较新的学科领域. 国外关于海水入侵研究始于 20 世纪中期, 自 70 年代以来, 随着海水入侵的危害的日益加剧, 对海水入侵的研究也逐步深入. 如以色列、美国、墨西哥、荷兰、澳大利亚、日本等国家都针对各自沿海地区的海水入侵问题进行了不同程度的研究, 1985 年国际水文地区工作者协会 (IAH) 第 13 届大会上, 集中讨论了海水入侵的研究问题, 把这一方面的研究推向高潮. 我国海水入侵的研究起步较晚, 80 年代后期许多专家、学者也开始研究秦皇岛北戴河区和大连市、山东莱州湾、江苏射阳、海南海口、广西北海、浙江舟山等地的海水入侵问题, 做了大量的调查研究, 取得了一些阶段性的成果 [8~17].

对海水入侵问题的模型与算法通常有两类: 一类是认为海水和淡水是互不相溶的液体, 两者之间存在一个严格的突变界面; 另一类则认为两者是可混溶液体, 由于水动力弥散作用它们之间有一个从淡水密度变到海水密度的过渡带. 关于突

变界面假设问题研究较早, J.Bear 列举了许多应用突变界面假设的解析算法 [4],
Josselin、Jong、Dayk 关于突界面的著作讨论了数值模拟在这方面的研究, Lin, Chen
等从边界积分法讨论了这一问题. 但是, 这些解法是在非常强的假设条件下进行
的, 三维问题无法解决, 而且与真实过程相差甚远. 关于混溶模型的研究, Henry
立足于可混溶液体提出了稳定流在均质介质、边界条件简化情况下的一个解析解,
Segol、Pinder、Gruy 以及 Heinrich 讨论了二维剖面问题一些数值方法, Huyakorn
探讨了三维海水入侵问题的解法, Bierch、Andersonn、Huyakorn、Gupta、Yapa 也
讨论了三维问题, 但都是在一些特殊假设条件下计算的, 仍然不能真实地反映海水
入侵的情况, 而对防治海水入侵的各类工程的数值预测, 未见给出任何研究 [18~33].

　　综合治理海水入侵, 这是研究问题的最终目标. 从海水入侵问题研究情况来看,
一方面加强对海水入侵的成因、规律的研究, 建立适合我国实际情况的动态预测模
型; 另一方面必须把综合治理方案纳入预测系统, 提出优化的防治措施, 从而研制
综合有效的预测防治数值模拟系统. 存在着下述急待研究和解决的问题: ① 适合我
国沿海地区动态数学模型研究, 以适合不同的地质条件、区域形状和环境条件, 这
是预测系统的前提和基础; ② 适合庞大海岸地区的三维大范围模拟算法研究, 长时
间预测算法研究, 已有的文献没有解决好这一问题, 而对实用的预测系统, 这是至
关重要的, 也是十分困难的; ③ 三维自由潜水面的准确高速算法研究, 实际海水入
侵是一类自由潜水面问题, 这给算法及模拟结果带来很大的挑战, 已有文献没有给
出合理算法, 而它的准确计算直接决定了海水入侵区计算的可靠性; ④ 运移问题的
计算算法研究, 我们不仅需要对水头进行计算, 而更重要的是计算盐分浓度的运移
问题, 这类问题的数值模拟一直是非常困难的, 特别是在高维长时间问题就更显得
突出, 成为另一个关键问题; ⑤ 各种防治工程的预测和优化调控模式问题, 而在国
内外的研究中未见涉及, 这是预测防治的重要组成部分.

　　我们广泛学习、研究了国外的最新研究成果, 并加以创新和发展, 在国内大量
实验情况、实验资料和 "七五" 期间的研究基础上, 全面、系统地研究了山东省莱
州湾地区的海水入侵, 对上述问题进行了深入探索, 取得预期的效果. 研究了适合
山东省莱州湾地区的海水入侵三维数学模型, 提出了解决问题的大范围、长时间
有效数值模拟方法, 创造性地提出对流占优问题的分裂加权迎风算法, 潜水面问题
的分裂隐处理算法, 并采用外插技术处理高度非线性问题, 以及防治工程的预测法
和优化调控算法, 研制了相应的软件系统, 大量数值模拟计算表明, 计算结果与实
测结果相一致, 并充分分析了防治工程的可行性和防治效果及其调控的应用模式
方法. 工作是系统的、全面的、深入的, 同国外的同类模拟研究比较, 有着自己鲜
明的特色、先进性和创造性, 许多研究内容至今未见到国外有类似的研究报道和文
献 [14,34 ~ 42].

　　本章共 3 节. 1.1 节为海水入侵的现状及特点, 1.2 节为海水入侵问题的三维数

学模型, 1.3 节为数值模拟方法及计算过程.

1.1 海水入侵的现状及特点

海水入侵问题是现代社会中具有特色的资源与环境问题, 它是人类在沿海地区社会经济活动中所导致的一种自然灾害. 这种灾害主要表现为海水 (卤水或古海水) 在地下向内陆入侵 (卤水入侵又称咸水入侵). 这种入侵具有隐蔽性强、动态变化多、潜在危害大、难以治理等特点, 它比海水沿地表入侵的方式对人类影响更大.

1.1.1 海水入侵的现状及危害

近年来, 世界上许多国家如美国、荷兰、以色列、日本、泰国等都发生海水入侵问题. 20 世纪 70 年代以来, 我国北方沿海经济区, 尤其是环渤海经济区的山东、河北、辽宁等沿岸逐渐显露出来, 并且越来越严重. 特别是山东沿岸更为突出, 自 70 年代中期开始发现海水入侵后, 近 40 年来, 这一现象日趋加重. 发展到 90 年代初期, 山东沿海整个地区海水入侵面积已达到 431.2 平方公里, 咸水入侵面积 299.5 平方公里, 共 730.7 平方公里, 见表 1.1.1 和图 1.1.1.

表 1.1.1 项目区主要县市海水入侵情况统计表

类别	县市名称	侵染区面积/平方公里	侵染区耕地面积/万亩	机井变成报废/眼	人畜吃水困难 村庄/个	人畜吃水困难 人口/万人
海水入侵区	龙口	88.7	10.0	1364	35	3.0
	招远	11.3	1.1	160	19	0.41
	莱州	221.4	27.1	2631	132	10.7
咸水入侵区	平度	80.0	8.9	50	5	2.45
	昌邑	90.0	7.6	1530	40	3.7
	寒亭	61.5	3.5	720	16	1.5
	寿光	54.0	7.0	761	51	8.47
	广饶	20.4	2.0	230	11	8.7
合计		627.3	67.2	7446	309	38.93

海水入侵区主要分布在基岩海岸的山前平原及河口冲洪积平原地带, 基岩裂隙发育的地段也有发生, 但为数较少.

从地理位置上看, 海水入侵在整个沿海区域的西北沿岸重, 东南沿岸轻. 西北部莱州市至烟台一段海水入侵区面积 388.9 平方公里, 占沿海地区海水入侵总面积的 90%. 东南部烟台至锈针河海水入侵面积仅有 42.3 平方公里, 只占沿海地区海水入侵总面积的 10%.

项目区内海水入侵的速度是惊人的. 山东省莱州湾地区自 1976 年首次发现海水入侵以来, 发展越来越严重. 从该地区莱州市的监测资料来看, 1979 年海水入侵面积为 15.8 平方公里, 年平均侵染速度为 46 米, 到 1982 年发展为 39.2 平方公里, 年平均侵染速度增长到 92 米, 到 1984 年海水入侵面积达 71.1 平方公里, 侵染速度增长到年平均 177 米, 到 1990 年入侵面积达 221.4 平方公里, 年平均侵染速度达 263 米, 年最高速度达到 404.5 米 (表 1.1.2), 莱州湾地区的海水入侵仍在继续发展, 如不及早采取对策, 将给本区国民经济造成难以挽回的损失.

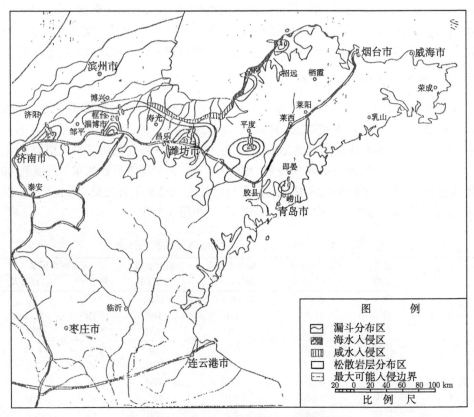

图 1.1.1　山东省沿海区域海水入侵区分布图

表 1.1.2　莱州市海水入侵速度

年份	海水入侵面积/平方公里	海水入侵年平均速度/(米/年)
1979	15.8	46
1982	39.2	92
1984	71.1	177
1990	221.4	263

海水入侵给该区工农业生产和人民生活造成了很大危害. 由于海水入侵区大都是滨海河海冲积平原, 土质较好, 地下水丰富, 农业生产发达, 是重要的产粮区,

海水侵染以后,地下水咸化,大量机井报废,农田丧失灌溉能力,土地盐碱化.据统计,侵染区 7000 多眼机井报废,50 万亩耕地丧失灌溉能力,5 万亩耕地产生盐碱化,农业生产一般年量减产 20%以上,旱年减产达 40%以上.根据减产成数估计,全区仅海咸水侵染一项,每年就减产粮食 3 亿~4 亿斤,其中受灾最严重的莱州市每年减产粮食 1.5 亿斤.

海水侵染造成滨海工业供水水源地水质咸化,水井报废,工业用水不得不移地建井或采取其他措施供水,增加了建井及供水工程费用.如龙口市黄水河造纸厂由于海水入侵,井水水质变硬及氯离子含量升高,不但增加了水处理费用,而且还增加了许多节能投资.莱州市有 18 个工矿企业所在地已被海水入侵,这些企业的生活和部分生产供水不得不借远距离调淡水来解决.入侵地区水中氯离子含量升高,设备锈蚀严重,缩短了使用年限.莱州市化工厂的供水管道 3~5 年就需要更换,造成很大经济损失.该市受海水入侵影响,每年损失工业产值约 1.5 亿元.

侵染区由于地下水被污染,人畜吃水发生很大困难.为解决人畜吃水问题,各地承受了很大经济负担.如寿光县 51 个被咸水侵染的村庄打深井解决吃水问题,耗资 370 多万元.另外项目区还有 40 多万人吃水问题解决不了.由于长期饮用劣质咸水,地方病严重.据统计,项目区内有甲状腺肿多种地方病,给人们的身体健康带来极大危害.

1.1.2 海水入侵的原因

莱州湾海水侵染形成的原因比较复杂.主要原因有以下几个方面.

从山东沿海地区的情况来看,持续性干旱,是发生海水入侵的重要因素.自然降水补给量少于开采量,导致地下水位下降,使海水入侵倒侵.历史上,山东属于干旱缺水的省份,特别从 1976 年以来,山东省进入了新的干旱阶段,年降水量一般较常年偏少 1~4 成,全省普遍出现干旱缺水现象,沿海地区更为严重,一般年降水量只有 456 毫米,比正常年份少 33%,比全省同期平均数少 125 毫米.因沿海地区从 1976 年以来连续十几年持续干旱,降雨量少,地表径流断流,地下水超量开采得不到补给,导致地下水位持续下降,这是导致海水入侵发生和发展的气候因素.

地下水过量开采,地下水位大幅度下降是造成海水侵染的主要原因.当自然降水少,水资源供需平衡失调,地下水赋存量持续减少而又得不到足够的补偿条件下,地下水位出现持续下降直至低于海平面,出现地下水位负值区.据调查研究,潍北地区在 1976~1986 年 10 年间,地下水位平均下降了 5.15 米,平均每年下降 0.5米,潍城区地下水下降了 13.81 米.寿光县地下水位平均下降了 8.25 米.莱州市1975~1985 年 10 年间,平均每年超采地下水 0.5 亿立方米,地下水位平均下降 9.44米,莱州湾地区莱州、龙口、招远、平度、昌邑、寿光、寒亭等 7 县区,90 年代初地下水位负值漏斗区已达到 2400 余平方公里,最低水位负值 20 米.随着地下水位下降和负值区面积的扩大, 海水侵染灾害逐渐发展.

滨海透水层地质结构是海水侵染的基础条件. 海咸水侵染主要发生在河流的冲积平原. 由于这类平原多系第四纪含水层, 砂层较厚, 颗粒较粗, 透水性好, 蓄水及导水能力强, 渗透系数一般在 30~150 米/日, 致使海水与淡水之间连通性良好, 滨海淡水水位下降, 破坏了海淡水间的平衡, 海水便通过含水层迅速向内陆淡水区入侵.

入海河流中上游拦蓄引截水利工程的兴建, 减少了下游的地下水补给, 加剧了海水入侵. 1985 年以来, 在河流上游山丘区修建了大量水库、塘坝、拦河闸等工程, 节节拦蓄, 大大减少了下游平原地区的地表径流和地下水补给, 造成了该区地下水位大幅度下降, 加重了海水入侵.

最后, 风暴潮是海水入侵不可低估的潜在危险. 莱州湾地区是历史上发生风暴潮最严重的地区之一. 据有关文献记载, 本区历史上多次遭受风暴潮侵袭. 仅1644~1991 年的 268 年中, 就有 45 年出现潮灾. 其中较大的 10 年, 特大潮灾 3年. 新中国成立后, 本区也多次遭受风暴潮袭击. 据统计, 新中国成立后期 40 多年中总共发生 16 次, 其中 1964 年在莱州湾及黄河三角州一带出现的风暴潮最为严重, 最高潮位达 6.74 米, 受灾害面积达 4000 平方公里. 较近的 1978 年 10 月 29 日和 11 月 26 日, 连续两次发生风暴潮, 经济损失达 758 万元. 风暴潮不但破坏性大, 而且污染水源, 咸化土壤, 后患无穷.

根据气象部门预测, 山东省 2000 年仍处于干旱少雨阶段, 莱州湾地区降雨会更少. 海水入侵区如不采取措施, 仍继续超采地下水, 海水入侵将会继续扩展下去. 给国民经济造成难以挽回的损失.

1.1.3　海水入侵区的地质结构特点

山东省莱州湾海水入侵综合治理区处东经 118°17′ ~ 120°44′, 北纬 36°25′ ~ 37°47′. 北临渤海, 南依泰沂山北麓平原, 东与胶东半岛相临, 西与鲁中胶地接壤. 西起广饶县广北农场, 东至龙口市黄水河, 东西长约 200 公里, 南北宽约 40 公里. 包括龙口、招远、莱州、昌邑、寒亭、寿光、广饶及平度等.

区域地形、地貌复杂, 大体上以莱州市虎头崖划分东、西两段. 西段属华北地台的沉降区, 地势低平, 坡度平缓, 土层较厚, 靠近海湾地带是由海陆相沉积物与胶东河、潍河、白浪河、弥河、小清河、黄河等几条较大河流冲积物叠次覆盖而成的滨海平原、海拔高度一般在 20 米以下. 土质以砂质土为主, 土壤类型有棕壤、褐土、潮土、滨海盐土几种; 经过长期开垦、种植、改良. 一般比较肥沃. 南部主要为基岩裸露的低山丘陵. 东段属鲁东地质、长期降起、沉岸多低山丘陵. 由于长期风化剥蚀, 河流冲积, 海相沉积. 其中龙口市的黄水河、中村河、北马河、八里河及莱州市的王河、米桥河、苏廊河、南洋河下游形成两个滨海冲积平原, 面积较大, 约

500 平方公里, 地下水丰富, 是海水入侵的重要地区.

该地区含水砂、砂砾层分选性不好, 常含少量岩性土. 故岩层透水性和富水程度很不均一, 各地相差较大, 渗透系数一般在 $30\sim150\mathrm{m/d}$, 水的类型多为潜水, 局部地区微承压, 在未受海水入侵影响地区水质良好, 矿化度一般小于 $500\mathrm{mg/L}$.

本地区地下水主要由大气降水入渗补给, 河流补给仅限出汛期. 该地区年平均降水 $500\sim700$ 毫米, 是山东省降雨低值区. 特别是自 20 世纪 70 年代中期开始的十几年干旱, 时间长, 涉及范围广. 对工农业生产和人民生活造成严重影响. 区内经济发展, 需水量急剧增加. 为维持经济发展, 不得不大量开采地下水, 使水位急剧下降. 形成大范围负值区, 导致海水入侵.

1.1.4 海水入侵区的水质变化特征

山东省沿海地区海水入侵主要发生在第四系地层分布面积比较大, 含水层为层状结构且比较均匀的地区, 海水成层状向淡水区全面渗透, 入侵面积大, 界面运移速度比较一致, 称为面状入侵体特征.

从海水入侵体的纵剖面形态来看, 山东沿海地区海水入侵体主要表现为楔形入侵体 (图 1.1.2).

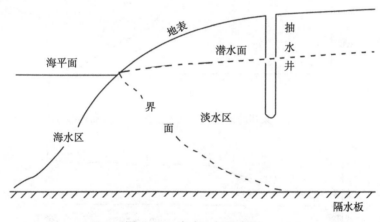

图 1.1.2　海水入侵示意图

它是在咸淡水接触界面上自然存在的一种形态. 由于淡水区水位下降, 压强减小, 咸水楔便向上向前扩展, 形成了楔形入侵. 楔形入侵体是海水入侵中普遍存在的一种形态, 不论承压含水层还是非承压含水层, 入侵体的前沿都存在着这种楔形体.

山东省莱州湾地区天然地下水中 Cl^- 的背景值约 $60\sim80\mathrm{mg/L}$, 人口稠密区, 特别是居民区附近, 长期受到生活水、动物排泄物等的污染, 地下水中 Cl^- 的含量急剧升高. 从现有情况看, 沿海地带地下水中 Cl^- 的含量增加到 $120\sim200\mathrm{mg/L}$. 海岸地带受现代海水入侵和海相沉积物的影响, 地下水中 Cl^- 的含量急剧升高. 从现有情况看来, 沿海地带地下水中 Cl⁻ 的含量超过 200mg/L 的地区无疑已在某种程度上为海水所污染. 一般来讲我们把地下水中 Cl⁻ 的含量为 200mg/L 作为判断海水入侵的统一标志.

　　沿海地带含水层咸水与淡水间有着广阔的过渡带是一个重要特征. 沿海地区, 在海水入侵作用下, 地下水质出现沿海岸向内陆由咸至淡的变化规律, 并具有明显的过渡带. 过渡带的宽度一般为几百米到上千米. 莱州湾南岸北部海平原, 第四系含水层在海水入侵前 Cl⁻ 含量一般在 100mg/L 以下, 海水入侵后 Cl⁻ 含量最高达到 10000mg/L 以上. 距海岸距离不同, 地下水水质不同, 如图 1.1.3 所示. 咸水区水质变化情况如图 1.1.4 所示. 因咸水密度大于淡水密度, 降雨及灌溉入渗水对浅部咸水具有淡化作用, 所以, 在潜水含水层中, 地下水水质出现上淡下咸的规律变化 (图 1.1.5).

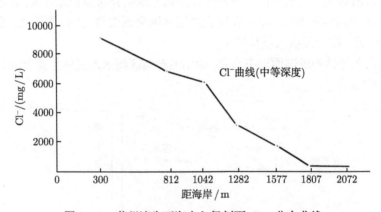

图 1.1.3　莱州湾朱旺海水入侵剖面 Cl⁻ 分布曲线

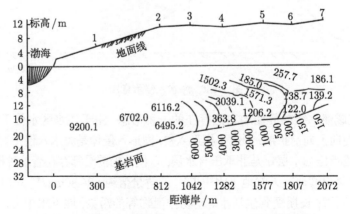

图 1.1.4　莱州湾朱旺海水入侵剖面 Cl⁻ 含量等值线图

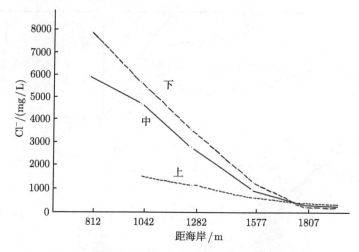

图 1.1.5　莱州湾朱旺海水入侵剖面 Cl⁻ 含量变化曲线

1.1.5　综合防治, 减轻灾害

1. 综合防治的总体构想

全面规划, 统筹安排, 综合治理; 坚持以防为主, 防、抗、救结合; 防灾减灾与资源开发利用相结合; 保护资源与经济开发相结合; 变环境恶性循环为良性循环, 促进经济发展、社会进步, 为子孙后代造福.

2. 治理目标和基本任务

基本控制海水入侵蔓延危害, 逐步恢复灾区工农业生产, 全面解决灾区人畜饮水问题. 缓解海水侵染, 合理开发利用自然资源, 建成防灾减灾综合工程和非工程布局体系, 保证沿海经济社会开发战略得以实现.

3. 综合治理的总体布局 (图 1.1.6)

20 世纪自 70 年代中期发现海水入侵以来, 各级政府十分重视海水入侵监测与防治, 采取开源节流措施, 加强水资源管理, 增加投入, 推广生态农业工程、植树造林、保持水土、涵养水分, 调整农业结构; 采用先进节水灌溉技术, 提高灌溉水利用系数; 工业提高立方米水效益, 提高重复利用率, 有条件的可利用海水代替淡水等. 另外, 治理海水入侵有其长期性、复杂性, 治理的配套技术还没有解决, 监测网络还没有建立起来, 高标准的示范区还没有建设起来, 治理技术原理还需要深化研究. 根据减灾实际情况, 防治海水入侵总体布局设想是: 在强化水资源管理, 全面节约用水的前提下, 以开源为主, 以兴建引黄工程为重点, 同时尽量开发当地水资源, 缓解该地区水资源严重不足.

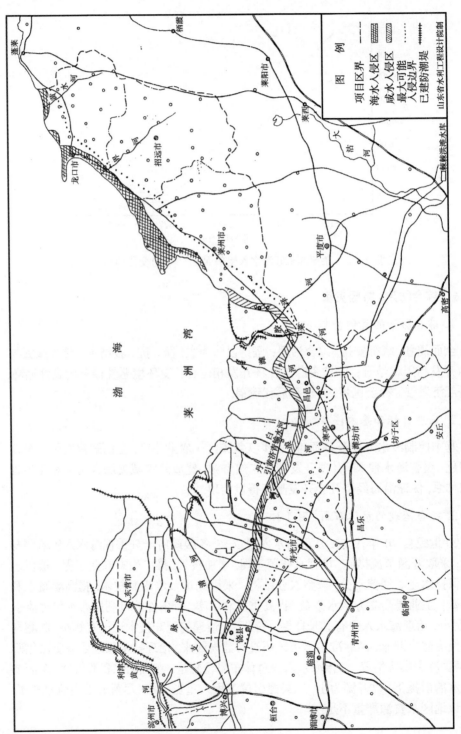

图1.1.6　综合治理工程分布图

1.1.6　防治工程

山东沿海地区海水入侵 80% 以上发生在莱州湾地区. 该地区为重点治理区, 在分析水资源、地形地质条件及工程技术条件的基础上, 采取以下 8 项综合防治工程.

1. 拦蓄补源工程

拦蓄工程是利用当地河道洪水回灌补给地下水, 缓解该地区水资源供需矛盾, 防止海水入侵的一项有效措施. 该工程位于咸淡水分界线以南地区, 对莱州湾地区 20 余条大中型河流拦蓄河道汛期洪水, 促使其向地下水转化, 并利用地下水库对其进行调蓄, 增加地表水和地下水的可利用量, 抬高咸淡水分界线淡水区一侧的地下水位, 达到防治海水入侵目的. 主要工程内容包括现状水利工程除险、改建、扩建以及新建拦河闸、地下水库、地下回灌工程等.

2. 节水工程

加强水管理, 全面节约用水, 减少地下水开采量是防治海水入侵的重要措施. 工业上要提高水的重复利用率. 有条件的多利用海水, 尽量减少淡水消耗量. 该区内农业用水量占总用水量的 80% 以上, 是节水大户. 农业节水, 一方面调整种植结构, 改种一部分耐旱作物, 发展雨养农业; 另一方面推广应用节约水灌溉技术和节水经济灌溉定额, 普及渠道防渗和低压管道输水灌溉技术, 从管理上提高每立方米水的经济效益.

3. 引黄调水工程

为了增加可供水量, 防止海水入侵, 缓解水资源供需矛盾, 促进工农业生产发展, 充分利用黄河水资源, 建设引黄调水工程是非常必要的, 也是可行的. 山东境内黄河河道全长 617km, 进入省内的黄河水量, 多年平均 $3.74 \times 10^{10} \text{m}^3$, 引水利用量 $7.13 \times 10^9 \text{m}^3$, 可利用水量潜力还很大. 山东省兴建引黄济烟工程, 调水规模首端为 28m/s, 末端 11m/s, 可向烟台市及胶东半岛供水.

4. 防潮堤工程

莱州湾沿岸是风暴潮灾害频发地区. 风暴潮一方面直接对滨海地区造成毁灭性的灾难, 同时也使海水入侵加剧. 因此在综合防治海水入侵灾害中, 建造防潮堤工程是非常必要的. 规划在全线 220km 的堤线上, 按 1.5m 的等高线布置.

5. 生态农业工程

海水入侵区内生态环境十分脆弱, 农业生产和人民生活遭受严重危害. 因此建设生态农业工程, 合理利用自然资源, 调整农业生产结构, 改善生态环境, 对防灾减灾, 发展经济有重大意义. 农业工程建设目标是, 达到农、林、牧、副、渔全面发展,使农业生态系统得到恢复和发展, 实现农业良性循环, 农、林、牧、副、渔的工程布局分层分区开发, 并实现高产优质高效节水农业.

6. 生态环境监测工程

生态环境监测工程, 是综合治理海水入侵灾害的一项基础工程, 应建立海水入侵灾害变化监测信息网络, 预报海水入侵发展变化趋势, 为防治海水入侵提供科学依据.

7. 城乡供水工程

莱州湾地区城乡供水严重不足, 现有供水能力仅满足 40%, 必须建设城乡供水工程. 供水工程已经制订规划, 统筹安排, 解决城市工业、生活用水及农田灌溉问题.

8. 人工增雨工程

利用人工增雨工程来增加莱州湾地区天然降水不足, 是防治海水入侵的一项新途径. 莱州湾地区濒临渤海, 受季风影响, 空中云水资源丰富, 实施人工催化增雨是可行的. 建立山东人工降雨指挥机构, 收集天气资料和有关信息, 运用高炮和飞机催化作业, 增加天然降雨量, 以补充当地水资源.

1.1.7　加强海水入侵综合防治示范区建设

为综合运用防治海水入侵灾害有效措施, 总结减灾经验, 提供防治示范样板, "八五" 国家重点科技 (攻关) 项目 "海水入侵防治试验研究" 对示范区进行专题研究. 选择莱州、寿光两市组成专题攻关研究组, 采取水利工程、生态工程和管理工程措施, 初步建成防治海水入侵示范样板区, 为防治海 (咸) 水入侵灾害提供科技与先进经验.

1.2　海水入侵问题的三维数学模型

在计算机上模拟海水入侵的运动规律, 首先必须研究这种多孔介质地层中海水和淡水的运动规律, 研究其满足的数学模型, 这是进行大规模海水入侵超前预测和工程调控应用的前提和基础.

海水的密度为 $1.025\mathrm{g/cm^3}$, 淡水的密度为 $1\mathrm{g/cm^3}$. 所以含水层中的淡水经常 "飘浮" 在海水之上. 海水和淡水是可以相混溶的, 两者之间存在一个盐分浓度变化的过渡带, 过渡带的宽度受多种因素影响, 其中主要的影响因素为淡水入海的径流量, 在地下水径流入海的过程中, 流动着的淡水始终不断地将由弥散作用而进入淡水体的盐分挟带入海, 从而使淡水体内的水质基本不变.

地下淡水径流入海的同时, 含水层内出现海水回流现象. 这一现象是由于弥散作用使盐分不断加入淡水运动, 使原来位置的海水含盐浓度降低, 密度减小, 从而被周围含盐度高的海水挤走, 产生向上的运动并随淡水径流同时流向海洋, 形成回流现象.

海水和淡水两者是可以混溶的, 实际上不存在严格的分界面, 而存在一个或宽或窄的过渡带. 特别在发生海水入侵现象时, 海水的倒灌是由于淡水径向流量变小, 淡水位降低, 压力差变小, 这时海水盐分弥散加强, 海水淡水界面宽度加宽. 因此, 弥散模型更能真实地反映海水入侵的现象, 同时, 还能反映海水的回流现象.

海岸带含水层中的海水入侵问题是一个可混溶液体间的水动力弥散问题. 这两种液体 (海水和淡水) 彼此是完全可溶解, 形成多孔介质中的单相渗流, 在流动过程中, 溶质 (盐分) 随之运移、弥散, 因此, 为一类单相溶质运移问题.

1.2.1 关于水头方程

为描述方便, 我们引入坐标系, 设垂直且指向海岸为 y 正方向, 平行海岸为 x 方向, 垂向下为 z 正方向, 坐标系 xyz 满足右手坐标系 (图 1.2.1).

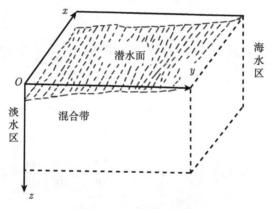

图 1.2.1 区域坐标系

达西定律是渗流理论的基本定律. 对于各向异性介质, 流体渗流速度应为

$$\boldsymbol{\nu} = -\frac{1}{\mu} K \left(\nabla p - \rho g \nabla z \right), \tag{1.2.1}$$

这里 p 为流体的压力, ρ 为密度, g 为重力加速度, $\boldsymbol{z} = (0, 0, z)$ 为含水层深度向量, μ 为流体的黏度, K 为渗透率张量,

$$K = \begin{bmatrix} k_{11} & 0 & 0 \\ 0 & k_{22} & 0 \\ 0 & 0 & k_{33} \end{bmatrix}, \tag{1.2.2}$$

k_{11}, k_{22}, k_{33} 为多孔介质的渗透率.

研究流体的方法通常采用 Euler 方法. 不研究多孔介质中流体运动的微观过程, 而只研究在宏观上表现出来的流体平均特性. 取一个确定的体积 $\Delta x \Delta y \Delta z$, 在该体积内的流体满足质量守恒定律, 即在时间 Δt 内, 体积 $\Delta x \Delta y \Delta z$ 内流入的质量和源汇项所产生 (或吸收) 的质量, 应等于该体积内的质量变化.

$$-\nabla(\rho \boldsymbol{\nu})\Delta x \Delta y \Delta z + \rho q \Delta x \Delta y \Delta z = \frac{\partial}{\partial t}(\rho \varphi \Delta x \Delta y \Delta z), \tag{1.2.3}$$

q 为单位时间位体积的源 (汇) 流量, $q > 0$ 表示源项 (注入井), $q < 0$ 表示汇项 (抽水井). 把达西速度代入

$$\left[\nabla\left(\frac{\rho}{\mu}K(\nabla p - \rho g \nabla \boldsymbol{Z}) + \rho q\right)\right]\Delta x \Delta y \Delta z = \frac{\partial}{\partial t}(\rho \varphi \Delta x \Delta y \Delta z). \tag{1.2.4}$$

设多孔介质是可压缩的, 孔隙度 $\varphi = \varphi(p)$, α 为压缩系数, 液体是可压缩的, 且密度依赖溶质浓度 c 的影响, $\varphi = \varphi(p, c)$, 故

$$
\begin{aligned}
&\frac{\partial}{\partial t}(\rho \varphi \Delta x \Delta y \Delta z) \\
&= \left[\varphi \rho \frac{\partial(\Delta x \Delta y \Delta z)}{\partial t} + \rho \Delta x \Delta y \Delta z \frac{\partial \varphi}{\partial p}\frac{\partial p}{\partial t} + \varphi \Delta x \Delta y \Delta z \frac{\partial \rho}{\partial c}\frac{\partial c}{\partial t} + \varphi \Delta x \Delta y \Delta z \frac{\partial \rho}{\partial p}\frac{\partial p}{\partial t}\right].
\end{aligned}
\tag{1.2.5}
$$

从 $\mathrm{d}(\Delta x \Delta y \Delta z) = a\Delta x \Delta y \Delta z \mathrm{d}p$ (由于介质是可以缩的), 代入上式, 两边约去 $\Delta x \Delta y \Delta z$.

$$\nabla\left(\frac{\rho}{\mu}K(\nabla p - \rho g \nabla \boldsymbol{Z})\right) + \rho q = \left(\varphi \rho a + \rho \frac{\partial \varphi}{\partial p} + \varphi \frac{\partial \rho}{\partial p}\right)\frac{\partial p}{\partial t} + \varphi \frac{\partial \rho}{\partial c}\frac{\partial c}{\partial t} \tag{1.2.6}$$

为连续性方程.

由于水的压缩性很小, 假设水是不可压缩的, ρ 仅依赖于盐分浓度 c, 并采用 Hugakorn 的线性处理方法

$$\rho = \rho_0\left(1 + \varepsilon \frac{c}{c_s}\right), \tag{1.2.7}$$

这里 ρ_0 为参考水密度, c_s 为最大密度对应的浓度, ε 为密度差率, 由下式定义:

$$\varepsilon = \frac{\rho_s - \rho_0}{\rho_0}, \tag{1.2.8}$$

并注意到关系式

$$\frac{\partial \varphi}{\partial p} = (1 - \varphi)a, \tag{1.2.9}$$

则压力方程为

$$\nabla\left(\frac{\rho}{\mu}(\nabla p - \rho g \nabla \mathbf{Z})\right) = \rho a \frac{\partial p}{\partial t} + \varphi \eta \frac{\partial c}{\partial t} - \rho q, \tag{1.2.10}$$

这里 η 为密度耦合系数 $\eta = \dfrac{\varepsilon}{c_s}$. $\tag{1.2.11}$

实际计算中, 引入水头或参考水头的概念, 用水头来代替压力求解. 令参考水头 (淡水水头) 为 H,

$$H = \frac{p}{\rho_0 g} - z, \tag{1.2.12}$$

其中 z 为点的纵坐标, 于是有

$$\nabla p = \rho_0 g \nabla H + \rho_0 g e_3, \tag{1.2.13}$$

$e_3 = (0,0,1)$ 单位向量,

$$\frac{\partial p}{\partial t} = \rho_0 g \frac{\partial H}{\partial t}, \tag{1.2.14}$$

代入压力方程 (1.2.10), 有水头方程

$$\nabla(\tilde{K}(\nabla H - \eta c e_3)) = S_S \frac{\partial H}{\partial t} + \varphi \eta \frac{\partial c}{\partial t} - \frac{\rho}{\rho_0} \cdot q, \tag{1.2.15}$$

其中 $\tilde{K} = \dfrac{\rho g}{\mu} K, S_S = \alpha p g$ 为贮水率. $\tag{1.2.16}$

相应的达西速度

$$\boldsymbol{v} = -\frac{\rho_0 g}{\mu} K(\nabla H - \eta c e_3). \tag{1.2.17}$$

1.2.2 关于盐分浓度方程

混溶于流体中的盐分, 在多孔介质中的输运过程时, 会发生对流、扩散、机械弥散的现象.

盐分的对流, 水在含水层中运动, 携带着盐分, 这种溶质随着地下水的运动称为溶质的对流, 随之携带的溶质对流通量密度 J_c 正比溶质浓度 c:

$$J_c = \boldsymbol{v}c. \tag{1.2.18}$$

盐分的分子扩散, 由于盐分在整个溶液中的不均匀分布, 即使没有流动, 溶质也会从浓度高处向浓度低处扩散, 由 Fick 定律

$$J_b = -\varphi D_d \nabla c, \tag{1.2.19}$$

其中 $D_d = d_m I, d_m$ 为分子扩散系数, I 为单位矩阵. 机械弥散, 水在多孔介质中运动时, 位于孔隙中心的运动速度最大, 而在孔隙壁上, 由于摩擦阻力的影响, 速度变

小, 同一孔隙的不同点流速大小不同, 而且孔隙是弯曲的, 流动方向是不断变化的. 由这种流速大小和方向变化引起机械弥散, 当流速适当大时, 机械弥散的作用远远超过分子扩散作用.

$$J_h = -\varphi D_h \nabla c, \tag{1.2.20}$$

其中 D_h 为机械弥散张量矩阵

$$D_h = |\boldsymbol{v}| \left(d_l E(\boldsymbol{v}) + d_t E^\perp(\boldsymbol{v}) \right), \tag{1.2.21}$$

$$E(\boldsymbol{v}) = (v_i v_j / |\boldsymbol{v}|^2), \quad i, j = 1, 2, 3, \tag{1.2.22}$$

$$E^\perp(\boldsymbol{v}) = I - E(\boldsymbol{v}), \tag{1.2.23}$$

d_l, d_t 为纵向和横向弥散系数.

考虑到对流、扩散、机械弥散的作用, 由质量守恒定律, 推出

$$\frac{\partial}{\partial t}(\varphi c \Delta x \Delta y \Delta z) = [\nabla(\varphi D \nabla c) - \nabla(\boldsymbol{v}c) + qc^*]\Delta x \Delta y \Delta z, \tag{1.2.24}$$

其中 D 为扩散矩阵

$$D = D_d + D_h, \tag{1.2.25}$$

c^* 为汇 (源点) 的盐分浓度. 把 $\boldsymbol{v}$ 代入盐分浓度方程, 由于 $\mathrm{d}(\Delta x \Delta y \Delta z) = a \Delta x \Delta y \Delta z \mathrm{d}p$ 及水头方程 (1.2.15)

$$\begin{aligned}
\frac{\partial}{\partial t}(\varphi c \Delta x \Delta y \Delta z) &= \left(\frac{\partial \varphi}{\partial t} c + \frac{\partial c}{\partial t} \right) \Delta x \Delta y \Delta z + \varphi c \frac{\partial(\Delta x \Delta y \Delta z)}{\partial t} \\
&= \left(ac\frac{\partial p}{\partial t} + \varphi \frac{\partial c}{\partial t} \right) \Delta x \Delta t \Delta z,
\end{aligned} \tag{1.2.26}$$

$$\begin{aligned}
\nabla(\bar{v}c) &= c\nabla \boldsymbol{v} + \boldsymbol{v} \cdot \nabla c \\
&= -c\nabla \left[\frac{\rho_0}{\rho} K(\nabla H - \eta c e_3) \right] + \boldsymbol{v} \cdot \nabla c \\
&= -ca\rho_0 g\frac{\partial H}{\partial t} - \frac{c\rho_0 \varphi \eta}{p} \frac{\partial c}{\partial t} + qc + \boldsymbol{v} \cdot \nabla c \\
&\quad + \frac{\rho_0 c}{\rho^2} \frac{\varepsilon \rho_0}{C_s} \nabla c \cdot \tilde{K}(\nabla H - \eta c e_3),
\end{aligned} \tag{1.2.27}$$

从而代入 (1.2.24), 得

$$\varphi \frac{\rho_0}{\rho} \frac{\partial c}{\partial t} = \nabla \cdot (\varphi D \nabla c) - \boldsymbol{v} \cdot \nabla c + q(c^* - c) - \frac{\rho_0^2}{\rho^2} \eta c \nabla c \cdot \tilde{K}(\nabla H - \eta c e_3). \tag{1.2.28}$$

方程最后一项为

$$-\frac{\rho_0^2}{\rho^2} \eta c \nabla c \cdot \tilde{K}(\nabla H) + \left(\frac{\rho - \rho_0}{\rho} \right)^2 \nabla_c \cdot \tilde{K} e_3,$$

是高阶项忽略掉, 故得

$$\varphi \frac{\rho_0}{\rho} \frac{\partial c}{\partial t} = \nabla(\varphi D \nabla c) - \boldsymbol{v} \cdot \nabla c + q(c^* - c). \tag{1.2.29}$$

方程 (1.2.15) 和 (1.2.29) 为压力方程和浓度方程, 求解区域 Ω 为三维空间大范围区域, 求解所必需的初边值条件在下一节中给出.

1.2.3 关于初边值条件

方程 (1.2.15)、(1.2.29) 为描述海水入侵过程基本微分方程, 对整个流体流动的过程, 还应附加初边值条件, 构成一个封闭的系统.

初始条件

$$H(x, y, z, 0) = H_0(x, y, z), \quad (x, y, z) \in \Omega, \tag{1.2.30}$$

$$c(x, y, z, 0) = c_0(x, y, z), \quad (x, y, z) \in \Omega, \tag{1.2.31}$$

Ω 为三维流体流动区域, H_0, c_0 为已知初始压力和浓度.

边界条件, 对海水入侵问题一般具有三类边界条件: 第一类边界条件、第二类边界条件和潜水面 (自由面) 边界条件.

第一类边界条件:

$$H = H_1(x, y, z), c = c_1(x, y, z), \quad (x, y, z) \in \Gamma_1. \tag{1.2.32}$$

第二类边界条件 (不渗透边界条件):

$$\boldsymbol{v} \cdot \boldsymbol{n} = 0, \quad (x, y, z) \in \Gamma_2, \tag{1.2.33}$$

$$D \nabla c \cdot \boldsymbol{n} = 0, \quad (x, y, z) \in \Gamma_2, \tag{1.2.34}$$

$\boldsymbol{n}$ 为边界上的单位外法向量.

潜水面 (自由面) 的边界条件: 设单位时间的入渗矢量 $\boldsymbol{w}$, 比流量矢量为矢量 $\boldsymbol{v}$, 则在外法方向上, 单位时间面积的流量变为

$$(\boldsymbol{v} - \boldsymbol{w}) \cdot \boldsymbol{n} = \mu_0 \boldsymbol{u} \cdot \boldsymbol{n}, \tag{1.2.35}$$

其中 μ_0 为给水度. 记 $\boldsymbol{u}$ 为潜水面的平均运动速度, 从跟随原点运动的观察者的角度来看, 该物质面是相对不动的, 因此用 Lagrange 方法研究, 其水动力导数等于零, 即

$$\frac{DF}{Dt} = \frac{\partial F}{\partial t} + \boldsymbol{v} \cdot \nabla F = 0. \tag{1.2.36}$$

由于在潜水面上水的压力为 0, 即

$$F = p(x, y, z) = 0, \tag{1.2.37}$$

即

$$F = H + z = 0. \tag{1.2.38}$$

因此, 潜水面上的压力边界条件为

$$H = -z, \quad (x, y, z) \in \varGamma_3, \tag{1.2.39}$$

$$\frac{\partial H}{\partial t} + \frac{1}{\mu_0}(\boldsymbol{v} - \boldsymbol{w}) \cdot \nabla(H + z) = 0, \quad (x, y, z) \in \varGamma_3. \tag{1.2.40}$$

在潜水面的浓度边界条件为

$$\varphi D \nabla C \cdot \boldsymbol{n} = (1 - \mu_0)(\boldsymbol{v} - \boldsymbol{w}) \cdot \boldsymbol{n}(c - c'), \quad (x, y, z) \in \varGamma_3. \tag{1.2.41}$$

边界条件 (1.2.38)~(1.2.40) 为 Stefan 边界条件.

1.2.4   问题的特点及难点

(1) 问题复杂的一面是长时间、大范围、三维问题的数值模拟. 这一难点给计算机上具体实现带来意想不到的困难, 虽然计算机的存储量大, 计算能力很强, 速度很快, 但对如此大范围的三维问题, 必须提出合理的三维大区域问题的有效处理方法, 才能满足实际的要求.

(2) 强对流特征. 盐分方程为对流扩散方程, 且对流项起主要作用, 在数值模拟中对流项的处理好坏直接关系到整个过程的数值结果的可靠性.

(3) 非线性的耦合问题. 由于 $\rho(c), \varphi(p)$ 使得整个问题变得复杂, 溶质浓度方程本来仅直接依赖于渗流速度, 但若转化为压力 (或水头), 则方程的形式与通常的溶质输运问题有很大差别和难度, 过去人们往往在此进行简化, 利用常规处理溶质输运问题的方法, 往往是不合适的.

(4) 潜水面问题. 潜水面是随时间改变的, 这就给问题求解带来更在大困难, 潜水面的变化依赖于问题的解本身, 因此这实际上变成更困难的非线性 Stefan 问题, 潜水面的准确计算, 将直接影响整个问题求解.

(5) 各类工程的数值模拟处理. 各类工程将影响海水入侵的过程, 这种影响如何很好地反映在数值模拟中, 只有准确合理地处理这些工程的作用, 才能给出很恰当的工程后效预测.

(6) 各类工程的优化模式. 防治海水入侵工程的有效性, 更为重要的一方面是如何优化应用各类工程, 这反映在数学模型上, 将是一类复杂的反问题, 而这又是十分重要的和十分困难的.

1.3 数值模拟方法及计算过程

为了使数值模拟适合评价大范围、三维问题, 我们采用算子分裂算法. 众所周知, 大范围的三维问题必须计算大量节点值, 通常的差分法和有限元方法, 使计算量庞大, 计算难以进行, 而我们所评估的是沿海岸线的广大区域, 这就使我们不得不首先考虑, 采用何种可行的、准确的算法, 来离散水头方程和盐分浓度方程.

合理的数学模型是计算机模拟结果可靠的基础, 而有效的数值方法则是它的关键所在, 它关系到实际预测中遇到的现实问题, 大空间步长、多节点. 大时间步长是否可行? 准确度的高低? 而一个好的软件, 必须具有处理这方面的能力, 才能真正地满足实际的需要.

1.3.1 水头方程的算子分裂法

算子分裂法 (又称算子分解法、分数步法), 是求解数学物理方程中多变量问题的一把钥匙, 这是因为求解高维问题数值不稳定增加, 工作量、计算量较一维、二维问题有爆炸性的增长, 另外, 对某些求解二维问题的有效算法不能推广到高维问题上来. 例如, 用于二维问题的 P-R 格式就不能推广到高维问题上来. 因此, 早在 20 世纪 50 年代, 人们就对求解高维问题的有效算法产生了浓厚兴趣, 美国数学家, 工程专家 Peaceman, Rachford 和 Douglas 首先对三维问题提出了方向交替算法, 为求解高维问题做出了划时代的贡献, 继而苏联学者 N.N.YanenKe 提出了更一般的分数步算法, 并著有《分数步法》一书. 后来, 算子分裂法在德国、美国、前苏联等国又得到了进一步的发展. 分裂法可以将求解一个三维问题化成分别求解三个一维问题, 每个方向求解 N^2 个三对角方程组, 其工作量是 $W_分 = W_x + W_y + W_z = 15N^3$, 比用直接解法和定带宽消元技术的工作量 N^8 提高速度数万倍 (这里 N 是各方向的节点数).

对区域 Ω 进行等距剖分, 记 $h_x = x_i - x_{i-1}, i = 1, 2, \cdots, N_x, h_y = y_i - y_{j-1}, j = 1, \cdots, N_y, h_z = z_k - z_{k-1}, k = 1, 2, \cdots, N_z$ 记 $H_{i,j,k}^n$ 为 $H(x_i, y_i, z_k, t_n)$ 差分解. $C_{i,j,k}^n$ 为 $c(x_i, y_j, z_k, t_n)$ 差分解. 其次在节点 $(i, j, k) = (x_i, x_j, z_k)$ 处建立对偶剖分区域 $D, D = \left\{ (x, y, z), x_{i-\frac{1}{2}} < x < x_{i+\frac{1}{2}}, y_{j-\frac{1}{2}} < y < y_{j+\frac{1}{2}}, z_{k-\frac{1}{2}} < z < z_{k+\frac{1}{2}} \right\}$.

为方便, 改写水头方程为

$$\frac{\partial}{\partial x}\left(K^1(c)\frac{\partial H}{\partial x}\right) + \frac{\partial}{\partial y}\left(K^2(c)\frac{\partial H}{\partial y}\right) + \frac{\partial}{\partial z}\left(K^3(c)\frac{\partial H}{\partial z}\right) = S_s\frac{\partial H}{\partial t} + f\left(c, \frac{\partial c}{\partial t}\right), \quad (1.3.1)$$

其中 $f\left(c, \dfrac{\partial c}{\partial t}\right) = \varphi(c)\eta\dfrac{\partial c}{\partial t} - \dfrac{\rho}{\rho_0}q + \dfrac{\partial}{\partial z}(K^3(c)\eta c)$.

设第 n 时间层, $c^n, \dfrac{\partial c^n}{\partial t}, H^n$ 已知, 求第 $n+1$ 层的值 H^{n+1}, 设 Δt 为时间步长,

用差商代微商,

$$\frac{\partial H}{\partial t} = \frac{H^{n+1} - H^n}{\Delta t}, \tag{1.3.2}$$

把水头方程 (1.3.1) 分裂为

$$\left(1 - \frac{\Delta t}{S_s}\frac{\partial}{\partial y}\left(K^2(c)\frac{\partial}{\partial y}\right)\right)\left(1 - \frac{\Delta t}{S_s}\frac{\partial}{\partial x}\left(K^1(c)\frac{\partial}{\partial x}\right)\right)$$
$$\times\left(1 - \frac{\Delta t}{S_s}\frac{\partial}{\partial z}\left(K^3(c)\frac{\partial}{\partial z}\right)\right)H^{n+1} = H^n + \frac{\Delta t}{S_s}f\left(c, \frac{\partial c}{\partial t}\right), \tag{1.3.3}$$

与原方程相差一个无穷小量, 把求解 H^{n+1} 的问题分解为三步.

A 步: 求 $H^{n+\frac{1}{3}}$ 满足

$$\left(S_s - \Delta t\frac{\partial}{\partial y}\left(K^2(c^*)\frac{\partial}{\partial y}\right)\right)H^{n+\frac{1}{3}} = S_sH^n + \Delta tf^{n+\frac{1}{2}}\left(c^*, \frac{\partial c^*}{\partial t}\right). \tag{1.3.4}$$

B 步: 求 $H^{n+\frac{2}{3}}$ 满足

$$\left(S_s - \Delta t\frac{\partial}{\partial x}\left(K^1(c^*)\frac{\partial}{\partial x}\right)\right)H^{n+\frac{2}{3}} = S_sH^{n+\frac{1}{3}}. \tag{1.3.5}$$

C 步: 求 H^{n+1} 满足

$$\left(S_s - \Delta t\frac{\partial}{\partial z}\left(K^3(c^*)\frac{\partial}{\partial z}\right)\right)H^{n+1} = S_sH^{n+\frac{2}{3}}. \tag{1.3.6}$$

当消去中间步 $H^{n+\frac{1}{3}}$、$H^{n+\frac{2}{3}}$ 后, 则式 (1.3.4), 式 (1.3.5), 式 (1.3.6) 与式 (1.3.3) 等价.

在求解每一步的过程中, c^* 的计算使用插值外推, 而 $\frac{\partial c^*}{\partial t}$ 则采用预估校正的方法, 例如, 可以采用最简单的办法

第 01 步 $c^* = c^n$. $\tag{1.3.7}$

第 02 步 $\dfrac{\partial c^*}{\partial t} = \dfrac{\partial c^n}{\partial t} = \dfrac{c^{n-1} - c^{n-2}}{\Delta t}$. $\tag{1.3.8}$

或者高阶外插 (这里不再列出), 以及使用第 02 步计算上述第一步、第二步、第三步后, 再采用

$$\varphi\eta\frac{\partial c^*}{\partial t} = \nabla \cdot (\tilde{K}(\nabla H^{n+1} - \eta c^*e_3)) - S_s\frac{\partial H^{n+1}}{\partial t} + \frac{\rho}{\rho_0}q$$

校正 $\dfrac{\partial c^*}{\partial t}$, 重新执行第一步、第二步、第三步.

下面对方程 (1.3.4)~(1.3.6) 作空间变量离散化, 把方程 (1.3.4) 在对偶剖分区域 D 上积分

$$\iiint\limits_D S_sH^{n+\frac{1}{3}}\mathrm{d}x\mathrm{d}y\mathrm{d}z - \Delta t\iiint\limits_D \frac{\partial}{\partial y}\left(K^2(c^*)\frac{\partial H^{n+\frac{1}{3}}}{\partial y}\right)\mathrm{d}x\mathrm{d}y\mathrm{d}z$$

$$= \iiint\limits_{D} S_s H^n \mathrm{d}x\mathrm{d}y\mathrm{d}z + \Delta t \iiint\limits_{D} f\left(c^*, \frac{\partial c^*}{\partial t}\right)\mathrm{d}x\mathrm{d}y\mathrm{d}z. \tag{1.3.9}$$

由 Green 公式

$$\iiint\limits_{D} \frac{\partial}{\partial y}\left(K^2 \frac{\partial H^{n+1}}{\partial y}\right)\mathrm{d}x\mathrm{d}y\mathrm{d}z = \sum_{l=1}^{6} \iint\limits_{\tau_l} K^2 \frac{\partial H^{n+\frac{1}{3}}}{\partial y}\cos(n,y)\mathrm{d}\sigma, \tag{1.3.10}$$

式中

$$\tau_1 = \left\{(x_{i-\frac{1}{2}}, y, z); y_{i-\frac{1}{2}} < y < y_{i+\frac{1}{2}}, z_{k-\frac{1}{2}} < z < z_{k+\frac{1}{2}}\right\},$$
$$\tau_2 = \left\{(x_{i+\frac{1}{2}}, y, z); y_{j-\frac{1}{2}} < y < y_{j-\frac{1}{2}}, z_{k-\frac{1}{2}} < z < z_{k+\frac{1}{2}}\right\},$$
$$\tau_3 = \left\{(x, y_{j-\frac{1}{2}}, z); x_{i-\frac{1}{2}} < x < x_{i+\frac{1}{2}}, z_{k-\frac{1}{2}} < z < z_{k+\frac{1}{2}}\right\},$$
$$\tau_4 = \left\{(x, y_{j+\frac{1}{2}}, z); x_{i-\frac{1}{2}} < x < x_{i+\frac{1}{2}}, z_{k-\frac{1}{2}} < z < z_{k+\frac{1}{2}}\right\},$$
$$\tau_5 = \left\{(x, y, z_{k-\frac{1}{2}}); x_{i-\frac{1}{2}} < x < x_{i+\frac{1}{2}}, y_{j-\frac{1}{2}} < y < y_{j+\frac{1}{2}}\right\},$$
$$\tau_6 = \left\{(x, y, z_{k+\frac{1}{2}}); x_{i-\frac{1}{2}} < x < x_{i+\frac{1}{2}}, y_{j-\frac{1}{2}} < y < y_{j+\frac{1}{2}}\right\},$$

$\mathrm{d}\sigma$ 表示面积坐标, 由于 $\cos(n,y)\mathrm{d}\sigma$ 只在 τ_3 面和 τ_4 面上不等于零, 于是有

$$\iiint\limits_{D} \frac{\partial}{\partial y}\left(K^2 \frac{\partial H^{n+\frac{1}{3}}}{\partial y}\right)\mathrm{d}x\mathrm{d}y\mathrm{d}z = -\iint\limits_{\tau_3} K^2 \frac{\partial H^{n+\frac{1}{3}}}{\partial y}\mathrm{d}x\mathrm{d}z + \iint\limits_{\tau_4} K^2 \frac{\partial H^{n+\frac{1}{3}}}{\partial y}\mathrm{d}x\mathrm{d}z. \tag{1.3.11}$$

记 $K^2 \dfrac{\partial H^{n+\frac{1}{3}}}{\partial y} = \zeta$, 考虑到 $K^2 \dfrac{\partial H^{1+\frac{1}{3}}}{\partial y}$ 的连续性, 由中矩形公式

$$\iint\limits_{\tau_3} K^2 \frac{\partial H^{n+\frac{1}{3}}}{\partial y}\mathrm{d}x\mathrm{d}z \approx \zeta_{i,j-\frac{1}{2},k}h_x h_z, \tag{1.3.12}$$

把 $\dfrac{\partial H^{n+\frac{1}{3}}}{\partial y} = \dfrac{\varsigma}{K^2}$ 在 $[y_{i-1}, y_j]$ 上积分, 则

$$H_{i,j,k}^{n+\frac{1}{3}} - H_{i,j-1,k}^{n+\frac{1}{3}} \approx \varsigma_{i,j-\frac{1}{2},k}\int_{y_{j-1}}^{y_j} \frac{\mathrm{d}y}{K^2}, \tag{1.3.13}$$

于是 $\Delta t \iint\limits_{\tau_3} K^2 \dfrac{\partial H^{n+\frac{1}{3}}}{\partial y}\mathrm{d}x\mathrm{d}z = \Delta t(H_{i,j,k}^{n+\frac{1}{3}} - H_{i,j-1,k}^{n+\frac{1}{3}})h_x h_z\left[\int_{y_{j-1}}^{y_j} \frac{\mathrm{d}y}{K^2}\right]^{-1}.$

若积分 $\left[\displaystyle\int_{y_{j-1}}^{y_j} \dfrac{\mathrm{d}y}{K^2}\right]^{-1}$ 用梯形公式计算, 则

$$\left[\int_{y_{j-1}}^{y_j} \frac{\mathrm{d}y}{K^2}\right]^{-1} \approx K_{i,j-1,k}^2 K_{i,j,k}^2 / \left[(K_{i,j-1,k}^2 + K_{i,j,k}^2)h_y\right].$$

记 $K^2_{i,j-\frac{1}{2},k} = K^2_{i,j-1,k}K^2_{i,j,k}h_xh_z\Delta t/\left[(K^2_{i,j-1,k}+K^2_{i,j,k})h_y\right]$，则

$$\Delta t \iint_{\tau_3} K^2 \frac{\partial H^{n+\frac{1}{3}}}{\partial y}\mathrm{d}x\mathrm{d}z = K^2_{i,j-\frac{1}{2},k}(H^{n+\frac{1}{3}}_{i,j,k} - H^{n+\frac{1}{3}}_{i,j-1,k}). \tag{1.3.14}$$

同理

$$\Delta t \iint_{\tau_4} K^2 \frac{\partial H^{n+\frac{1}{3}}}{\partial y}\mathrm{d}x\mathrm{d}z = K^2_{i,j+\frac{1}{2},k}(H^{n+\frac{1}{3}}_{i,j+1,k} - H^{n+\frac{1}{3}}_{i,j,k}), \tag{1.3.15}$$

此处

$$K^2_{i,j+\frac{1}{2},k} = K^2_{i,j+1,k}K^2_{i,j,k}h_xh_z\Delta t/\left[(K^2_{i,j,k}+K^2_{i,j+1,k})h_y\right],$$

代入得

$$K^2_{i,j-\frac{1}{2},k}H^{n+\frac{1}{3}}_{i,j-1,k} - (K^2_{i,j-\frac{1}{2},k}+K^2_{i,j+\frac{1}{2},k}+S^*_{si,j,k})H^{n+\frac{1}{3}}_{i,j,k} + K^2_{i,j+\frac{1}{2},k}H^{n+\frac{1}{3}}_{i,j+1,k} = d^{(1)}_{i,j,k},$$
$$i = 1,2,\cdots,N_x, j = 1,2,\cdots,N_y, k = 1,2,\cdots,N_z, \tag{1.3.16}$$

这里 $S^*_{si,i,k} = S_{si,j,k}h_xh_yh_z$ 及

$$d^{(1)}_{i,j,k} = S^*_{si,j,k}H^n_{i,j,k} + \Delta t f_{i,j,k}\left(c^*, \frac{\partial c^*}{\partial t}\right)h_xh_yh_z.$$

方程 (1.3.5) 和 (1.3.6) 的离散化过程与方程 (1.3.4) 完全类似, 经计算, 方程 (1.3.5) 的离散化格式为

$$K^1_{i-\frac{1}{2},j,k}H^{n+\frac{2}{3}}_{i-1,j,k} - (K^1_{i-\frac{1}{2},j,k}+K^1_{i+\frac{1}{2},j,k}+S^*_{si,j,k})H^{n+\frac{2}{3}}_{i,j,k} + K^1_{i+\frac{1}{2},j,k}H^{n+\frac{2}{3}}_{i+1,j,k} = d^2_{i,j,k}, \tag{1.3.17}$$

其中 $i = 1,2,\cdots,N_x, j = 1,2,\cdots,N_y, k = 1,2,\cdots,N_z$.

方程 (1.3.6) 的离散化格式为

$$K^3_{i,j,k-\frac{1}{2}}H^{n+1}_{i,j,k-1} - (K^3_{i,j,k-\frac{1}{2}}+K^3_{i,j,k+\frac{1}{2}}+S^*_{si,j,k})H^{n+1}_{i,j,k} + K^3_{i,j,k+\frac{1}{2}}H^{n+1}_{i,j,k+1} = d^{(3)}_{ijk}, \tag{1.3.18}$$

其中 $i = 1,2,\cdots,N_x, j = 1,2,\cdots,N_y, k = 1,2,\cdots,N_z$.

方程中

$$d^{(2)}_{i,j,k} = S^*_{si,j,k}H^{n+\frac{1}{3}}_{i,j,k}, \quad d^{(3)}_{i,j,k} = S^*_{si,j,k}H^{n+\frac{2}{3}}_{i,j,k}.$$

在已知 n 时刻的 H^n, C^n, 求 $n+1$ 时刻 H^{n+1}. 可以由 (1.3.16) 求出 $H^{n+\frac{1}{3}}$, 再由 (1.3.17) 求出 $H^{n+\frac{2}{3}}$, 最后由 (1.3.18) 求出 H^{n+1}, 在求解式 (1.3.16)~ 式 (1.3.18), 它们都是三对角方程, 极易用追赶法求解.

把式 (1.3.3) 分裂为式 (1.3.4)~ 式 (1.3.6) 的计算中, 根据海水入侵的实际情况, 潜水面边界条件式 (1.2.39)、式 (1.2.40), 相应地分解为主方向上的 Stefan 问题和其他方向上的固定区域问题, 对单方向 (一维)Stefan 问题, 我们提出隐处理自由边界的方法, 来解每一时间层的计算. 我们称这种格式为分裂隐处理方法.

1.3.2 盐分浓度方程的迎风加权分裂算法

盐分浓度方程是强对流占优方程, 对这类方程由于对流项占主导地位, 各种常见的数值解法都会遇到困难, 用通常的有限差分法或者通常的方向交替法解这类问题时, 会发生数值弥散与过量这两类误差, 数值解出现振动并且算不准陡的浓度锋面. 怎样提高数值解法的精确度和稳定性已成为解盐分浓度方程的关键, 我们提出迎风加权分裂算法.

首先把求解一个三维问题的浓度方程化为分别求解三个一维问题, 每一个一维问题为一维对流扩散方程. 而所谓的迎风加权格式, 即是处理一阶项 $v_1 \dfrac{\partial c}{\partial x}$ 项, $v_2 \dfrac{\partial c}{\partial y}$ 项, $v_3 \dfrac{\partial c}{\partial z}$ 项, 对它们不是采用中心差分近似, 而是采用

(1) 当 $v_1 > 0$ 时, 令

$$\frac{\partial c}{\partial x}\bigg|_i = \frac{c_i - c_{i-1}}{\Delta x}.$$

(2) 当 $v_1 < 0$ 时, 令

$$\frac{\partial c}{\partial x}\bigg|_i = \frac{c_{i+1} - c_i}{\Delta x}.$$

在这两个公式的左端, 总是上游浓度减下游浓度, 所以称为上游有限差分格式或迎风有限差分格式. 这种格式有良好的负反馈效应, 不会出现振荡, 但它的精度较低, 增加了数值弥散, 为了解决这一问题, 取迎风格式和中心差分的加权平均来代替一阶导数, 即令

(3) 当 $v_1 > 0$ 时, 令

$$\frac{\partial c}{\partial x}\bigg|_i = \alpha \frac{c_i - c_{i-1}}{\Delta x} + (1 - \alpha) \frac{c_{i+1} - c_{i-1}}{2\Delta x}.$$

(4) 当 $v_1 < 0$ 时, 令

$$\frac{\partial c}{\partial x}\bigg|_i = \alpha \frac{c_{i+1} - c_i}{\Delta x} + (1 - \alpha) \frac{c_{i+1} - c_{i-1}}{2\Delta x}.$$

其中权 $0 \leqslant \alpha \leqslant 1$, 称这种格式为迎风加权格式.

把这种思想代入处理浓度方程. 为方便起见, 先改写盐分浓度方程为

$$\frac{\partial}{\partial x}\left(D^{11}(H)\frac{\partial c}{\partial x}\right) + \frac{\partial}{\partial y}\left(D^{22}(H)\frac{\partial c}{\partial y}\right) + \frac{\partial}{\partial z}\left(D^{23}(H)\frac{\partial c}{\partial z}\right) - \boldsymbol{v}\cdot\nabla c = \beta\frac{\partial c}{\partial t} + g(H,c),$$
(1.3.19)

其中 $\beta = \varphi\frac{\rho_0}{\rho}$, $g(H,C) = -\left[q(c^* - c) + 2\frac{\partial}{\partial x}\left(D^{12}(H)\frac{\partial c}{\partial y}\right) + 2\frac{\partial}{\partial x}\left(D^{13}(H)\frac{\partial c}{\partial z}\right) + 2\frac{\partial}{\partial y}\left(D^{23}(H)\frac{\partial c}{\partial z}\right)\right]$, $D^{11}(H)$、$D^{22}(H)$、$D^{33}(H)$ 为扩散矩阵 D 的对角元, $D^{12}(H)$、$H^{23}(D)$、$D^{13}(H)$ 为扩散矩阵 D 的非对角元. 设第 n 时间层的 C^n, H^n 及第 $n+1$ 层的 H^{n+1} 已求出, 求第 $n+1$ 层的值 C^{n+1}, 设 Δt 为时间步长, 用差商代替微商,

$$\frac{\partial c}{\partial t} \approx \frac{c^{n+1} - c^n}{\Delta t}$$

把浓度方程 (1.3.19) 分裂为

$$\left(1 - \frac{\Delta t}{\beta}\frac{\partial}{\partial y}\left(D^{22}(H)\frac{\partial}{\partial y}\right) + \frac{\Delta t}{\beta}v_2\frac{\partial}{\partial y}\right)\left(1 - \frac{\Delta t}{\beta}\frac{\partial}{\partial x}\left(D^{11}(H)\frac{\partial}{\partial x}\right) + \frac{\Delta t}{\beta}v_1\frac{\partial}{\partial x}\right)$$
$$\times\left(1 - \frac{\Delta t}{\beta}\frac{\partial}{\partial z}\left(D^{33}(H)\frac{\partial}{\partial z}\right) + \frac{\Delta t}{\beta}v_3\frac{\partial}{\partial z}\right)c^{n+1} = c^n + \beta\Delta t g^{n+\frac{1}{2}}(H,C),\quad (1.3.20)$$

与原方程相差一个无穷小量, 把求解 c^{n+1} 的问题分解以下多步, 在 $[n\Delta t, (n+1)\Delta t]$ 上求解.

A 步: 求解 $C^{n+\frac{1}{3}}$ 满足

$$\left(\beta + \Delta t v_2\frac{\partial}{\partial y} - \Delta t\frac{\partial}{\partial y}\left(D^{22}(H^*)\frac{\partial}{\partial y}\right)\right)C^{n+\frac{1}{3}} = \beta C^n + \Delta t g^{n+\frac{1}{2}}(H^*, C^*).\quad (1.3.21)$$

B 步: 求解 $C^{n+\frac{2}{3}}$ 满足

$$\left(\beta + \Delta t v_1\frac{\partial}{\partial x} - \Delta t\frac{\partial}{\partial x}\left(D^{11}(H^*)\frac{\partial}{\partial x}\right)\right)C^{n+\frac{2}{3}} = \beta C^{n+\frac{1}{3}}.\quad (1.3.22)$$

C 步: 求 C^{n+1} 满足

$$\left(\beta + \Delta t v_3\frac{\partial}{\partial z} - \Delta t\frac{\partial}{\partial z}\left(D^{33}(H^*)\frac{\partial}{\partial z}\right)\right)C^{n+1} = \beta C^{n+\frac{2}{3}}.\quad (1.3.23)$$

在求解每一步的过程中, C^*, H^* 的计算使用插值外推, 以便提高近似解的精度. 例如,

第 01 步, $C^* = C^n$.

第 02 步, $C^* = C^{n+1}$.

结合迎风加权的思想处理一阶导数项, 类似于关于水头方程的推导, 我们得到交替方向的全离散格式.

第一步: 求 $C_{i,j,k}^{n+\frac{1}{3}}$, 对 $i=1,2,\cdots,N_x, j=1,2,\cdots,N_y, k=1,2,\cdots,N_z$.

$$(D_{i,j,k}^{22}(H^*)+\gamma_{i,j,k}^{(1)})C_{i,j-1,k}^{n+\frac{1}{3}}-(2D_{i,j,k}^{22}(H^*)+\beta_{i,j,k}+\gamma_{i,j,k}^{(2)})C_{i,j,k}^{n+\frac{1}{3}}$$
$$+(D_{i,j,k}^{22}(H^*)+\gamma_{i,j,k}^{(3)})C_{i,j+1,k}^{n+\frac{1}{3}}=d_{i,j,k}^{(1)}, \tag{1.3.24}$$

其中 $d_{i,j,k}^{(1)}=\beta_{i,j,k}C^n+\Delta t g_{i,j,k}^{n+\frac{1}{2}}(H^*,C^*), \gamma_{i,j,k}^{(1)}$ 与 $\gamma_{i,j,k}^{(2)}$ 为下式定义:

当 $v_{i,j,k}^{(2)}\geqslant 0$ 时,

$$\gamma_{i,j,k}^{(1)}=v_{i,j,k}^{(2)}\frac{1+a}{2h_y}, \quad \gamma_{i,j,k}^{(2)}=v_{i,j,k}^{(2)}\frac{a}{h_y}, \quad \gamma_{i,j,k}^{(3)}=v_{i,j,k}^{(2)}\frac{1-a}{2h_y}.$$

当 $v_{i,j,k}^{(2)}<0$ 时,

$$\gamma_{i,j,k}^{(1)}=\frac{1-a}{2h_y}v_{i,j,k}^{(2)}, \quad \gamma_{i,j,k}^{(2)}=\frac{a}{h_y}v_{i,j,k}^{(2)}, \quad \gamma_{i,j,k}^{(3)}=\frac{1+a}{2h_y}v_{i,j,k}^{(2)}.$$

第二步: 求 $C^{n+\frac{2}{3}}$ 满足

$$(D_{i,j,k}^{11}(H^*)+\gamma_{i,j,k}^{(1)})C_{i-1,j,k}^{n+\frac{2}{3}}-(2D_{i,j,k}^{11}(H^*)+\beta_{i,j,k}+\gamma_{i,j,k}^{(2)})C_{i,j,k}^{n+\frac{2}{3}}$$
$$+(D_{i,j,k}^{11}(H^*)+\gamma_{i,j,k}^{(3)})C_{i+1,j,k}^{n+\frac{2}{3}}=d_{i,j,k}^{(2)}, \tag{1.3.25}$$

其中 $d_{i,j,k}^{(2)}=\beta_{i,j,k}C_{i,j,k}^{n+\frac{1}{3}}, \gamma_{i,j,k}^{(2)}, \gamma_{i,j,k}^{(3)}$ 的定义类似于前面的定义.

第三步: 求 C^{n+1} 满足

$$(D_{i,j,k}^{33}(H^*)+\gamma_{i,j,k}^{(1)})C_{i,j,k-1}^{n+1}-(2D_{i,j,k}^{33}(H^*)+\beta_{i,j,k}+\gamma_{i,j,k}^{(2)})C_{i,j,k}^{n+1}$$
$$+(D_{i,j,k}^{33}(H^*)+\gamma_{i,j,k}^{(3)})C_{i,j,k+1}^{n+1}=d_{i,j,k}^{(3)}, \tag{1.3.26}$$

这里 $d_{i,j,k}^{(3)}=\beta_{i,j,k}C_{i,j,k}^{n+\frac{2}{3}}$, 式中 $\gamma^{(1)}, \gamma^{(2)}, \gamma^{(3)}$ 定义类似前面, 不再列出.

上述三步中都是三对角方程, 极易用追赶法求解.

1.3.3 数值模拟过程及框图

海水入侵问题的数值模拟就是同时求解水头方程和盐分浓度方程, 水头方程刻画地下水位和地下水的压力, 盐分浓度方程刻画地下水含盐分的浓度, 它们是一组耦合的非线性方程组. 利用 1.3.1 小节、1.3.2 小节的水头方程和浓度方程数值方法, 我们设计了一套求解这类非线性耦问题的选代方法, 计算过程为:

(A) 从 C^n, H^n 用 $\dfrac{C^n-C^{n-1}}{\Delta t}$ 代替 $\dfrac{\partial c}{\partial t}$, 求解 $\tilde{H}^{n+1}$ (利用式 (1.3.16)~ 式 (1.3.18)).

(B) 从 $\tilde{H}^{n+1}$, 求 v^{n+1}.

(C) 从 C^n, $\tilde{H}^{n+1}$, 求 $\tilde{C}^{n+1}$(利用 (1.3.24)~(1.3.26)).

(D) 用 $\dfrac{\tilde{C}^{n+1} - C^n}{\Delta t}$ 代替 $\dfrac{\partial c}{\partial t}$, 重复 (A)(B)(C) 三步, 直至 $\left|\tilde{C}_t^{n+1} - \tilde{C}_{t-1}^{n+1}\right| < \varepsilon$ 为止, 这里 l 为迭代次数, ε 为给定的精度. 故得到第 $n+1$ 步的 C^{n+1}, H^{n+1} 和 $\boldsymbol{v}^{n+1}$ 的近似值, 以及潜水区域.

(E) 重复 (A)(B)(C)(D) 得到下一时间层的水头、浓度及近似区域.

(F) 重复上述过程, 可得到所有时段的水头、浓度近似值.

计算流程图如图 1.3.1 所示.

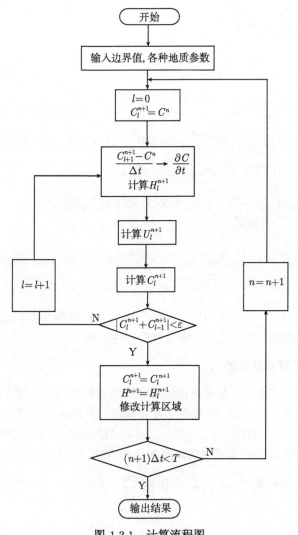

图 1.3.1　计算流程图

参 考 文 献

[1] 赵德三. 山东省莱州湾地区海水侵染综合治理规划. 北京: 海洋出版社, 1994.

[2] 赵德三. 山东沿海区域环境与灾害. 北京: 科学出版社, 1991.

[3] 中国灾害防御协会. 论沿海地区减灾与发展. 北京: 地震出版社, 1991.

[4] 雅·贝尔. 地下水水力学. 许涓铭译. 北京: 地质出版社, 1985.

[5] 罗焕炎, 陈雨孙. 地下水运动的数值模拟. 北京: 中国建筑工业出版社, 1998.

[6] 陈雨孙. 地下水运动与资源评价. 北京: 中国建筑工业版社, 1986.

[7] 朱学愚, 谢春红. 地下水运移模型. 北京: 中国建筑工业出版社, 1990.

[8] 薛禹群, 谢春红等. 海水入侵咸淡水界面运移规律研究. 南京: 南京大学出版社, 1991.

[9] 仵彦卿. 地下水系统最优开采数值模拟. 西安地质学院学报, 1990, 1.

[10] 李光天, 符文侠. 我国海岸侵蚀及其危害. 海洋环境科学, 1992, 1.

[11] 吕贤弼. 咸淡水界面动态变化的研究. 水科学进展, 1991, 1.

[12] 徐玉佩. 确定地下最优开采量的一种多阶段优化模型. 水利学报, 1992, 4.

[13] 韩再生. 秦皇岛市洋河、戴河滨海平原海水入侵的控制与治理. 现代地质, 1990, 2: 105~114.

[14] 袁益让, 梁栋, 芮洪兴. 海水入侵防治工程的后效预测数学模型. 山东省第二届高等数学研讨会论文集 (姜福德主编), 1-5, 青岛: 青岛海洋大学出版社, 1995, 1.

[15] 山东省水利勘测设计院. 山东省莱州湾地区海水侵染综合治理引黄调水工程可行性研究报告. 1992, 10.

[16] 山东省水利科学研究所, 龙口市水利局. 八里沙河地下水库拦蓄调节地下水技术研究分专题报告汇编. 1992, 10.

[17] 山东省水利科学研究所, 龙口市水利局. 八里沙河地下水库拦蓄调节地下水技术研究总结报告. 1992, 10.

[18] Josselin G E, Jong G, van Duyk C J. Transverse dispersion from an originally sharp fresh salt interface caused by shear flows, J.of Hydrology, 1986, 84: 55~79.

[19] Huyakorn P S, Anderson P E, Mercer J W, et al. Saltwater intrusion in aquifers: Development and testing of a three dimensional finite element model. Water Resour. Res. 1987, 2: 293~312.

[20] Andersen P E ,White Jr H O,Mercer J W, et al. Numericd modeling of groundwater flows and saltwater transport in Northern Pinellas Country. 1985.

[21] Henry H R. Effects of dispersion salt water encroachment in coastal aquifers. U.S. Geol. Survey, Water Supply Paper, 1613. 1964.

[22] Segol G, Pinder G F, Gray W G. A Galerkin finite element techmique for calculating the transient position of the saltwater front. Water Resour. Res, 1975, 2: 343~347.

[23] Diersch H J. Finite element modeling of recirculating density-driven saltwater intrusion processes in groundwater. Advance in Water Resources, 1988, 2: 25~43.

[24] Heinrich J C, Huyakorn P S, Zienkiewicky O C.An upwind finite element scheme for two dimensional convective transport equation, Int.J. Numer. Methods, Eng, 1997.1.

[25] Gupta A D, Yapa P N. Saltwater encrachment in an aquifer: A case study.Water Resour. Res, 1982, 3: 546~556.

[26] Xue Y, Xie C. A characteristic alternating direction implicit scheme for advection-dispersion equation. Proceeding VI Internationd Conference on Computational Methods in Water Resour, MTL, U.S.A 1988, 2: 63~68.

[27] Yeh G T. On the computation of darcia velocity and mass balance: the finite element modeling of grourd water flow. Water Resour Res, 1981, 5: 1529~1534.

[28] Lee C, Cheng R. On seawater encroachment in coastal aquifers, Water Resources Research, 1974,10(5).

[29] Segol G, George F P. Transient simulation of saltwater intrusion in sortheastern Florida. Water Resources. Res, 1976, 12(1).

[30] Reilly T E. Simulation of dispersion in layered coastal aquifer systems.J.Hydrology,1990, 114: 211~228.

[31] Bear J,Shamir U,Gamliel A, et al. Motion of the seawater interface in a coastal aquifer by the method of successive steady states. J. Hydrology, 1985, 76: 119~132.

[32] Reilly T E, Goodman A S.Analysis of saltwater upconing beneath a pumping well. J.Hydrology, 1987, 89: 169~204.

[33] Inouchi K, Kishi Y, Kakinuma T. The motion of coastal groundwater in response to the tide. J.Hydrology, 1990, 115: 165~191.

[34] 山东大学数学系. 防治海水入侵主要工程后效与调控模式研究 (国家 "八五" 重点科技 (攻关) 项目 85-806-06-04). 济南, 1995, 11.

[35] Prieto C. Groundwater-seawater interactions: Seawater intrusion,submarine groundwater discharge and temporal variability and randomness effects.April 2005,Trita-Lswr Phd Thesis 1019.

[36] 袁益让, 梁栋, 芮洪兴. 三维海水入侵及防治工程的渗流力数值模拟及分析. 中国科学 (G 辑), 2009, 2: 222~236.
     Yuan Y R, Liang D, Rui H X. The mumerical simulation and analysis of three-domensional seawater intrusion and protection projects in porous media. Science in China (Series G), 2009, 1: 92~107.

[37] Yuan Y R, Liang D, Rui H X. The modified method of upwind with finite difference fractional steps procedure for the numerical simulation and analgsis of seawater intrusion. Progress in Nataral Science, 2006, 11: 1127~1146.

[38] Yuan Y R, Liang D, Rui H X, et al. The numerical simulation and consequence of protection project and modular form of project adjustment in porous. Special Topics & Reviews in Porous Media, 2012, 3(4): 371~393.

[39] Yuan Y R, Rui H X, Liang D, et al. The theory and application of upwind finite difference fractional steps procedure for seawater intrusion. International Journal of Geosiences, 2012, 3(5A): 972~991.

[40] Ghassemi F, Jakeman A J, Jacobson G. Mathematical modeling of seawater intrusion, Nauru Island. Hydrol Process, 1990, 4: 269~281.

[41] Ghassemi F, Jakeman A J, Jacobson G, et al. Simularion of seawater intrusion with 2D and 3D model: Narur island case study. Hydrogeol J, 1996, 4: 4~22.

[42] Ewing R E. Mathematical modeling and simulation for multiphase flow in Poous media. In: Chen Z X, Ewing R E, Shi Z C, eds. Numerical Treatment of Multiphase Flows in Porous Media, Lecture Notes in Physics, Vol. 533, Berlin: Springer, 2000. 43~57.

第 2 章 数值模拟结果比较和数值分析

第 1 章全面系统研究了山东省莱州湾地区的海水入侵, 讨论了适合山东省莱州湾地区的海水入侵三维渗流力学模型, 提出了解决问题的大范围、长时间有效数值模拟方法, 提出了对流占优问题分数步加权迎风算法, 提出了外插技术处理非线性问题的算法和防治工程的预测算法和优化调控模式算法, 研制了相应的软件系统, 大规模数值模拟计算表明, 计算结果与实测结果一致, 并对主要防治工程进行后效预测和综合工程后效预测, 进行了调控应用模式计算 [1~4], 在此基础上, 我们还对模型问题, 应用现代微分方程先验估计的理论和技巧, 对求解问题的迎风差分方法, 特征差分方法和特征有限元方法, 进行理论研究和分析, 得到最佳阶 L^2 模误差估计结果, 使数值软件模拟系统, 建立在坚实的数学和力学基础上 [5~8].

本章共 3 节. 2.1 节为数值模拟结果的比较和分析. 2.2 节为海水入侵的迎风分数步差分格式. 2.3 节为海水入侵数值模拟的特征差分方法.

2.1 数值模拟结果的比较和分析

针对山东莱州湾地区的实际情况, 我们编制了应用软件. 对龙口市黄河营地区三维观测网域计算, 对计算结果进行比较, 可以看出我们的计算是可靠和合理的.

2.1.1 模拟区域

考虑到抽水形成的复杂流场, 模型计算选择具有三维观测网的龙口市黄河营地区作为计算区. 该区位于黄水河口左岸, 计算区的北界为渤海, 东界为黄水河岸边线, 长约 3000m, 宽 700m, 区内除中部有一小土丘外, 地势平坦, 全为第四系覆盖. 第四系总厚 13.0~36.7m, 一般厚 17~18m, 仅在黄河营东南厚度超过 35m. 含水层上部为中细砂, 下部为含砾、卵石的粗砂, 中间夹一层或两三层厚度不等的亚黏土, 淤泥质亚黏土透镜体或夹层, 砂层、砂砾层分选性不好, 常含泥质, 隔水底板为第三系黄县组泥粉砂岩、泥岩, 根据渗透性能把地质区域分为四区 (图 2.1.1).

图中 A、B、C、D 为 4 个区, 水平方向为同一区域, 标号 1, 2, 3, 4, 5, 6, 7, 8 为观测井号.

区域平面示意图见图 2.1.2, 该地区内有三口抽水井 (总量平均流量 10071.5m³/d), 长期抽水的结果使该地区中部、北部地区地下水位低于海平面, 抽水井与海岸间的地下水面背向海洋, 倾向水井. 其中#为抽水井, ○为观测井.

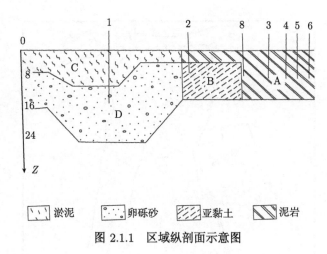

图 2.1.1 区域纵剖面示意图

2.1.2 各种数据资料

为区域内数值模拟, 需要各种地质数据. 根据文献和实测结果, 渗透系数、贮水率和弥散度列入表 2.1.1.

表 2.1.1 参数表

分区号		A	B	C	D
渗透系数/(m/d)	$K_{xx} = K_{yy}$	17	103	7	63
	K_{zz}	15	22	7	17
贮水率 S_s/m^{-1}		8.0×10^{-5}	1.2×10^{-4}	5.0×10^{-5}	1.0×10^{-4}
给水度 S_y		0.075	0.13	0.04	0.11
弥散度/m	α_L	8.3	8.3	0.08	0.08
	α_T	0.001	0.001	0.0004	0.0004
降雨入渗系数		0.30	0.30	0.30	0.30

该地区 20 世纪 80 年代和 90 年代初平均降雨量如表 2.1.2 所示, 该试验区 1989 年 7~9 月三个抽水井抽水量表如表 2.1.3 所示.

表 2.1.2 平均降雨量表

月份	3	4	5	6	7	8	9	10	总计
平均降雨量/mm	16.6	33.8	43.3	63.1	133.5	123.9	39.0	27.8	481.0

表 2.1.3 井的抽水量表 (7~9 月)

抽水井	抽水井 1	抽水井 2	抽水井 3
平均抽水量/(m^3/d)	4940	4427	450

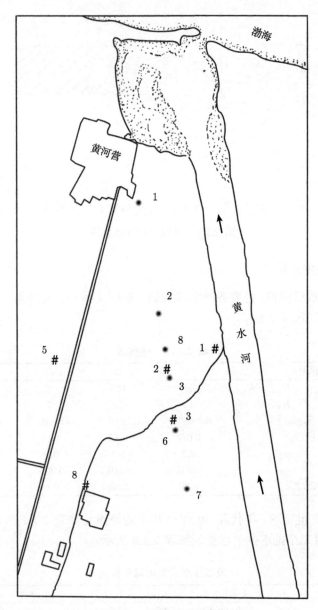

图 2.1.2　区域平面示意图

2.1.3　计算与结果比较

为使软件具有计算三维大范围的能力, 而不仅仅对试验区使用. 我们对三维区域进行不等距的长方体剖分, 分别用 h_x, h_y, h_z 分别表示 x 方向、y 方向和 z 方向剖分步长 (图 2.1.3).

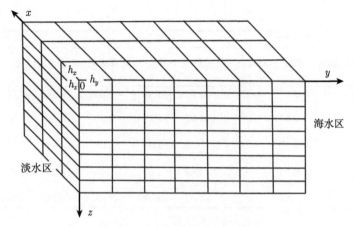

图 2.1.3 坐标系与剖分示意图

对实验区取剖分步长 h_x=20 米, h_y=30 米, h_z=1 米, 计算区内 x 方向 (水平海岸) 剖分数 22 个, y 方向 (垂直海岸) 剖分数 75 个, z 方向 (垂直向下) 剖分数 24 个. 这种非等距的剖分, 可以方便地用来计算三维大范围区域, 并能充分体现主流方向的计算准确性. 对海水入侵进行数值预测, 计算结果与实测值和前人工作进行了比较, 水头比较表见表 2.1.4, 浓度比较表见表 2.1.5, 水位误差表见表 2.1.6, 浓度误差表见表 2.1.7.

表 2.1.4　水位观测值与计算值对比表

日期 井号　水头	7 月 22 日			8 月 22 日			9 月 22 日		
	观测值 /m	计算值 A /m	计算值 B /m	观测值 /m	计算值 A /m	计算值 B /m	观测值 /m	计算值 A /m	计算值 B /m
1-1	−1.09	−1.08	−1.08	−0.61	−0.63	−0.38	−0.53	−0.32	−0.34
2-3	−2.26	−2.45	−2.21	−1.42	−1.83	−1.69	−1.24	−1.54	−1.54
2-2	−2.29	−2.47	−2.20	−1.49	−1.85	−1.68	−1.27	−1.56	−1.52
2-1	−2.30	−2.50	−2.20	−1.53	−1.88	−1.67	−1.73	−1.60	−1.50
8-3	−2.73	−3.21	−2.78	−1.84	−2.53	−2.00	−1.72	−2.20	−1.81
8-2	−2.74	−3.22	−2.77	−1.84	−2.54	−2.00	−1.72	−2.21	−1.80
8-1	−2.75	−3.25	−2.75	−1.85	−2.57	−1.96	−1.73	−2.24	−1.78
4-3	−2.94	−3.24	−3.10	−2.01	−2.54	−2.34	−1.97	−2.18	−2.14
4-2	−2.96	−3.24	−3.10	−2.03	−2.54	−2.34	−1.98	−2.18	−2.14
4-1	−3.44	−3.25	−3.09	−2.53	−2.54	−2.34	−2.48	−2.19	−2.14
5-3	−3.13	−2.99	−3.13	−2.24	−2.27	−2.25	−1.99	−1.91	−2.07
5-2	−3.13	−2.99	−3.13	−2.48	−2.27	−2.25	−2.03	−1.91	−2.07
5-1	−3.19	−3.00	−3.12	−2.48	−2.27	−2.25	−2.03	−1.91	−2.06

续表

日期 水头 井号	7 月 22 日			8 月 22 日			9 月 22 日		
	观测值 /m	计算值 A /m	计算值 B /m	观测值 /m	计算值 A /m	计算值 B /m	观测值 /m	计算值 A /m	计算值 B /m
6-3	−2.71	−2.67	−2.87	−1.97	−1.96	−2.09	−1.75	−1.59	−1.93
6-2	−2.85	−2.67	−2.87	−2.00	−1.96	−2.09	−1.78	−1.59	−1.93
6-1	−2.86	−2.86	−2.87	−2.19	−1.96	−2.08	−1.79	−1.59	−1.93
7-2	−2.18	−2.10	−2.20	−1.61	−1.41	−1.66	−1.38	−1.03	−1.57
7-1	−2.29	−2.10	−2.20	−1.62	−1.41	−1.65	−1.39	−1.03	−1.57

其中计算值 A 为南京大学计算结果, 计算值 B 为我们的计算结果.

表 2.1.5   Cl⁻ 浓度观测值与计算比较表

日期 Cl浓度 井号	7 月 22 日			8 月 22 日			9 月 22 日		
	观测值 /(mg/L)	计算值 A /(mg/L)	计算值 B /(mg/L)	观测值 /(mg/L)	计算值 A /(mg/L)	计算值 B /(mg/L)	观测值 /(mg/L)	计算值 A /(mg/L)	计算值 B /(mg/L)
1-1	354.1	3687.4	3666.7	3719.5	3795.8	3714.9	3528.5	3731.3	3766.1
2-3	618.7	664.6	618.0	624.4	724.6	668.3	535.5	744.0	717.9
2-2	2613.3	2514.6	3000.0	2639.4	2596.3	3021.5	2569.0	2569.0	3041.0
2-1	4419.5	4237.4	4000.0	4477.9	4325.2	4012.9	4295.6	4295.6	4021.3
8-3	429.7	362.0	540.0	431.2	385.8	554.6	407.9	403.6	567.4
8-2	1156.8	1021.0	1377.3	1175.9	1290.4	1448.7	1143.6	1358.3	1513.8
8-1	2517.2	2333.1	2764.0	2482.6	2489.7	2913.1	2496.5	2591.9	3045.3
4-3	90.3	94.3	91.3	83.6	88.4	90.9	85.1	81.1	90.7
4-2	97.2	100.1	100.0	104.5	95.2	100.5	106.7	94.1	100.8
4-1	94.2	106.1	99.0	92.3	100.6	98.4	93.4	102.8	97.9
5-3	90.3	86.2	86.6	84.3	82.9	87.0	86.5	82.5	87.2
5-2	76.9	93.1	97.8	85.4	92.8	97.9	82.3	95.7	97.9
5-1	78.8	87.5	93.4	79.8	89.7	93.8	82.3	93.2	94.1
6-3	74.9	77.1	83.0	76.7	82.0	82.9	75.3	80.8	82.9
6-2	107.6	93.4	100.0	113.2	100.0	99.6	114.4	102.8	99.2
6-1	107.6	100.6	103.5	109.0	105.4	103.4	113.0	107.3	103.2
7-2	86.5	92.2	87.5	87.1	90.2	77.8	87.9	90.2	71.1
7-1	121.1	105.5	110.0	120.2	99.5	97.0	124.1	104.6	88.1

表 2.1.6 观测值与计算值 B 水位误差表 (单位: m)

日期 \ 井号	1-1	2-3	2-2	2-1	8-3	8-2	8-1	4-3	4-2
7 月 22 日	−0.01	−0.05	−0.09	−0.1	0.05	0.03	0.0	0.16	0.14
8 月 22 日	−0.23	0.27	0.19	0.14	0.16	0.16	0.11	0.33	0.31
9 月 22 日	−0.19	0.30	0.25	−0.23	0.09	0.08	0.05	0.17	0.16

日期 \ 井号	4-1	5-3	5-2	5-1	6-3	6-2	6-1	7-2	7-1
7 月 22 日	−0.35	0.0	−0.0	−0.07	0.16	0.02	0.01	0.02	−0.09
8 月 22 日	−0.19	0.01	−0.23	−0.23	0.12	0.09	−0.11	0.05	0.03
9 月 22 日	−0.34	0.08	0.04	0.03	0.18	0.15	0.14	0.19	0.18

表 2.1.7 观测值与计算值 B 浓度误差表

日期 \ 井号 \ 误差	7 月 22 日		8 月 22 日		9 月 22 日	
	误差/(mg/L)	相对误差/%	误差/(mg/L)	相对误差/%	误差/(mg/L)	相对误差/%
1-1	−92.6	−2.56	4.6	0.12	−237.6	−6.73
2-3	0.7	0.11	−43.9	−7.03	−182.4	−34.06
2-2	−386.7	−14.80	−382.1	−14.48	−472.0	−18.37
2-1	419.5	9.49	465.0	10.38	274.3	6.39
8-3	−110.3	−25.67	−123.4	−28.62	−159.5	−39.10
8-2	−220.5	−19.06	−272.8	−23.20	−370.2	−32.37
8-1	−246.8	−9.80	−430.5	−17.34	−548.8	−21.98
4-3	−1.0	−1.11	−7.3	−8.73	−5.6	−6.58
4-2	−2.8	−2.88	4.0	3.83	5.9	5.53
4-1	−4.8	−5.10	−6.1	−6.61	−4.5	−4.82
5-3	3.7	4.10	−2.7	−3.20	−0.7	−0.81
5-2	−20.9	−27.18	−12.5	12.77	−15.6	−18.96
5-1	−14.6	−18.53	−14.0	−17.54	−11.8	−14.34
6-3	−8.1	−10.81	−6.2	−8.08	−7.6	−10.09
6-2	7.6	7.06	13.6	12.01	15.2	13.29
6-1	4.1	3.81	5.6	5.14	9.8	8.67
7-2	−1.0	−1.16	9.3	10.68	16.8	19.11
7-1	11.1	9.17	23.2	19.30	36.0	29.01

观测值与计算值水位对比曲线, 浓度对比曲线如图 2.1.4~ 图 2.1.7. 纵剖面水位及浓度等值线图如图 2.1.8~ 图 2.1.11.

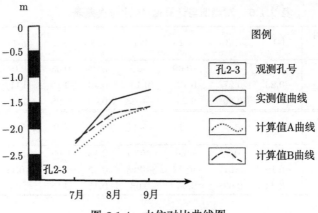

图 2.1.4　水位对比曲线图

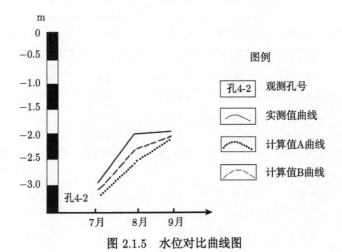

图 2.1.5　水位对比曲线图

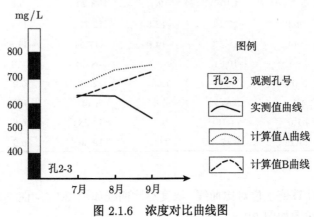

图 2.1.6　浓度对比曲线图

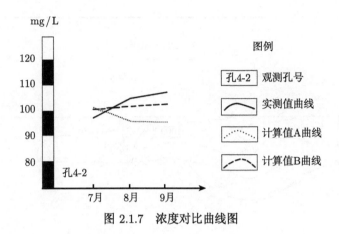

图 2.1.7　浓度对比曲线图

2.1.4　结果分析

通过计算及结果比较, 我们认为计算结果是可靠的, 与国内外类似的数值模拟对比, 我们的软件计算质量是很好的.

(1) 模型的计算结果是准确的, 误差及相对误差是很小的, 较国内已有结果, 更可靠, 与实测值更接近.

(2) 该软件可以通过增大剖分步长剖分数, 很容易地扩大计算区域, 从而具有大范围的预测功能, 这是前人工作所不具备的.

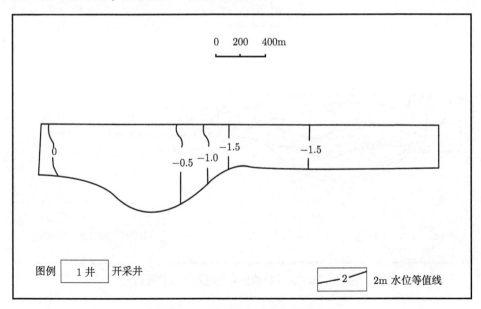

图 2.1.8　9 月份水头计算值纵剖面图

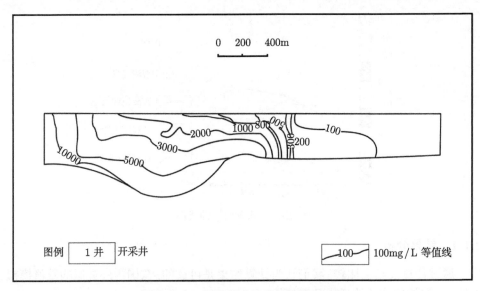

图 2.1.9　7 月份盐分浓度计算纵剖面图

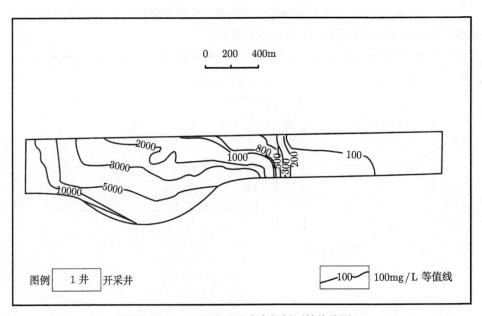

图 2.1.10　8 月份盐分浓度纵剖面等值线图

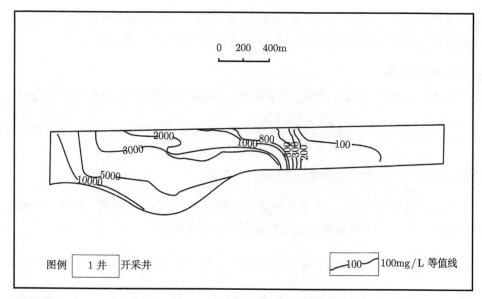

图 2.1.11   9 月份盐分浓度纵剖面等值线图

(3) 井点附近的浓度及水位变化都是很快的, 大的剖分步长使得计算结果无法很好地反映井点附近复杂情况, 本软件可以通过加密网格的办法, 达到所必需的效果.

(4) 对流占优盐分浓度方程的数值模拟一直是没有很好解决的问题 (特别是高维问题), 我们提出了分裂迎风加权的计算方法, 是一类非常成功有效的方法, 而权因子的适当选取, 可以将数值误差降到很低, 使计算精度大大提高.

(5) 国内外的一些模拟方法, 对自由潜水面计算一直没有提出好的方法, 本模型软件提出了分裂隐处理方法, 取得了很好的效果使计算与实际过程更贴切.

2.2   海水入侵的迎风分数步差分格式

在 1.1 节 ~2.1 节的基础上, 本节讨论一类修正迎风分数步差分格式的收敛性分析. 对于对流–扩散问题 Axelsson、Ewing、Lazarov 等 [9~12] 提出迎风差分格式, 去克服数值解的振荡和弥散. 虽然 Douglas, Peaceman 等曾用分数步方法于不可压缩油水二相渗流驱动问题, 并取得成功 [13,14]. 但在理论分析时出现实质性困难, 他们用 Fourier 分析方法仅能对带常系数的情形证明稳定性和收敛性的结果, 此方法不能推广到变系数的情况 [15,16]. 我们从生产实际出发, 对可压缩的海水入侵数值模拟, 提出一类迎风分数步差分格式, 此格式既可克服数值振荡和弥散, 同时将三维问题化为连续解 3 个一维问题, 大大减少了计算工作量. 对于仅考虑第一边值问题的模型问题, 应用变分形式、能量方法、差分算子乘积交换性理论、高阶差分算子的分解、微分方程先验估计和特殊技巧, 得到了最佳阶 l^2 模误差估计.

2.2.1　数学模型

由 Darcy 定律、Euler 方法, 并采用 Huyakorn 的线性处理, 可得水头方程:

$$S_s \frac{\partial H}{\partial t} - \nabla \cdot (\tilde{K}(\nabla H - \eta c e_3)) = -\psi\eta\frac{\partial c}{\partial t} + \frac{\rho}{\rho_0}q, \quad (x,y,z)^{\mathrm{T}} \in \Omega, t \in J = (0,T], \quad (2.2.1)$$

此处 $H = \dfrac{P}{\rho_0 g} - z$ 为水头函数, 是未知待求函数.

混溶于流体中的 Cl^-, 在多孔介质的迁移过程中, 会发生对流、扩散、机械弥散等现象, 由 Fick 定律和质量守恒定律可得浓度方程为

$$\psi\frac{\rho_0}{\rho}\frac{\partial c}{\partial t} = \nabla \cdot (\psi D \nabla c) - \boldsymbol{u} \cdot \nabla c + q(C^* - c), \quad (x,y,z)^{\mathrm{T}} \in \Omega, t \in J, \quad (2.2.2)$$

式中 c 为含盐浓度函数, 亦为未知待求函数、$u = -\dfrac{\rho_0}{\rho}K(\nabla H - \eta c e_3)$ 是达西速度.

初始条件为

$$H(x,y,z,0) = H_0(x,y,z), c(x,y,z,0) = c_0(x,y,z), \quad (x,y,z) \in \Omega. \quad (2.2.3)$$

这里讨论两类边界条件, 已知 Cl^- 浓度及水头可给出第一类边界条件:

$$H(x,y,z,t) = h(x,y,z,t), c(x,y,z,t) = g(x,y,z,t), \quad (x,y,z) \in \Gamma_1, t \in J, \quad (2.2.4a)$$

或不渗透边界可给出第二类边界条件:

$$\boldsymbol{u} \cdot \boldsymbol{n} = 0, D\nabla c \cdot \boldsymbol{n} = 0, \quad (x,y,z) \in \Gamma_2, t \in J, \quad (2.2.4b)$$

此处 $\boldsymbol{n}$ 为边界面的单位外法向矢量. 通常, 问题 (2.2.1)~(2.2.4) 是正定的.

$$0 < K_* \leqslant K_i(c) \leqslant K^*, i = 1,2,3, \quad 0 < D_* \leqslant D(x,t) \leqslant D^*,$$
$$0 < \psi_* \leqslant \psi(x) \leqslant \psi^*, \left|\frac{\partial K_i(c)}{\partial c}\right| \leqslant K^*, \quad (2.2.5)$$

此处 K_*、K^*、ψ_* 和 ψ^* 是正常数. 我们还假定问题式 (2.2.1)~ 式 (2.2.4) 的解满足正则性条件:

$$H, c \in L^\infty(W^{4,\infty}) \bigcap W^{1,\infty}(W^{1,\infty}), \frac{\partial^2 H}{\partial t^2}, \frac{\partial^2 c}{\partial t^2} \in L^\infty(L^\infty).$$

此处 M 和 ε 表示一般正常数和一般正的小数, 在不同处有不同的含义.

2.2.2 修正迎风分数步差分格式

为了简便仅考虑第一类边界条件和扩散矩阵为对角形式. 为了用差分方程求解, 用网格域 Ω_h 代替区域 Ω. 在空间 (x, y, z), 取步长是 h_1, h_2 和 $h_3, x_i = ih_1, y_j = jh_2, z_k = kh_3$,

$$\Omega_h = \left\{ (x_i, y_j, z_k) \middle| \begin{array}{l} i_1(j,k) < i < i_2(j,k) \\ j_1(i,k) < j < j_2(i,k) \\ k_1(i,j) < k < k_2(i,j) \end{array} \right\}.$$

设 $\partial\Omega_h$ 为 Ω_h 的边界, $x_{ijk} = (ih_1, jh_2, kh_3)^{\mathrm{T}}, t^n = n\Delta t, W(x_{ijk}, t^n) = W_{ijk}^n$. 记

$$K(C_h^n)_{i+1/2,jk} = [K(x_{ijk}, C_{h,ijk}^n) + K(x_{i+1,jk}, C_{h,i+1,jk}^n)]/2,$$
$$K(C_h^n)_{i,j+1/2,k} = [K(x_{ijk}, C_{h,ijk}^n) + K(x_{i,j+1,k}, C_{h,i,j+1,k}^n)]/2,$$
$$K(C_h^n)_{ij,k+1/2} = [K(x_{ijk}, C_{h,ijk}^n) + K(x_{ij,k+1}, C_{h,ij,k+1}^n)]/2.$$

$$\begin{aligned}
\delta_{\bar{x}}(K(C_h^n)\delta_x H_h^{n+1})_{ijk} = h_1^{-2}[&K(C_h^n)_{i+1/2,jk}(H_{h,i+1,jk}^{n+1} - H_{h,ijk}^{n-1}) \\
&- K(C_h^n)_{i-1/2,jk}(H_{h,ijk}^{n-1} - H_{h,i-1,jk}^{n-1})],
\end{aligned} \tag{2.2.6a}$$

$$\begin{aligned}
\delta_{\bar{y}}(K(C_h^n)\delta_y H_h^{n+1})_{ijk} = h_2^{-2}[&K(C_h^n)_{i,j+1/2,k}(H_{h,i,j+1,k}^{n+1} - H_{h,ijk}^{n-1}) \\
&- K(C_h^n)_{i,j-1/2,k}(H_{h,ijk}^{n+1} - H_{h,i,j-1,h}^{n-1})],
\end{aligned} \tag{2.2.6b}$$

$$\begin{aligned}
\delta_{\bar{z}}(K(C_h^n)\delta_z H_h^{n-1})_{ijk} = h_3^{-2}[&K(C_h^n)_{ij,k+1/2}(H_{h,ij,k+1}^{n+1} - H_{h,ijk}^{n+1}) \\
&- K(C_h^n)_{ij,k-1/2}(H_{h,ijk}^{n+1} - H_{h,ij,k-1}^{n+1})],
\end{aligned} \tag{2.2.6c}$$

$$\begin{aligned}
\nabla_h(K(C_h^n)\nabla_h H_h^{n+1})_{ijk} = &\delta_{\bar{x}}(K(C_h^n)\delta_x H_h^{n+1})_{ijk} + \delta_{\bar{y}}(K(C_h^n)\delta_y H_h^{n+1})_{ijk} \\
&+ \delta_{\bar{z}}(K(C_h^n)\delta_z H_h^{n+1})_{ijk}.
\end{aligned} \tag{2.2.7}$$

记 $H_{h,ijk}^n$ 为 $H(x_{ijk}, t^n)$ 的差分解, $C_{h,ijk}^n$ 为 $c(x_{ijk}, t^n)$ 的差分解. 设 t^n 时刻的 C_h^n, H_h^n 已知, 寻求一下时刻的差分解 $H_{h,ijk}^{n+1}, C_{h,ijk}^{n+1}$.

首先, 近似达西速度 $U^n = (U_1^n, U_2^n, U_3^n)^{\mathrm{T}}$ 按下述公式计算:

$$\begin{aligned}
U_1^n = -\frac{\rho_0}{2}\Bigg\{ &\left[\frac{K_1(C_h^n)}{\rho(C_h^n)}\right]_{i+1/2,jk} \frac{H_{h,i+1,jk}^n - H_{h,ijk}^n}{h_1} \\
&+ \left[\frac{K_1(C_h^n)}{\rho(C_h^n)}\right]_{i-1/2,jk} \frac{H_{h,ijk}^n - H_{h,i-1,jk}^n}{h_1} \Bigg\},
\end{aligned} \tag{2.2.8a}$$

$$\begin{aligned}
U_2^n = -\frac{\rho_0}{2}\Bigg\{ &\left[\frac{K_2(C_h^n)}{\rho(C_h^n)}\right]_{i,j+1/2,k} \frac{H_{h,i,j+1,k}^n - H_{h,ijk}^n}{h_2} \\
&+ \left[\frac{K_2(C_h^n)}{\rho(C_h^n)}\right]_{i,j-1/2,k} \frac{H_{h,ijk}^n - H_{h,i,j-1,k}^n}{h_2} \Bigg\},
\end{aligned} \tag{2.2.8b}$$

$$U_3^n = -\frac{\rho_0}{2}\left\{\left[\frac{K_3(C_h^n)}{\rho(C_h^n)}\right]_{ij,k+1/2}\frac{H_{h,ij,k+1}^n - H_{h,ijk}^n}{h_3}\right.$$

$$\left.+\left[\frac{K_3(C_h^n)}{\rho(C_h^n)}\right]_{ij,k-1/2}\frac{H_{h,ijk}^n - H_{h,ij,k-1}^n}{h_3}\right\}. \tag{2.2.8c}$$

对盐分浓度方程 (2.2.2) 的修正迎风分数步格式:

$$\beta(C_{h,ijk}^n)\frac{C_{h,ijk}^{n+1/3} - C_{h,ijk}^n}{\Delta t} = \left(1 + \frac{h_1}{2}|U_1^n|\bar{D}_1^{-1}\right)_{ijk}^{-1}\delta_{\bar{x}}(\bar{D}_1\delta_x C_h^{n+1/3})_{ijk}$$

$$+\left(1 + \frac{h_2}{2}|U_2^n|\bar{D}_2^{-1}\right)_{ijk}^{-1}\delta_{\bar{y}}(\bar{D}_2\delta_y C_h^n)_{ijk}$$

$$+\left(1 + \frac{h_3}{2}|U_3^n|\bar{D}_3^{-1}\right)_{ijk}^{-1}\delta_{\bar{z}}(\bar{D}_3\delta_3 C_h^n)_{ijk}$$

$$-\delta_{U_1^n,x}C_{h,ijk}^n - \delta_{U_2^n,y}C_{h,ijk}^n$$

$$-\delta_{U_3^n,z}C_{h,ijk}^n + q_{ijk}^n(C_{ijk}^{*,n} - C_{h,ijk}^n), \quad i_1(j,k) < i < i_2(j,k), \tag{2.2.9a}$$

$$C_{h,ijk}^{n+1/3} = g_{ijk}^{n+1}, \quad x_{ijk} \in \partial\Omega_h, \tag{2.2.9b}$$

此处 $\beta(C) = \psi\rho_0/\rho, \bar{D}_i = \psi D_i, i = 1,2,3$.

$$\beta(C_{h,ijk}^n)\frac{C_{h,ijk}^{n+2/3} - C_{h,ijk}^{n+1/3}}{\Delta t} = \left(1 + \frac{h_2}{2}|U_2^n|\bar{D}_2^{-1}\right)_{ijk}^{-1}\delta_{\bar{y}}(\bar{D}_2\delta_y(C_h^{n+2/3} - C_h^n))_{ijk},$$

$$j_1(i,k) < j < j_2(i,k), \tag{2.2.10a}$$

$$C_{h,ijk}^{n+2/3} = g_{ijk}^{n+1}, \quad x_{ijk} \in \partial\Omega_h, \tag{2.2.10b}$$

$$\beta(C_{h,ijk}^n)\frac{C_{h,ijk}^{n+1} - C_{h,ijk}^{n+2/3}}{\Delta t} = \left(1 + \frac{h_3}{2}|U_3^n|\bar{D}_3^{-1}\right)_{ijk}^{-1}\delta_{\bar{z}}(\bar{D}_3\delta_z(C_h^{n+1} - C_h^n))_{ijk},$$

$$k_1(i,j) < k < k_2(i,j), \tag{2.2.11a}$$

$$C_{h,ijk}^{n+1} = g_{ijk}^{n+1}, \quad x_{ijk} \in \partial\Omega_h, \tag{2.2.11b}$$

此处

$$\delta_{U_1^n,x}C_{ijk} = U_{1,ijk}^n[\bar{H}(U_{1,ijk}^n)\bar{D}_{1,ijk}^{-1}\cdot\bar{D}_{1,i-1/2,jk}\delta_{\bar{x}}$$

$$+ (1 - \bar{H}(U_{1,ijk}^n))\bar{D}_{1,ijk}^{-1}\cdot\bar{D}_{1,i+1/2,jk}\delta_x]C_{ijk},$$

$$\delta_{U_2^n,y}C_{ijk} = U_{2,ijk}^n[\bar{H}(U_{2,ijk}^n)\bar{D}_{2,ijk}^{-1}\cdot\bar{D}_{2,i,j-1/2,k}\delta_{\bar{y}}$$

$$+ (1 - \bar{H}(U_{2,ijk}^n))\bar{D}_{2,ijk}^{-1}\cdot\bar{D}_{2,i,j+1/2,k}\delta_y]C_{ijk},$$

$$\delta_{U_3^n,z}C_{ijk} = U_{3,ijk}^n[\bar{H}(U_{3,ijk}^n)\bar{D}_{3,ijk}^{-1}\cdot\bar{D}_{3,ij,k-1/2}\delta_{\bar{z}}$$

$$+ (1 - \bar{H}(U_{3,ijk}^n))\bar{D}_{3,ijk}^{-1} \cdot \bar{D}_{3,ij,k+1/2}\delta_z]C_{ijk},$$

$$\bar{H}(z) = \begin{cases} 1, & z \geqslant 0, \\ 0, & z < 0. \end{cases}$$

其次, 对流动方程 (2.2.1) 分数步差分格式:

$$S_{s,ijk}\frac{H_{h,ijk}^{n+1/3} - H_{h,ijk}^n}{\Delta t} = \delta_{\bar{x}}(K_1(C_h^n)\delta_x H_h^{n+1/3})_{ijk} + \delta_{\bar{y}}(K_2(C_h^n)\delta_y H_h^n)_{ijk}$$

$$+ \delta_{\bar{z}}(K_3(C_h^n)\delta_z H_h^n)_{ijk} - \eta\psi_{ijk}\frac{C_{h,ijk}^{n+1} - C_{h,ijk}^n}{\Delta t}$$

$$+ \frac{\rho(C_{h,ijk}^n)}{\rho_0}q_{ijk}^n + \eta\delta_{\bar{z}}(K_3(C_h^n)C_h^n)_{ijk},$$

$$i_1(j,k) < i < i_2(j,k), \tag{2.2.12a}$$

$$H_{h,ijk}^{n+1/3} = h_{ijk}^{n+1}, \quad x_{ijk} \in \partial\Omega_h, \tag{2.2.12b}$$

$$S_{s,ijk}\frac{H_{h,ijk}^{n+2/3} - H_{h,ijk}^{n+1/3}}{\Delta t} = \delta_{\bar{y}}(K_2(C_h^n)\delta_y(H_h^{n+2/3} - H_h^n))_{ijk},$$

$$j_1(i,k) < j < j_2(i,k), \tag{2.2.13a}$$

$$H_{h,ijk}^{n+2/3} = h_{ijk}^{n+1}, \quad x_{ijk} \in \partial\Omega_h, \tag{2.2.13b}$$

$$S_{s,ijk}\frac{H_{h,ijk}^{n+1} - H_{h,ijk}^{n+2/3}}{\Delta t} = \delta_{\bar{z}}(K_3(C_h^n)\delta_z(H_h^{n+1} - H_h^n))_{ijk},$$

$$k_1(i,j) < k < k_2(i,j), \tag{2.2.14a}$$

$$H_{h,ijk}^{n+1} = h_{ijk}^{n+1}, \quad x_{ijk} \in \partial\Omega_h. \tag{2.2.14b}$$

初始逼近

$$C_{h,ijk}^0 = c_0(x_{ijk}), H_{h,ijk}^0 = H_0(x_{ijk}), \quad x_{ijk} \in \Omega_h. \tag{2.2.15}$$

分数步迎风差分格式的计算程序是: 当 $t = t^n$ 时刻的 $\{H_{h,ijk}^n, C_{h,ijk}^n\}$ 已知时, 首先由式 (2.2.9a) 和式 (2.2.9b) 沿 x 方向用追赶法求出过渡层的解 $\{C_{h,ijk}^{n+1/3}\}$, 再由式 (2.2.10a) 和式 (2.2.10b) 沿 y 方向用追赶法求出过程层的解 $\{C_{h,ijk}^{n+2/3}\}$, 最后由式 (2.2.11a) 和式 (2.2.11b) 沿 z 方向用追赶法求出解 $\{C_{h,ijk}^{n+1}\}$. 同时并行地由式 (2.2.12a) 和式 (2.2.12b) 用追赶法求出 $\{H_{h,ijk}^{n+1/3}\}$, 再由式 (2.2.13a) 和式 (2.2.13b) 沿 y 方向求出 $\{H_{h,ijk}^{n+2/3}\}$, 最后由式 (2.2.14a) 和式 (2.2.14b) 沿 z 方向求出解 $\{H_{h,ijk}^{n+1}\}$. 由正定性, 格式 (2.2.9)~(2.2.15) 的解存在且唯一.

2.2.3 收敛性分析

为了方便, 假设 $\Omega = \{[0,1]\}^3$, $h = \frac{1}{N}$, $x_{ijk} = (ih, jh, kh)^{\mathrm{T}}, t = n\Delta t, W(x_{ijk}, t^n)$

$= W_{ijk}^n$.

设 $\pi = H - H_h, \xi = c - C_h$, 此处 H 和 c 是问题式 $(2.2.1)\sim(2.2.4)$ 的精确解, 和 H_h 和 C_h 是差分格式 $(2.2.9)\sim(2.2.15)$ 的差分解. 定义对应于 $L^2(\Omega)$ 和 $H^1(\Omega)$ 离散空间 $l^2(\Omega)$ 和 $h^1(\Omega)$ 的内积和范数.

定理 2.2.1　假定问题 $(2.2.1)\sim(2.2.4)$ 的精确解满足光滑性条件:

$$H, c \in W^{1,\infty}(W^{1,\infty}) \cap L^\infty(W^{4,\infty}), \quad \frac{\partial H}{\partial t}, \frac{\partial c}{\partial t} \in L^\infty(W^{4,\infty}), \quad \frac{\partial^2 H}{\partial t^2}, \frac{\partial^2 c}{\partial t^2} \in L^\infty(L^\infty).$$

采用修正迎风差分格式 $(2.2.9)\sim(2.2.15)$ 逐层计算, 假定剖分参数满足 $\Delta t = O(h^2)$, 则下述误差估计式成立:

$$
\begin{aligned}
&\|H - H_h\|_{\bar{L}^\infty(J;h^1)} + \|c - C_h\|_{\bar{L}^\infty(J;h^1)} + \|d_t(H - H_h)\|_{\bar{L}^2(J;l^2)} \\
&+ \|d_t(c - C_h)\|_{\bar{L}^2(J;l^2)} \leqslant M^* \left\{ \Delta t + h^2 \right\},
\end{aligned}
\tag{2.2.16}
$$

此处 $\|g\|_{\bar{L}^\infty(J;X)} = \sup\limits_{n\Delta t \leqslant T} \|f^n\|_X$, $\|g\|_{\bar{L}^2(J;X)} = \sup\limits_{N\Delta t \leqslant T} \left\{ \sum\limits_{n=0}^N \|g^n\|_X^2 \Delta t \right\}^{1/2}$. 常数 M^* 依赖于 H, C 及其导函数.

证明　首先, 考虑浓度方程. 对格式 $(2.2.9)\sim(2.2.11)$ 消去 $C_h^{n+\frac{1}{3}}$ 和 $C_h^{n+\frac{2}{3}}$, 可得下述等价差分方程:

$$
\begin{aligned}
&\beta(C_{h,ijk}^n)\frac{C_{h,ijk}^{n+1} - C_{h,ijk}^n}{\Delta t} - \bigg\{ \left(1 + \frac{h}{2}|U_1^n|\bar{D}_1^{-1}\right)_{ijk}^{-1} \delta_{\bar{x}}(\bar{D}_1\delta_x C_h^{n+1})_{ijk} \\
&\quad + \left(1 + \frac{h}{2}|U_2^n|\bar{D}_2^{-1}\right)_{ijk}^{-1} \delta_{\bar{y}}(\bar{D}_2\delta_y C_h^{n+1})_{ijk} \\
&\quad + \left(1 + \frac{h}{2}|U_3^n|\bar{D}_3^{-1}\right)^{-1} \delta_{\bar{z}}(\bar{D}_3\delta_z C_h^{n+1})_{ijk} \bigg\} \\
&= -\delta_{U_1^n,x}C_{h,ijk}^n - \delta_{U_2^n,y}C_{h,ijk}^n - \delta_{U_3^n,z}C_{h,ijk}^n + q_{ijk}^n(C_{ijk}^{*,n} - C_{h,ijk}^n) \\
&\quad - (\Delta t)^2 \bigg\{ \left(1 + \frac{h}{2}|U_1^n|\bar{D}_1^{-1}\right)_{ijk}^{-1} \delta_{\bar{x}}\left(\bar{D}_1\delta_x\left\{\beta^{-1}(C_h^n)\right.\right. \\
&\quad \cdot \left. \left(1 + \frac{h}{2}|U_2^n|\bar{D}_2^{-1}\right)^{-1} \cdot \delta_{\bar{y}}(\bar{D}_2\delta_y d_t C_h^n)\right\}\bigg)_{ijk} \\
&\quad + \left(1 + \frac{h}{2}|U_1^n|\bar{D}_1^{-1}\right)_{ijk}^{-1}\delta_{\bar{x}}\left(\bar{D}_1\delta_x\left\{\beta^{-1}(C_h^n)\left(1 + \frac{h}{2}|U_3^n|\bar{D}_3^{-1}\right)^{-1}\right.\right. \\
&\quad \cdot \left. \delta_{\bar{z}}(\bar{D}_3\delta_z d_t C_h^n)\right\}\bigg)_{ijk} \\
&\quad + \left(1 + \frac{h}{2}|U_2^n|\bar{D}_2^{-1}\right)_{ijk}^{-1}\delta_{\bar{y}}
\end{aligned}
$$

$$\cdot \left(\bar{D}_1 \delta_y \left\{ \beta^{-1}(C_h^n) \left(1 + \frac{h}{2} |U_3^n| \bar{D}_3^{-1} \right)^{-1} \cdot \delta_{\bar{z}}(\bar{D}_3 \delta_z d_t C_h^n) \right\} \right)_{ijk} \right\}$$

$$+ (\Delta t)^3 \left(1 + \frac{h}{2} |U_1^n| \bar{D}_1^{-1} \right)_{ijk}^{-1} \delta_{\bar{x}}$$

$$\cdot (\bar{D}_1 \delta_x) \beta^{-1}(C_h^n) \left(1 + \frac{h}{2} |U_2^n| \bar{D}_2^{-1} \right)^{-1} \delta_{\bar{y}} \Big(\bar{D}_2 \delta_y$$

$$\cdot \left\{ \beta^{-1}(C_h^n) \left(1 + \frac{h}{2} |U_3^n| \bar{D}_3^{-1} \right)^{-1} \right.$$

$$\left. \cdot \delta_{\bar{z}}(\bar{D}_3 \delta_z d_t C_h^n) \cdots \right\} \Big) \bigg)_{ijk}, \quad 1 \leqslant i,j,k \leqslant N-1, \tag{2.2.17a}$$

$$C_{h,ijk}^{n+1} = g_{ijk}^{n+1}, \quad x_{ijk} \in \partial \Omega_h. \tag{2.2.17b}$$

由方程 (2.1.2) $(t = t^{n+1})$ 和 (2.2.17) 可得浓度函数的误差方程:

$$\beta(C_{h,ijk}^n) \frac{\xi_{ijk}^{n+1} - \xi_{ijk}^n}{\Delta t} - \left\{ \left(1 + \frac{h}{2} |U_1^n| D_{ijk}^{-1} \right)_{ijk}^{-1} \delta_{\bar{x}}(\bar{D}_1 \delta_x \xi^{n+1})_{ijk} \right.$$

$$+ \left(1 + \frac{h}{2} |U_2^n| \bar{D}_2^{-1} \right)_{ijk}^{-1} \delta_{\bar{y}}(\bar{D}_2 \delta_y \xi^{n+1})_{ijk}$$

$$\left. + \left(1 + \frac{h}{2} |U_3^n| \bar{D}_3^{-1} \right)_{ijk}^{-1} \delta_{\bar{z}}(\bar{D}_3 \delta_z \xi^{n+1})_{ijk} \right\}$$

$$= [\delta_{U_1^n,x} C_{h,ijk}^n - \delta_{u_{1,x}^{n+1}} c_{ijk}^{n+1}] + [\delta_{U_2^n,y} C_{h,ijk}^n - \delta_{u_{2,y}^{n+1}} c_{ijk}^{n+1}]$$

$$+ [\delta_{U_3^n,z} C_{h,ijk}^n - \delta_{u_{3,z}^{n+1}} c_{ijk}^{n+1}]$$

$$+ \left\{ \left[\left(1 + \frac{h}{2} |u_1^{n+1}| \bar{D}_1^{-1} \right)_{ijk}^{-1} \right. \right.$$

$$\left. - \left(1 + \frac{h}{2} |U_1^n| \bar{D}_1^{-1} \right)_{ijk}^{-1} \right] \delta_{\bar{x}}(\bar{D}_1 \delta_x C_h^{n+1})_{ijk}$$

$$+ \left[\left(1 + \frac{h}{2} |u_2^{n+1}| \bar{D}_2^{-1} \right)^{-1} - \left(1 + \frac{h}{2} |U_2^n| \bar{D}_2^{-1} \right)^{-1} \right] \delta_{\bar{y}}(\bar{D}_2 \delta_y C_h^{n+1})_{ijk}$$

$$+ \left[\left(1 + \frac{h}{2} |u_3^{n+1}| \bar{D}_3^{-1} \right)^{-1} \right.$$

$$\left. - \left(1 + \frac{h}{2} |U_3^n| \bar{D}_3^{-1} \right)^{-1} \right] \delta_{\bar{z}}(\bar{D}_3 \delta_z C_h^{n+1})_{ijk} \right\}$$

$$+ \left\{ q_{ijk}^{n+1}(C_{ijk}^{*,n+1} - c_{ijk}^{n+1}) - q_{ijk}^n(C_{ijk}^{*,n} - C_{h,ijk}^n) \right\}$$

$$- (\Delta t)^2 \Bigg\{ \Bigg[\left(1 + \frac{h}{2} \left| u_1^{n+1} \right| \bar{D}_1^{-1} \right)_{ijk}^{-1} \delta_{\bar{x}}$$

$$\cdot \left(\bar{D}_1 \delta_x \left\{ \beta^{-1}(c^{n+1}) \left(1 + \frac{h}{2} \left| u_2^{n+1} \right| \bar{D}_2^{-1} \right)^{-1} \cdot \delta_{\bar{y}} (\bar{D}_2 \delta_y d_t c^n) \right\} \right)_{ijk}$$

$$- \left(1 + \frac{h}{2} \left| U_1^n \right| \bar{D}_1^{-1} \right)_{ijk}^{-1} \delta_{\bar{x}} \Bigg(\bar{D}_1 \delta_x$$

$$\cdot \left\{ \beta^{-1}(C_h^n) \left(1 + \frac{h}{2} \left| U_2^n \right| \bar{D}_2^{-1} \right)^{-1} \cdot \delta_{\bar{y}} (\bar{D}_2 \delta_y d_t C_h^n) \right\} \Bigg)_{ijk} \Bigg]$$

$$+ \Bigg[\left(1 + \frac{h}{2} \left| u_1^{n+1} \right| \bar{D}_1^{-1} \right)_{ijk}^{-1}$$

$$\cdot \delta_{\bar{x}} \Bigg(\bar{D}_1 \delta_x \left\{ \beta^{-1}(c^{n+1}) \left(1 + \frac{h}{2} \left| u_3^{n+1} \right| \bar{D}_1^{-1} \right)^{-1} \right.$$

$$\cdot \delta_{\bar{z}} (\bar{D}_3 \delta_z d_t c^n) \Bigg\} \Bigg)_{ijk} - \cdots \Bigg] + \cdots + \Big[\cdots \Big] \Bigg\}$$

$$+ (\Delta t)^3 \Bigg\{ \left(1 + \frac{h}{2} \left| u_1^{n+1} \right| \bar{D}_1^{-1} \right)_{ijk}^{-1}$$

$$\cdot \delta_{\bar{x}} \Bigg(\bar{D}_1 \delta_x \left\{ \beta^{-1}(c^{n+1}) \left(1 + \frac{h}{2} \left| u_2^{n+1} \right| \bar{D}_2^{-1} \right)^{-1} \right.$$

$$\cdot \delta_{\bar{y}} \Bigg(\bar{D}_2 \delta_y \left\{ \beta^{-1}(c^{n+1}) \left(1 + \frac{h}{2} \left| u_3^{n+1} \right| \bar{D}_3^{-1} \right)^{-1} \right.$$

$$\cdot \delta_{\bar{z}} (\bar{D}_3 \delta_z d_t c_n) \cdots \Bigg)_{ijk} - \left(1 + \frac{h}{2} \left| U_1^n \right| \bar{D}_1^{-1} \right)_{ijk}^{-1}$$

$$\cdot \delta_{\bar{x}} \Bigg(\bar{D}_1 \delta_x \left\{ \beta^{-1}(C_h^n) \left(1 + \frac{h}{2} \left| U_2^n \right| \bar{D}_2^{-1} \right)^{-1} \right.$$

$$\cdot \delta_{\bar{y}} \Bigg(\bar{D}_2 \delta_y \left\{ \beta^{-1}(C_h^n) \left(1 + \frac{h}{2} \left| U_3^n \right| \bar{D}_3^{-1} \right)^{-1} \right.$$

$$\cdot \delta_{\bar{z}} (\bar{D}_3 \delta_z d_t C_h^n) \cdots \Bigg)_{ijk} \Bigg\} + \varepsilon_{1,ijk}^{n+1}, \quad 1 \leqslant i,j,k \leqslant N-1, \tag{2.2.18a}$$

$$\xi_{ijk}^{n+1} = 0, \quad x_{ijk} \in \partial \Omega_h, \tag{2.2.18b}$$

此处 $\left| \varepsilon_{1,ijk}^{n+1} \right| \leqslant M \left\{ h^2 + \Delta t \right\}$.

其次, 考虑流动方程, 对格式 (2.2.12)~(2.2.14), 消去 $H_h^{n+\frac{1}{3}}$ 和 $H_n^{n+\frac{2}{3}}$, 可得下

述等价差分方程:

$$S_{s,ijk}\frac{H_{h,ijk}^{n+1}-H_{h,ijk}^n}{\Delta t}-\{\delta_{\bar{x}}(K_1(C_h^n)\delta_x H_h^{n+1})_{ijk}+\delta_{\bar{y}}(K_2(C_h^n)\delta_y H_h^{n+1})_{ijk}$$
$$+\delta_{\bar{z}}(K_3(C_h^n)\delta_z H_h^{n+1})_{ijk}\}$$
$$=-\eta\psi_{ijk}\frac{C_{h,ijk}^{n+1}-C_{h,ijk}^n}{\Delta t}+\frac{\rho(C_{h,ijk}^n)}{\rho_0}q_{ijk}^n+\eta\delta_{\bar{z}}(K_3(C_h^n)C_h^n)_{ijk}$$
$$-(\Delta t)^2\{\delta_{\bar{x}}(K_1(C_h^n)\delta_x(S_s^{-1}\delta_y(K_2(C_h^n)\delta_y d_t H_h^n)\cdot)_{ijk}$$
$$+\partial_{\bar{x}}(K_1(C_h^n)\partial_x(S_s^{-1}\delta_{\bar{z}}(K_3(C_h^n)\delta_z d_t H_h^n)\cdot)_{ijk}$$
$$+\delta_{\bar{y}}(K_2(C_h^n)\delta_y(S_s^{-1}\delta_{\bar{z}}(K_3(C_h^n)\delta_z d_t H_h^n)\cdot)_{ijk}\}$$
$$+(\Delta t)^3\delta_{\bar{x}}(K_1(C_h^n)\delta_x(S_s^{-1}\delta_{\bar{y}}(K_2(C_h^n)\delta_y(S_s^{-1}\delta_{\bar{z}}(K_3(C_h^n)\delta_z d_t H_h^n)\cdots)_{ijk},$$
$$1\leqslant i,j,k\leqslant N-1, \tag{2.2.19a}$$
$$H_{h,ijk}^{n+1}=h_{ijk}^{n+1},\quad x_{ijk}\in\partial\Omega_h. \tag{2.2.19b}$$

由方程 (2.2.1) ($t=t^{n+1}$) 和 (2.2.19) 可得压力函数的误差方程:

$$S_{s,ijk}\frac{\pi_{ijk}^{n+1}-\pi_{ijk}^n}{\Delta t}-\{\delta_{\bar{x}}(K_1(C_h^n)\delta_x\pi^{n+1})_{ijk}+\delta_{\bar{y}}(K_2(C_h^n)\delta_y\pi^{n+1})_{ijk}$$
$$+\delta_{\bar{y}}(K_3(C_h^n)\delta_z\pi^{n+1})_{ijk}\}$$
$$=\nabla_h([K(c^{n+1})-K(C_h^n)]\nabla_h H^{n+1})_{ijk}-\eta\psi_{ijk}\frac{\xi_{ijk}^{n+1}-\xi_{ijk}^n}{\Delta t}$$
$$+\left[\frac{\rho(c_{ijk}^{n+1})}{\rho_0}q_{ijk}^{n+1}-\frac{\rho(C_{h,ijk}^n)q_{ijk}^n}{\rho_0}\right]$$
$$+\eta[\delta_{\bar{z}}(K_3(c^{n+1})c^{n+1})_{ijk}-\delta_{\bar{z}}(K_3(C_h^n)C_h^n)_{ijk}]$$
$$-(\Delta t)^2\{[\delta_{\bar{x}}(K_1(c^{n+1})\delta_x(S_s^{-1}\delta_{\bar{y}}(K_2(c^{n+1})\delta_y d_t H^n)\cdot)_{ijk}$$
$$-\delta_{\bar{x}}(K_1(C_h^n)\delta_x(S_s^{-1}\delta_{\bar{y}}(K_2(C_h^n)\delta_y d_t H_h^n)\cdot)_{ijk}]$$
$$+[\delta_{\bar{x}}(K_1(c^{n+1})\delta_x\cdot(S_s^{-1}\delta_{\bar{z}}(K_3(c^{n+1})\delta_z d_t H^n)\cdot)_{ijk}$$
$$-\delta_{\bar{x}}(K_1(C_h^n)\delta_x(S_s^{-1}\delta_{\bar{z}}(K_3(C_h^n)\delta_z d_t H_h^n)\cdot)_{ijk}]$$
$$+[\delta_{\bar{y}}(K_2(c^{n+1})\delta_y(S_s^{-1}\delta_{\bar{z}}(K_3(c^{n+1})\delta_z d_t H^n)\cdot)_{ijk}$$
$$-\delta_{\bar{y}}(K_2(C_h^n)\delta_y(S_s^{-1}\delta_{\bar{z}}(K_3(C_h^n)\delta_z d_t H_h^n)\cdot)_{ijk}]\}$$
$$+(\Delta t)^3\{\delta_x(K_1(c^{n+1})\delta_x(S_s^{-1}\delta_{\bar{y}}(K_2(c^{n+1})\delta_y(S_s^{-1}\delta_{\bar{z}}(K_3(c^{n+1})\delta_z d_t H^n)\cdots)_{ijk}$$
$$-\delta_{\bar{x}}(K_1(C_h^n)\delta_x(S_s^{-1}\delta_{\bar{y}}(K_2(C_h^n)\delta_y(S_s^{-1}\delta_{\bar{z}}(K_3(C_h^n)\delta_z d_t H_h^n)\cdots)_{ijk}\}$$
$$+\varepsilon_{2,ijk}^{n+1},\quad 1\leqslant i,j,k\leqslant N-1, \tag{2.2.20a}$$
$$\pi_{ijk}^{n+1}=0,\quad x_{ijk}\in\partial\Omega_h. \tag{2.2.20b}$$

引入归纳法假定:

$$\sup_{0 \leqslant n \leqslant L} \max\{ \|\pi^n\|_{1,\infty} \|\xi^n\|_{1,\infty}\} \to 0, \quad (h, \Delta t) \to 0, \tag{2.2.21}$$

此处 $\|\pi^n\|_{1,\infty}^2 = |\pi^n|_{0,\infty}^2 + |\nabla_h \pi^n|_{0,\infty}^2, \cdots$.

考虑流动误差方程 (2.2.20), 对式 (2.2.20) 乘以 $\delta_t \pi_{ijk}^{n+1} = \pi_{ijk}^{n+1} - \pi_{ijk}^n$ 作内积, 并应用分部求和公式, 可得

$$\begin{aligned}
&\langle S_s d_t \pi^n, d_t \pi^n \rangle \Delta t + \frac{1}{2}\{ [\langle K_1(C_h^n)\delta_x \pi^{n+1}, \delta_x \pi^{n+1}\rangle \\
&+ \langle K_2(C_h^n)\delta_y \pi^{n+1}, \delta_y \pi^{n+1}\rangle + \langle K_3(C_h^n)\delta_z \pi^{n+1}, \delta_z \pi^{n+1}\rangle] \\
&- [\langle K_1(C_h^n)\delta_x \pi^n, \delta_x \pi^n\rangle + \langle K_2(C_h^n)\delta_y \pi^n, \delta_y \pi^n\rangle + \langle K_3(C_h^n)\delta_z \pi^n, \delta_z \pi^n\rangle]\} \\
&\leqslant \langle \nabla_h([K(c^{n+1}) - K(C_h^n)]\nabla_h H^{n+1}), d_t \pi^n\rangle \Delta t \\
&- \eta \langle \psi d_t \xi^n, d_t \pi^n\rangle \Delta t + \left\langle \left[\frac{\rho(c^{n+1})}{\rho_0} q^{n+1} - \frac{\rho(C_h^n)}{\rho_0} q^n \right], d_t \pi^n \right\rangle \Delta t \\
&+ \eta \langle [\delta_{\bar{z}}(K_3(c^{n+1})c^{n+1}) - \delta_{\bar{z}}(K_3(C_h^n)C_h^n], d_t \pi^n\rangle \Delta t \\
&- (\Delta t)^2\{ \langle \delta_{\bar{x}}(K_1(c^{n+1})\delta_x(S_s^{-1}\delta_{\bar{y}}(K_2(c^{n+1})\delta_y d_t H^n)\cdot) \\
&- \delta_{\bar{x}}(K_1(C_h^n)\delta_x(S_s^{-1}\delta_{\bar{y}}(K_2(C_h^n)\delta_y d_t H_h^n)\cdot), d_t \pi^n\rangle \Delta t + \cdots \} \\
&+ (\Delta t)^3 \langle \delta_{\bar{x}}(K_1(c^{n+1})\delta_x(S_s^{-1}\delta_{\bar{y}}(K_2(c^{n+1})\delta_y(S_s^{-1}\delta_{\bar{z}}(K_3(c^{n+1})\delta_z d_t H^n)\cdots) \\
&- \delta_{\bar{x}}(K_1(C_h^n)\delta_x(S_s^{-1}\delta_{\bar{y}}(K_2(C_h^n)\delta_y(S_s^{-1}\delta_{\bar{z}}(K_3(C_h^n)\delta_z d_t H_h^n)\cdots), d_t \pi^n\rangle \Delta t \\
&+ \langle \varepsilon_2^{n+1}, d_t \pi^n\rangle \Delta t. \tag{2.2.22}
\end{aligned}$$

现估计式 (2.2.22) 右端诸项:

$$\begin{aligned}
&\langle \nabla_h([K(c^{n+1}) - K(C_h^n)]\nabla_h H^{n+1}), d_t \pi^n\rangle \Delta t \\
&\leqslant M\{\|\nabla_h \xi^n\|^2 + (\Delta t)^2\}\Delta t + \varepsilon \|d_t \pi^n\|^2 \Delta t, \tag{2.2.23a}
\end{aligned}$$

$$-\eta \langle \psi d_t \xi^n, d_t \pi^n\rangle \Delta t \leqslant M \|d_t \xi^n\|^2 \Delta t + \varepsilon \|d_t \pi^n\|^2 \Delta t, \tag{2.2.23b}$$

$$\begin{aligned}
&\left\langle \left[\frac{\rho(c^{n+1})}{\rho_0} q^{n+1} - \frac{\rho(C_h^n)}{\rho_0} q^n \right], d_t \pi^n \right\rangle \cdot \Delta t \\
&\leqslant M\{\|\xi^n\|^2 + (\Delta t)^2\}\Delta t + \varepsilon \|d_t \pi^n\|^2 \Delta t, \tag{2.2.23c}
\end{aligned}$$

$$\begin{aligned}
&\eta \langle \delta_{\bar{z}}(K_3(c^{n+1})c^{n+1}) - \delta_{\bar{z}}(K_3(C_h^n)C_h^n), d_t \pi^n\rangle \Delta t \\
&\leqslant M\{\|\delta_z \xi^n\|^2 + \|\xi^n\|^2 + (\Delta t)^2\}\Delta t + \varepsilon \|d_t \pi^n\|^2 \Delta t. \tag{2.2.23d}
\end{aligned}$$

对式 (2.2.22) 右端第 5 项

$$-(\Delta t)^3 \langle \delta_{\bar{x}}(K_1(c^{n+1})\delta_x(S_s^{-1}\delta_{\bar{y}}K_3(c^{n+1})\delta_y d_t H^n)\cdot)$$

$$- \delta_{\bar{x}}(K_1(C_h^n)\delta_x(S_s^{-1}\delta_y(K_2(C_h^n)\delta_y d_t H_h^n)\cdot)), d_t\pi^n\rangle$$

$$= (\Delta t)^3\{\langle \delta \vec{x}(K_1(C_h^n)\delta_x(S_s^{-1}\delta_{\bar{y}}(K_2(C_h^n)\delta_y d_t\pi^n)\cdot)), \delta_t\pi^n\rangle$$

$$+ \langle \delta_{\bar{x}}(K_1(C_h^n)\delta_x(S_s^{-1}\delta_{\bar{y}}([K_2(c^{n+1}) - K_2(C_h^n)]\delta_y d_t H^n)\cdot)), d_t\pi^n\rangle$$

$$+ \langle \delta_{\bar{x}}([K_1(c^{n+1}) - K_1(C_h^n)]\delta_x(S_s^{-1}\delta_{\bar{y}}(K_2(c^{n+1})\delta_y d_t H^n)\cdot)), d_t\pi^n\rangle\}. \quad (2.2.24)$$

对式 (2.2.24) 右端第 1 项, 因为 $-\delta_{\bar{x}}(K\delta_x), -\delta_{\bar{y}}(K\delta_y), \cdots$ 是自共轭、正定和有界算子, 且空间区域是正立方体. 但是, 它们的乘积通常是不可交换的. 注意到

$$\delta_x\delta_y = \delta_y\delta_x, \quad \delta_x\delta_{\bar{y}} = \delta_{\bar{y}}\delta_x, \quad \delta_{\bar{x}}\delta_y = \delta_y\delta_{\bar{x}}, \quad \delta_{\bar{x}}\delta_{\bar{y}} = \delta_{\bar{y}}\delta_{\bar{x}},$$

可得

$$- (\Delta t)^3\langle \delta_{\bar{x}}(K_1(C_n^n)\delta_x(S_s^{-1}\delta_{\bar{y}}K_2(C_h^n)\delta_y d_t\pi^n)), d_t\pi^n\rangle$$

$$= -(\Delta t)^3 \sum_{i,j,k=1}^{N} \{K_1(C_h^n)_{i+1/2,jk}K_2(C_h^n)_{i,j+1/2,k}S_{s,ijk}^{-1}[\delta_x\delta_y d_t\pi_{ijk}^n]^2$$

$$+ [K_2(C_h^n)_{i,j+1/2,k} \cdot \delta_y(S_{s,ijk}^{-1}K_1(C_h^n)_{i+1/2,jk})\delta_x d_t\pi_{ijk}^n$$

$$+ S_{s,ijk}^{-1}K_1(C_h^n)_{i+1/2,jk} \cdot \delta_x K_2(C_h^n)_{i,j+1/2,k}$$

$$\cdot \delta_y d_t\pi_{ijk}^n + K_2(C_h^n)_{i,j+1/2,k}$$

$$K_1(C_h^n)_{i+1/2,jk} \cdot \delta_x S_{s,ijk}^{-1}]\delta_x\delta_y d_t\pi_{ijk}^n + [\delta_x K_2(C_h^n)_{i,j+1/2,k}$$

$$\cdot \delta_y(S_{s,ijk}^{-1}K_1(C_h^n)_{i+1/2,jk}) + K_2(C_h^n)_{i,j+1/2,k} \cdot \delta_y(\delta_x S_{s,ijk}^{-1}$$

$$\cdot K_1(C_h^n)_{i+1/2,jk})]\delta_x d_t\pi_{ijk}^n \cdot \delta_y d_t\pi_{ijk}^n\}h^3. \quad (2.2.25)$$

由归纳法假定 (2.2.21) 得知 $K_1(C_h^n), K_2(C_h^n), \delta_x K_1(C_h^n), \delta_y(S_s^{-1}K_1(C_h^n)) \cdots$ 是有界的, 对式 (2.2.25) 的第 1 项、第 2 项, 应用 K_1, K_2, S_s^{-1} 的正定性, 高阶差分项 $\delta_x\delta_y\delta_t\pi_{ijk}^n$ 将被分离. 应用柯西不等式于相关项的估计, 可得

$$- (\Delta t)^3 \sum_{i,j,k=1}^{N} \{K_1(C_h^n)_{i+1/2,jk} \cdot K_2(C_h^n)_{i,j+1/2,k}S_{s,ijk}^{-1}[\delta_x\delta_y d_t\pi_{ijk}^n]^2$$

$$+ [K_2(C_h^n)_{i,j+1/2,k} \cdot \delta_y(S_{s,ijk}^{-1})K_1(C_h^n)_{i+1/2,jk}) \cdot \delta_x d_t\pi_{ijk}^n]$$

$$+ S_{s,ijk}^{-1}K_1(C_h^n)_{i+1/2,jk} \cdot \delta_x K_2(C_h^n)_{i,j+1/2,k} \cdot \delta_x d_t\pi_{ijk}^n$$

$$+ [K_2(C_h^n)_{i,j+1/2,k}K_1(C_h^n)_{i+1/2,jk} \cdot \delta_x S_{s,ijk}^{-1}]\delta_x\delta_y d_t\pi_{ijk}^n\}h^3$$

$$\leqslant -\frac{1}{2}K_*^2(S_s^*)^{-1}(\Delta t)^3 \sum_{i,j,k=1}^{N} [\delta_x\delta_y d_t\pi_{ijk}^n]^2 h^3$$

$$+ M\{\|\delta_x d_t\pi^n\|^2 + \|\delta_y d_t\pi^n\|^2\}(\Delta t)^3$$

$$\leqslant -\frac{1}{2}K_*^2(S_s^*)^{-1}(\Delta t)^3 \sum_{i,j,k=1}^{N} [\delta_x \delta_y d_t \pi_{ijk}^n]^2 h^3$$
$$+ M\{\|\nabla_h \pi^{n+1}\|^2 + \|\nabla_h \pi^n\|^2\}\Delta t. \tag{2.2.26a}$$

对式 (2.2.25) 的第 3 项有

$$-(\Delta t)^3 \sum_{i,j,k=1}^{N} \{[\delta_x K_2(C_h^n)_{i,j+1/2,k} \cdot \delta_y (S_{s,ijk}^{-1} K_1(C_h^n)_{i+1/2,jk})$$
$$+ K_2(C_h^n)_{i,j+1/2,k} \cdot \delta_y (\delta_x S_{s,ijk}^{-1} \cdot K_1(C_h^n)_{i+1/2,jk})]\delta_x d_t \pi_{ij}^n \cdot \delta_x d_t \pi_{ij}^n\}h^3$$
$$\leqslant M\{\|\nabla_h \pi^{n+1}\|^2 + \|\nabla_h \pi^n\|^2\}\Delta t. \tag{2.2.26b}$$

类似地, 对其他项, 能得

$$-(\Delta t)^3\{\langle \delta_{\bar{x}}(K_1(c^{n+1})\delta_x(S_s^{-1}\delta_{\bar{y}}(K_2(c^{n+1})\delta_y d_t H^n)\cdot)$$
$$- \delta_{\bar{x}}(K_1(C_h^n)\delta_x(S_s^{-1}\delta_{\bar{y}}(K_2(C_h^n)\delta_y d_t H_h^n)\cdot), d_t \pi^n\rangle$$
$$+ \cdots + \langle \delta_{\bar{y}}(K_2(c^{n+1})\delta_y(S_s^{-1}\delta_{\bar{z}}K_2(c^{n+1})\delta_z d_t H^n)\cdot)\cdots\rangle\}$$
$$\leqslant M\{\|\nabla_h \pi^{n+1}\|^2 + \|\nabla_h \pi^n\|^2 + \|\xi^n\|^2 + (\Delta t)^2\}\Delta t. \tag{2.2.27}$$

现在, 考虑式 (2.2.22) 右端第 6 项

$$(\Delta t)^4\langle \delta_{\bar{x}}(K_1(c^{n+1})\delta_x(S_s^{-1}\delta_{\bar{y}}(K_2(c^{n+1})\delta_y(S_s^{-1}\delta_{\bar{z}}(K_3(c^{n+1})\delta_z d_t H^n)\cdot)$$
$$- \delta_{\bar{x}}(K_1(C_h^n)\delta_x(S_s^{-1}\delta_{\bar{y}}(K_2(C_h^n)\delta_y(S_s^{-1}\delta_{\bar{z}}(K_3(C_h^n)\delta_z d_t H_h^n)\cdot), d_t \pi^n\rangle$$
$$\leqslant -\frac{1}{2}K_*^3(S_s^*)^{-2}(\Delta t)^4 \sum_{i,j,k=1}^{N} [\delta_x \delta_y \delta_z d_t \pi_{ijk}^n]^2 h^3$$
$$+ M\{\|\nabla_h \pi^{n+1}\|^2 + \|\nabla_h \pi^n\|^2 + \|\xi^n\| + (\Delta t)^2\}\Delta t. \tag{2.2.28}$$

对式 (2.2.22) 右端最后一项:

$$\langle \varepsilon_2^{n+1}, d_t \pi^n\rangle \Delta t \leqslant M\{(\Delta t)^2 + h^4\}\Delta t + \varepsilon \|d_t \pi^n\|^2 \Delta t. \tag{2.2.29}$$

由 (2.2.22)~(2.2.29) 可得

$$S_*\|d_t \pi^n\|^2 \Delta t + \frac{1}{2}\{\langle K(C_h^n)\nabla_h \pi^{n+1}, \nabla_h \pi^{n+1}\rangle - \langle K(C_h^n)\nabla_h \pi^n, \nabla_h \pi^n\rangle\}$$
$$\leqslant M\{\|\nabla_h \pi^{n+1}\|^2 + \|\nabla_h \pi^n\|^2 + \|\xi^n\|^2 + \|\nabla_h \xi^n\|^2$$
$$+ \|d_t \xi^n\|^2 + h^4 + (\Delta t)^2\}\Delta t + \varepsilon\|d_t \pi^n\|^2 \Delta t. \tag{2.2.30}$$

现在, 考虑浓度方程, 对误差方程 (2.2.18) 乘以 $\delta_t \xi_{ijk}^n = \xi_{ijk}^{n+1} - \xi_{ijk}^n = d_t \xi_{ijk}^n \Delta t$, 并分部求和, 可得

$$\langle \beta(C_h^n)d_t \xi^n, d_t \xi^n\rangle \Delta t + \left\{\left\langle \bar{D}_1 \delta_x \xi^{n+1}, \delta_x\left[\left(1 + \frac{h}{2}|u_1^{n+1}|\bar{D}_1^{-1}\right)^{-1}(\xi^{n+1} - \xi^n)\right]\right\rangle\right.$$

$$+ \left\langle \bar{D}_2 \delta_y \xi^{n+1}, \delta_y \left[\left(1 + \frac{h}{2} |u_1^{n+1}| \bar{D}_2^{-1} \right)^{-1} (\xi^{n+1} - \xi^n) \right] \right\rangle$$

$$+ \left\langle \bar{D}_3 \delta_z \xi^{n-1}, \delta_z \left[\left(1 + \frac{h}{2} |u_3^{n+1}| \bar{D}_3^{-1} \right)^{-1} (\xi^{n+1} - \xi^n) \right] \right\rangle \Big\}$$

$$= \{ \langle \delta_{U_{1,x}^n} C_h^n - \delta_{u_1^{n+1},x} c^{n+1} \cdot d_t \xi^n \rangle + \langle \delta_{U_{2,y}^n} C_h^n - \delta_{u_2^{n+1},y} c^{n+1}, d_t \xi^n \rangle$$

$$+ \langle \delta_{U_{3,z}^n} C_h^n - \delta_{u_3^{n+1},z} c^{n+1}, d_t \xi^n \rangle \} \Delta t + \Big\{ \Big\langle \Big[\Big(1 + \frac{h}{2} |u_1^{n+1}| \bar{D}_1^{-1} \Big)^{-1}$$

$$- \left(1 + \frac{h}{2} |U_1^n| \bar{D}_1^{-1} \right)^{-1} \Big] \delta_{\bar{x}} (\bar{D}_1 \delta_x C_h^n), d_t \xi^n \Big\rangle$$

$$+ \left\langle \left[\left(1 + \frac{h}{2} |u_2^{n+1}| \bar{D}_1^{-1} \right)^{-1} - \left(1 + \frac{h}{2} |U_2^n| \bar{D}_1^{-1} \right)^{-1} \right] \delta_{\bar{y}} (\bar{D}_1 \delta_y C_h^n), d_t \xi^n \right\rangle$$

$$+ \left\langle \left[\left(1 + \frac{h}{2} |u_3^{n+1}| \bar{D}_3^{-1} \right)^{-1} \right.$$

$$- \left. \left(1 + \frac{h}{2} |U_3^n| \bar{D}_1^{-1} \right)^{-1} \right] \delta_{\bar{z}} (\bar{D}_3 \delta_z C_h^n), d_t \xi^n \Big\rangle \Big\} \Delta t$$

$$+ \langle q^{n+1} (C^{*,n+1} - c^{n+1}) - q^n (C^{*,n} - C_h^n), d_t \xi^n \rangle \Delta t$$

$$- (\Delta t)^3 \Big\{ \Big\langle \Big(1 + \frac{h}{2} |U_1^n| \bar{D}_1^{-1} \Big)^{-1} \delta_{\bar{x}} \Big(\bar{D}_1 \delta_x \Big\{ \beta^{-1} (C_h^n) \Big(1 + \frac{h}{2} |U_2^n| \bar{D}_2^{-1} \Big)^{-1}$$

$$\cdot \delta_{\bar{y}} (\bar{D}_2 \delta_y d_t \xi^n) \Big\} \Big), d_t \xi^n \Big\rangle + \cdots + \Big\langle \Big(1 + \frac{h}{2} |U_1^n| \bar{D}_1^{-1} \Big)^{-1}$$

$$\cdot \delta_{\bar{x}} \Big(\bar{D}_1 \delta_x \Big\{ \beta^{-1} (C_h^n) \Big(1 + \frac{h}{2} |U_3^n| \bar{D}_3^{-1} \Big)^{-1} \delta_{\bar{z}} (\bar{D}_3 \delta_z d_t \xi^n) \Big\} \Big), d_t \xi^n \Big\rangle + \cdots \Big\}$$

$$+ (\Delta t)^4 \Big\{ \Big(1 + \frac{h}{2} |U_1^n| \bar{D}_1^{-1} \Big)^{-1} \delta_{\bar{x}} (\bar{D}_1 \delta_x \Big\{ \beta^{-1} (C_h^n) \Big(1 + \frac{h}{2} |U_2^n| \bar{D}_2^{-1} \Big)^{-1}$$

$$\cdot \delta_{\bar{y}} \Big(\bar{D}_2 \delta_y \Big\{ \beta^{-1} (C_h^n) \Big(1 + \frac{h}{2} |U_3^n| \bar{D}_3^{-1} \Big)^{-1} \delta_{\bar{z}}$$

$$\cdot (\bar{D}_3 \delta_z d_t \xi^n) \cdots \Big), d_t \xi^n \Big\rangle + \cdots \Big\} + \langle \varepsilon_1^{n+1}, d_t \varepsilon^n \rangle \Delta t. \tag{2.2.31}$$

首先, 估计式 (2.2.31) 左端第 2 项:

$$\left\langle \bar{D}_1 \delta_x \xi^{n+1}, \delta_x \left[\left(1 + \frac{h}{2} |u_1^{n+1}| \bar{D}_1^{-1} \right)^{-1} (\xi^{n+1} - \xi^n) \right] \right\rangle$$

$$\geqslant \frac{1}{2} \Big\{ \left\langle \bar{D}_1 \delta_x \xi^{n+1}, \left(1 + \frac{h}{2} |u_1^{n+1}| \bar{D}_1^{-1} \right)^{-1} \delta_x \xi^{n+1} \right\rangle$$

$$- \left\langle \bar{D}_1 \delta_x \xi^n, \left(1 + \frac{h}{2} |u_1^{n+1}| \bar{D}_1^{-1} \right)^{-1} \delta_x \xi^n \right\rangle \Big\}$$

$$- M \| \delta_x \xi^{n+1} \|^2 \Delta t - \varepsilon \| d_t \xi^n \|^2 \Delta t. \tag{2.2.32a}$$

类似地,

$$\left\langle \bar{D}_2 \delta_y \xi^{n+1}, \delta_y \left[\left(1 + \frac{h}{2} |u_2^{n+1}| \bar{D}_2^{-1}\right)^{-1} (\xi^{n+1} - \xi^n) \right] \right\rangle$$

$$\geqslant \frac{1}{2} \left\{ \left\langle \bar{D}_2 \delta_y \xi^{n+1}, \left(1 + \frac{h}{2} |u_2^{n+1}| \bar{D}_2^{-1}\right)^{-1} \delta_y \xi^{n+1} \right\rangle \right.$$

$$\left. - \left\langle \bar{D}_2 \delta_y \xi^n, \left(1 + \frac{h}{2} |u_2^{n+1}| \bar{D}_2^{-1}\right)^{-1} \delta_y \xi^n \right\rangle \right\}$$

$$- M \left\| \delta_y \xi^{n+1} \right\|^2 \Delta t - \varepsilon \left\| d_t \xi^n \right\|^2 \Delta t, \tag{2.2.32b}$$

$$\left\langle \bar{D}_3 \delta_z \xi^{n+1}, \delta_z \left[\left(1 + \frac{h}{2} |u_3^{n+1}| \bar{D}_3^{-1}\right)^{-1} (\xi^{n-1} - \xi^n) \right] \right\rangle$$

$$\geqslant \frac{1}{2} \left\{ \left\langle \bar{D}_3 \delta_z \xi^{n+1}, \left(1 + \frac{h}{2} |u_3^{n+1}| \bar{D}_3^{-1}\right)^{-1} \delta_z \xi^{n+1} \right\rangle \right.$$

$$\left. - \left\langle \bar{D}_3 \delta_z \xi^n, \left(1 + \frac{h}{2} |u_3^{n+1}| \bar{D}_3^{-1}\right)^{-1} \delta_z \xi^n \right\rangle \right\}$$

$$- M \| \delta_z \xi^{n+1} \|^2 \Delta t - \varepsilon \| d_t \xi^n \|^2 \Delta t. \tag{2.2.32c}$$

现在, 估计式 (2.2.31) 的右端诸项. 由归纳法假定 (2.2.21), U^n 是有界的, 故有

$$\langle \delta_{U_1^n, x} C_h^n - \delta_{u_1^{n+1}, x} c^{n+1}, d_t \xi^n \rangle \Delta t$$

$$\leqslant M \{ \| U_1^n - u_1^n \|^2 + \| \delta_x \xi^n \|^2 + (\Delta t)^2 \} \Delta t + \varepsilon \| d_t \xi^n \|^2 \Delta t, \tag{2.2.33a}$$

$$\langle \delta_{U_2^n, y} C_h^n - \delta_{u_2^{n+1}, y} c^{n+1}, d_t \xi^n \rangle + \langle \delta_{U_3^n, z} C_h^n - \delta_{u_3^{n+1}, z} c^{n+1}, d_t \xi^n \rangle \Delta t$$

$$\leqslant M \{ \| U_2^n - u_2^n \|^2 + \| U_3^n - u_3^n \|^2$$

$$+ \| \delta_y \xi^n \|^2 + \| \delta_z \xi^n \|^2 + (\Delta t)^2 \} \Delta t + \varepsilon \| d_t \xi^n \|^2 \Delta t. \tag{2.2.33b}$$

对于式 (2.2.31) 右端第 2 项有

$$\left\{ \left\langle \left[\left(1 + \frac{h}{2} |u_1^{n+1}| \bar{D}_1^{-1}\right)^{-1} - \left(1 + \frac{h}{2} |U_1^n| \bar{D}_1^{-1}\right)^{-1} \right] \cdot \delta_{\bar{x}} (\bar{D}_1 \delta_x C_h^n), d_t \xi^n \right\rangle \right.$$

$$+ \cdots + \left\langle \left[\left(1 + \frac{h}{2} |u_3^{n+1}| \bar{D}_3^{-1}\right)^{-1} - \left(1 + \frac{h}{2} |U_3^n| \bar{D}_3^{-1}\right)^{-1} \right] \right.$$

$$\left. \cdot \delta_{\bar{y}} (\bar{D}_3 \delta_y C_h^n), d_t \xi^n \right\rangle \right\} \Delta t$$

$$\leqslant M \{ \| u^n - U^n \|^2 + (\Delta t)^2 \} \Delta t + \varepsilon \| d_t \xi^n \|^2 \Delta t. \tag{2.2.34}$$

对第 3 项, 有

$$\langle q^{n+1} (C^{*, n+1} - c^{n+1}) - q^n (C^{*, n} - C_h^n), d_t \xi^n \rangle \Delta t$$

$$\leqslant M\{\,\|\xi^n\|^2 + (\Delta t)^2\}\Delta t + \varepsilon \,\|d_t\xi^n\|^2\,\Delta t. \tag{2.2.35}$$

考虑式 (2.2.31) 右端第 4 项, 有

$$-(\Delta t)^3 \left\langle \left(1 + \frac{h}{2}\,|U_1^n|\,\bar{D}_1^{-1}\right)^{-1}\delta_{\bar{x}}\left(\bar{D}_1\delta_x\left\{\beta^{-1}(C_h^n)\right.\right.\right.$$
$$\left.\left.\left. \cdot \left(1 + \frac{h}{2}\,|U_2^n|\,\bar{D}_2^{-1}\right)^{-1}\delta_{\bar{y}}(\bar{D}_2\delta_y d_t\xi^n)\right\}\right),\, d_t\xi^n\right\rangle$$
$$= -(\Delta t)^3 \sum_{i,j,k=1}^{N}\left\{\bar{D}_{1,i+1/2,jk}\bar{D}_{2,i,j+1,k}\beta^{-1}(C_{h,ijk}^n) \cdot \left(1 + \frac{h}{2}|U_{1,ijk}^n|D_{1,ijk}^{-1}\right)^{-1}\right.$$
$$\cdot \left(1 + \frac{h}{2}|U_{2,ijk}^n|D_{2,ijk}^{-1}\right)^{-1}(\delta_x\delta_y d_t\xi_{ijk}^n)^2$$
$$+ \left[\bar{D}_{2,i,j+1/2,k}\delta_x\bar{D}_{2,i,j+1/2,k}\beta^{-1}(C_{h,ijk}^n)\left(1 + \frac{h}{2}|U_{2,ijk}^n|\bar{D}_{2,ijk}^{-1}\right)^{-1}\right.$$
$$\cdot \left(1 + \frac{h}{2}|U_{1,ijk}^n|D_{1,ijk}^{n}\right)^{-1} \cdot \delta_y d_t\xi_{ijk}^n + \bar{D}_{2,i,j+1/2,k}$$
$$\cdot \delta_y\left[\bar{D}_{1,i+1/2,jk}\beta^{-1}(C_{h,ijk}^n)\left(1 + \frac{h}{2}|U_{2,ijk}^n|D_{2,ijk}^{-1}\right)^{-1}\right.$$
$$\left.\left. \cdot \left(1 + \frac{h}{2}|U_{1,ijk}^n|D_{1,ijk}^{n}\right)^{-1}\right] \cdot \delta_x d_t\xi_{ijk}^n + \cdots\right] \cdot \delta_x\delta_y d_t\xi_{ijk}^n + \cdots\right\}h^3.$$

按正定性条件:

$$0 < \psi_* D_* \leqslant \bar{D}_i \leqslant \psi^* D^*, \quad 0 < \beta_* \leqslant \beta(C) \leqslant \beta^*, \quad 0 < (\beta^*)^{-1} \leqslant \beta^{-1}(C) \leqslant (\beta_*)^{-1}.$$

由归纳法假定 (2.2.21), U^n 是有界的, 因此有

$$\left(1 + \frac{h}{2}\,|U_\alpha^n|\,\bar{D}_\alpha^{-1}\right)^{-1} \geqslant b_0 > 0, \quad \alpha = 1, 2, 3,$$

则有

$$-(\Delta t)^3 \left\langle \left(1 + \frac{h}{2}\,|U_1^n|\,\bar{D}_1^{-1}\right)^{-1} \cdot \delta_{\bar{x}}\left(\bar{D}_1\delta_x\left\{\beta^{-1}(C_h^n)\right.\right.\right.$$
$$\left.\left.\left. \cdot \left(1 + \frac{h}{2}\,|U_2^n|\,\bar{D}_2^{-1}\right)^{-1} \cdot \delta_{\bar{y}}(\bar{D}_2\delta_y d_t\xi^n)\right\}\right),\, d_t\xi^n\right\rangle$$
$$\leqslant -\frac{(\Delta t)^3}{2}(\psi_* D_*)^2(\beta^*)^{-1}b_0^2\,\|\delta_x\delta_y d_t\xi^n\|^2$$
$$+ M(\Delta t)^3\{\|\delta_x d_t\xi^n\|^2 + \|\delta_y d_t\xi^n\|^2 + \|d_t\xi^n\|^2\}.$$

$$- (\Delta t)^3 \Bigg\{ \bigg\langle \Big(1 + \frac{h}{2} \left| U_1^n \right| \bar{D}_1^{-1} \Big)^{-1} \cdot \delta_{\bar{x}} \Big(\bar{D}_1 \delta_x \Big\{ \beta^{-1} (C_h^n)$$

$$\cdot \Big(1 + \frac{h}{2} \left| U_2^n \right| \bar{D}_2^{-1} \Big)^{-1} \cdot \delta_{\bar{y}} (\bar{D}_2 \delta_y d_t \xi^n) \Big\} \Big), d_t \xi^n \bigg\rangle + \cdots$$

$$+ \bigg\langle \bigg[\Big(1 + \frac{h}{2} \left| u_1^{n+1} \right| \bar{D}_1^{-1} \Big)^{-1} - \Big(1 + \frac{h}{2} \left| U_1^n \right| \bar{D}_1^{-1} \Big)^{-1} \bigg]$$

$$\cdot \delta_{\bar{x}} \Big(\bar{D}_1 \delta_x \Big\{ \beta^{-1} (c^{n+1}) \cdot \Big(1 + \frac{h}{2} \left| u_2^{n+1} \right| \bar{D}_2^{-1} \Big)^{-1}$$

$$\cdot \delta_{\bar{y}} (\bar{D}_2 \delta_y d_t c^n) \Big\} \Big), d_t \xi^n \bigg\rangle \Bigg\}$$

$$\leqslant - \frac{(\Delta t)^3}{2} (\psi_* D_*)^2 (\beta^*)^{-1} b_0^2 \left\| \delta_x \delta_y d_t \xi^n \right\|^2$$

$$+ M \{ \left\| \delta_x \xi^{n+1} \right\|^2 + \left\| \delta_y \xi^{n+1} \right\|^2 + \left\| \delta_x \xi^n \right\|^2$$

$$+ \left\| \delta_y \xi^n \right\|^2 + \left\| \xi^{n-1} \right\|^2 + \left\| \xi^n \right\|^2 \} \Delta t. \tag{2.2.36a}$$

类似地, 对第 5 项和第 6 项有

$$- (\Delta t)^3 \Bigg\{ \bigg\langle \Big(1 + \frac{h}{2} \left| U_1^n \right| \bar{D}_1^{-1} \Big)^{-1} \cdot \delta_{\bar{x}} \Big(\bar{D}_1 \delta_x \Big\{ \beta^{-1} (C_h^n) \Big(1 + \frac{h}{2} \left| U_3^n \right| \bar{D}_3^{-1} \Big)^{-1}$$

$$\cdot \delta_{\bar{z}} (\bar{D}_3 \delta_z d_t \xi^n) \Big\} \Big), d_t \xi^n \bigg\rangle + \cdots \Bigg\}$$

$$\leqslant - \frac{(\Delta t)^3}{3} (\psi_* D_*)^2 (\beta^*)^{-1} b_0^2 \{ \left\| \delta_x \delta_y d_t \xi^n \right\|^2 + \left\| \delta_x \delta_z d_t \xi^n \right\|^2 + \left\| \delta_y \delta_z d_t \xi^n \right\| \}$$

$$+ M \{ \left\| \delta_x \xi^{n+1} \right\|^2 + \left\| \delta_y \xi^{n+1} \right\|^2 + \left\| \delta_z \xi^{n+1} \right\|^2$$

$$+ \left\| \delta_x \xi^n \right\|^2 + \left\| \delta_y \xi^n \right\|^2 + \left\| \delta_z \xi^n \right\|^2 + \left\| \xi^{n+1} \right\|^2 + \left\| \xi^n \right\|^2 \} \Delta t. \tag{2.2.36b}$$

对第 7 项有

$$(\Delta t)^4 \Bigg\{ \bigg\langle \Big(1 + \frac{h}{2} \left| U_1^n \right| \bar{D}_1^{-1} \Big)^{-1} \cdot \delta_{\bar{x}} \Big(\bar{D}_1 \delta_x \Big\{ \beta^{-1} (C_h^n) \Big(1 + \frac{h}{2} \left| U_2^n \right| \bar{D}_2^{-1} \Big)^{-1}$$

$$\cdot \delta_{\bar{y}} \Big(\bar{D}_2 \delta_y \Big\{ \beta^{-1} (C_h^n) \Big(1 + \frac{h}{2} \left| U_3^n \right| \bar{D}_3^{-1} \Big)^{-1} \cdot \delta_{\bar{z}} (\bar{D}_3 \delta_z d_t \xi^n) \cdots \Big), d_t \xi^n \bigg\rangle + \cdots \Bigg\}$$

$$\leqslant - \frac{(\Delta t)^4}{2} (\psi_* D_*)^3 (\beta^*)^{-2} b_0^3 \{ \left\| \delta_x \delta_y \delta_z d_t \xi^n \right\|^2$$

$$+ M \{ \left\| \nabla_h \xi^{n+1} \right\|^2 + \left\| \nabla_h \xi^n \right\|^2 + \left\| \xi^{n+1} \right\|^2 + \left\| \xi^n \right\|^2 \} \Delta t. \tag{2.2.36c}$$

对最后一项

$$\langle \varepsilon_1^{n+1}, d_t \xi^n \rangle \Delta t \leqslant \varepsilon \left\| d_t \xi^n \right\|^2 \Delta t + M \{ (\Delta t)^2 + h^4 \}. \tag{2.2.36d}$$

对误差方程 (2.2.31), 从 (2.2.32)~(2.2.36) 能够得到

$$
\begin{aligned}
\|d_t\xi^n\|^2\,\Delta t + \frac{1}{2}\Bigg\{ &\left\langle \bar{D}_1\delta_x\xi^{n+1}, \left(1+\frac{h}{2}\left|u_1^{n+1}\right|\bar{D}_1^{-1}\right)^{-1}\delta_x\xi^{n+1}\right\rangle \\
&+ \left\langle \bar{D}_2\delta_y\xi^{n+1}, \left(1+\frac{h}{2}\left|u_2^{n+1}\right|\bar{D}_2^{-1}\right)^{-1}\delta_y\xi^{n+1}\right\rangle \\
&+ \left\langle \bar{D}_3\delta_z\xi^{n+1}, \left(1+\frac{h}{2}\left|u_3^{n+1}\right|\bar{D}_3^{-1}\right)^{-1}\delta_z\xi^{n+1}\right\rangle \\
&- \Bigg[\left\langle \bar{D}_1\delta_z\xi^n, \left(1+\frac{h}{2}\left|u_1^{n+1}\right|\bar{D}_1^{-1}\right)^{-1}\delta_x\xi^n\right\rangle \\
&+ \left\langle \bar{D}_2\delta_y\xi^n, \left(1+\frac{h}{2}\left|u_2^{n+1}\right|\bar{D}_2^{-1}\right)^{-1}\delta_y\xi^n\right\rangle \\
&+ \left\langle \bar{D}_3\delta_z\xi^n, \left(1+\frac{h}{2}\left|u_3^{n+1}\right|\bar{D}_3^{-1}\right)^{-1}\delta_z\xi^{n+1}\right\rangle\Bigg]\Bigg\} \\
\leqslant \varepsilon\|d_t\xi^n\|^2 &+ M\{\|u^n-U^n\|^2 + \|\nabla_h\xi^{n+1}\|^2 + \|\nabla_h\xi^n\|^2 \\
&+ \|\xi^{n+1}\|^2 + \|\xi^n\|^2 + (\Delta t)^2\}\Delta t.
\end{aligned} \tag{2.2.37}
$$

对流动误差方程 (2.2.30), 求和 $0 \leqslant n \leqslant L$ 并注意到 $\pi^0 = 0$, 有

$$
\begin{aligned}
\sum_{n=0}^{L}\|d_t\pi^n\|^2\,&\Delta t + \langle K(C_h^L)\nabla_h\pi^{L+1}, \nabla_h\pi^{L+1}\rangle - \langle K(C_h^0)\nabla\pi^0, \nabla\pi^0\rangle \\
\leqslant &\sum_{n=1}^{L}\langle [K(C_h^n)-K(C_h^{n-1})]\nabla_h\pi^n, \nabla_h\pi^n\rangle \\
&+ \sum_{n=0}^{L}\{\|u^n-U^n\|^2 + \|\nabla_h\xi^{n+1}\|^2 + \|\nabla_h\xi^n\|^2 \\
&+ \|\xi^{n+1}\|^2 + \|d_t\xi^n\|^2 + (\Delta t)^2\}\Delta t.
\end{aligned} \tag{2.2.38}
$$

对式 (2.2.30) 右端第 1 项有

$$
\begin{aligned}
\sum_{n=1}^{L}&\langle [K(C_h^n)-K(C_h^{n-1})]\nabla_h\pi^n, \nabla_h\pi^n\rangle \\
&\leqslant \varepsilon\sum_{n=1}^{L}\|d_t\xi^{n-1}\|^2\,\Delta t + M\sum_{n=1}^{L}\|\nabla_h\pi^n\|^2\,\Delta t.
\end{aligned} \tag{2.2.39}
$$

由

$$
\|u^n-U^n\|^2 \leqslant M\{\|\xi^n\|^2 + \|\nabla_h\pi^n\|^2 + h^4\}, \tag{2.2.40}
$$

则有

$$\sum_{n=0}^{L} \|d_t \pi^n\|^2 \Delta t + \|\pi^{L+1}\|_1^2 \leqslant \varepsilon \sum_{n=0}^{L-1} \|d_t \pi^n\|^2 \Delta t$$

$$+ M\bigg\{ \sum_{n=1}^{L} [\|\nabla_h \pi^n\|^2 + \|\xi^{n+1}\|_1^2 + \|d_t \xi^n\|^2]\Delta t + (\Delta t)^2 + h^4 \bigg\}. \quad (2.2.41)$$

对浓度误差方程 (2.2.37), 求和 $0 \leqslant n \leqslant L$. 注意到 $\zeta^0 = 0$, 能够得

$$\sum_{n=0}^{L} \|d_t \xi^n\|^2 \Delta t + \frac{1}{2}\bigg\{ \bigg[\bigg\langle \bar{D}_1 \delta_x \xi^{L+1}, \Big(1 + \frac{h}{2}\, |u_1^{L+1}|\, \bar{D}_1^{-1}\Big)^{-1} \delta_x \xi^{L+1} \bigg\rangle$$

$$+ \bigg\langle \bar{D}_2 \delta_y \xi^{L+1}, \Big(1 + \frac{h}{2}\, |u_2^{L+1}|\, \bar{D}_2^{-1}\Big)^{-1} \delta_y \xi^{L+1} \bigg\rangle$$

$$+ \bigg\langle \bar{D}_3 \delta_z \xi^{L+1}, \Big(1 + \frac{h}{2}\, |u_3^{L+1}|\, \bar{D}_3^{-1}\Big)^{-1} \delta_z \xi^{L+1} \bigg\rangle \bigg]$$

$$- \bigg[\bigg\langle \bar{D}_1 \delta_z \xi^0, \Big(1 + \frac{h}{2}\, |u_1^0|\, \bar{D}_1^{-1}\Big)^{-1} \delta_x \xi^0 \bigg\rangle$$

$$+ \bigg\langle \bar{D}_2 \delta_y \xi^0, \Big(1 + \frac{h}{2}\, |u_2^0|\, \bar{D}_2^{-1}\Big) \delta_y \xi^0 \bigg\rangle$$

$$+ \bigg\langle \bar{D}_3 \delta_z \xi^0, \Big(1 + \frac{h}{2}\, |u_3^0|\, \bar{D}_3^{-1}\Big)^{-1} \delta_z \xi^0 \bigg\rangle \bigg] \bigg\}$$

$$\leqslant \frac{1}{2} \sum_{n=1}^{L} \bigg\{ \bigg\langle \bar{D}_1 \delta_x \xi^n, \bigg[\Big(1 + \frac{h}{2}\, |u_1^n|\, \bar{D}_1^{-1}\Big)^{-1} - \Big(1 + \frac{h}{2}\, |u_1^{n-1}|\, \bar{D}_1^{-1}\Big)^{-1} \bigg] \delta_x \xi^n \bigg\rangle$$

$$+ \bigg\langle \bar{D}_2 \delta_y \xi^n, \bigg[\Big(1 + \frac{h}{2}\, |u_2^n|\, \bar{D}_2^{-1}\Big)^{-1} - \Big(1 + \frac{h}{2}\, |u_2^{n-1}|\, \bar{D}_2^{-1}\Big)^{-1} \bigg] \delta_y \xi^n \bigg\rangle$$

$$+ \bigg\langle \bar{D}_3 \delta_z \xi^n, \bigg[\Big(1 + \frac{h}{2}\, |u_3^n|\, \bar{D}_3^{-1}\Big)^{-1} - \Big(1 + \frac{h}{2}\, |u_3^{n-1}|\, \bar{D}_3^{-1}\Big)^{-1} \bigg] \delta_z \xi^n \bigg\rangle \bigg\}$$

$$+ M\bigg\{ \sum_{n=0}^{L} [\|\xi^{n+1}\|_1^2 + \|\nabla_h \pi^n\|^2]\Delta t + (\Delta t)^2 + h^4 \bigg\} \Delta t,$$

则有

$$\sum_{n=0}^{L} \|d_t \xi^n\|^2 \Delta t + \frac{1}{2}\bigg\{ \bigg\langle \bar{D}_1 \delta_x \xi^{L+1}, \Big(1 + \frac{h}{2}\, |u_1^{L+1}|\, \bar{D}_1^{-1}\Big)^{-1} \delta_x \xi^{L+1} \bigg\rangle$$

$$+ \bigg\langle \bar{D}_2 \delta_y \xi^{L+1}, \Big(1 + \frac{h}{2}\, |u_2^{L+1}|\, \bar{D}_2^{-1}\Big)^{-1} \delta_y \xi^{L+1} \bigg\rangle$$

$$+ \bigg\langle \bar{D}_3 \delta_z \xi^{L+1}, \Big(1 + \frac{h}{2}\, |u_3^{L+1}|\, \bar{D}_3^{-1}\Big)^{-1} \delta_z \xi^{L+1} \bigg\rangle \bigg\}$$

$$\leqslant M\left\{\sum_0^L[\left\|\xi^{n+1}\right\|_1^2 + \left\|\nabla_h\pi^n\right\|^2]\Delta t + (\Delta t)^2 + h^4\right\}. \tag{2.2.42}$$

组合式 (2.2.41) 和 (2.2.42) 可得

$$\sum_{n=0}^L[\|d_t\xi^n\|^2 + \|d_t\pi^n\|^2]\Delta t + \left\|\pi^{L+1}\right\|_1^2 + \left\|\xi^{L+1}\right\|_1^2$$

$$\leqslant M\left\{\sum_{n=0}^L[\left\|\xi^{n+1}\right\|_1^2 + \|\pi^n\|_1^2]\Delta t + h^4 + (\Delta t)^2\right\}. \tag{2.2.43}$$

应用 Gronwall 引理可得

$$\sum_{n=0}^L[\|d_t\xi^n\|^2 + \|d_t\pi^n\|^2]\Delta t + \left\|\pi^{L+1}\right\|_1^2 + \left\|\xi^{L+1}\right\|_1^2 \leqslant M\{h^4 + (\Delta t)^2\}. \tag{2.2.44}$$

剩下需要检验归纳法假定 (2.2.21), 首先, 对 $n=0$, 因 $\pi^0 = \xi^0 = 0$, (2.2.21) 是正确的, 如果 $1 \leqslant n \leqslant L$, (2.2.21) 成立. 由式 (2.2.44) 有 $\left\|\pi^{L+1}\right\|_{1,\infty} + \left\|\xi^{L+1}\right\|_{1,\infty} \leqslant Mh^{\frac{1}{2}}$, 则对 $n = L+1$, 归纳法假定 (2.2.21) 成立.

2.3 海水入侵数值模拟的特征差分方法

滨海含水层中的海水入侵数值模拟和理论分析, 是环境科学中十分重要的理论和实际问题. 其数学模型是一类三维非线性抛物型偏微分方程组的初、边值问题. 一个是关于压力的流动方程; 另一个是关于含盐浓度的对流扩散方程. 本节对三维有界区域的一般情况, 对流动方程采用差分格式, 对浓度方程采用包含特征修正的差分格式, 利用粗细网块结合、变分形式、先验估计理论和技巧, 得到了最佳阶 l^2 误差估计结果.

2.3.1 数学模型

海岸带含水层中的海水入侵是一个可混溶液体间的水动力弥散问题. 这两种液体 (海水和淡水) 是完全可溶解的, 形成多孔介质中的单相渗流, 在流动过程中, 溶质 (盐分) 随之运移、弥散, 因此为一类单相溶质运移问题.

达西定律是渗流理论的基本定律. 对于各向同性介质, 流体渗流速度应为

$$U = -\frac{k}{\mu}(\nabla p + \rho g\nabla x_3), \tag{2.3.1}$$

此处 p 为压力, ρ 为密度, g 为重力加速度, x_3 为含水层高度, μ 为流体的黏度, k 为渗透率.

由于水的压缩性很小, 假设 ρ 仅依赖于盐分浓度 c, 并采用 Huyakorn 的线性处理方式 $\rho = \rho_0 \left(1 + \varepsilon \dfrac{c}{c_s}\right)$, 这里 ρ_0 为参考水密度, c_s 为最大密度对应的浓度, ε 为密度差率, $\varepsilon = \dfrac{\rho_s - \rho_0}{\rho_s}$, $\dfrac{\partial \psi}{\partial p} = (1 - \psi)\alpha$, 此处 ψ 为孔度, α 表示含水层骨架的压缩系数. 则连续性方程为

$$\nabla \cdot \left(\frac{\rho k}{\mu}(\nabla p + \rho g \nabla x_3)\right) = \rho\alpha\frac{\partial p}{\partial t} + \psi\eta\frac{\partial c}{\partial t} - \rho q, \tag{2.3.2}$$

这里 $\eta = \dfrac{\varepsilon}{c_s}$ 为密度耦合系数.

混溶于流体中的盐分, 在多孔介质中的输运过程时, 会发生对流、扩散、机械弥散现象. 盐分的对流, 水在含水层中运动, 携带着盐分, 这种溶质随地下水的运动称为溶质的对流, 随之携带的溶质对流通量密度 J_c 正比于溶质浓度 $c : J_c = Uc$. 盐分的分子扩散, 由于盐分在整个溶液中的不均匀分布, 即使没有流动, 溶质也会从浓度高处扩散到浓度低处, 由 Fick 定律: $J_b = -\psi D_d \nabla c$, 此处 $D_d = d_m I, d_m$ 为分子扩散系数, I 为 3×3 单位矩阵. 机械弥散, 水在多孔介质中运动时, 位于孔隙中心的运动速度最大, 而在孔隙壁上由于摩擦阻力的影响, 速度变小, 由这种流速大小和方向变化引起机械弥散: $J_h = -\psi D_h \nabla c$, 此处 D_h 为机械弥散张量矩阵: $D_h = |U|(d_l E(U) + d_t E^\perp(U)), E(U) = (U_i U_j / |U|^2), i,j = 1,2,3, E^\perp(U), = I - E(U), d_l, d_t$ 为纵向和横向弥散系数.

考虑到对流、扩散、机械弥散的作用, 由质量守恒定律, 推出:

$$\frac{\partial}{\partial t}(\psi c) = \nabla \cdot (\psi D \nabla c) - \nabla \cdot (Uc) + qc^*, \tag{2.3.3}$$

此处 D 为扩散矩阵: $D = D_d + D_h, c^*$ 为汇 (源) 盐的盐分浓度.

方程 (2.3.2), (2.3.3) 为描述海水入侵过程的基本微分方程, 对整个流动过程, 还应附加初、边值条件, 构成一个封闭系统.

初始条件:

$$p(x,0) = p_0(x), c(x,0) = c_0(x), \quad x = (x_1, x_2, x_3)^{\mathrm{T}} \in \Omega, t \in J = (0,T], \tag{2.3.4}$$

边界条件:

$$p_{|\partial\Omega} = \bar{p}(x,t), c_{|\partial\Omega} = \bar{c}(x,t), \quad x \in \partial\Omega, t \in J. \tag{2.3.5}$$

在实际计算中, 引入水头或参考水头的概念, 用水头来代替压力求解. 令参考水头 (淡水水头) $H = \dfrac{p}{\rho_0 g} + x_3$, 于是有 $\nabla p = \rho_0 g \nabla H - \rho_0 g e_3, (e_1, e_2, e_3)^{\mathrm{T}}$ 为坐标

单位向量, $\dfrac{\partial p}{\partial t} = \rho_0 g \dfrac{\partial H}{\partial t}$, 代入原始方程 (2.3.2) 有

$$\nabla \cdot \left\{ \frac{\rho \rho_0 g k}{\mu} \left[\nabla H + \frac{\rho - \rho_0}{\rho_0} e_3 \right] \right\} = \rho_0 \rho \alpha g \frac{\partial H}{\partial t} + \rho_0 \psi \eta \frac{\partial c}{\partial t} - \rho q, \qquad (2.3.6)$$

进一步化简可得

$$\nabla \cdot \left\{ K \left[\nabla H + \eta c e_3 \right] \right\} = \rho \alpha g \frac{\partial H}{\partial t} + \psi \eta \frac{\partial c}{\partial t} - \frac{\rho}{\rho_0} q, \qquad (2.3.7)$$

此处 $K = \dfrac{\rho g k}{\mu}$. 由于 $U = -\dfrac{k}{\mu}(\nabla p + \rho g e_3) = -\dfrac{\rho_0}{\rho} K (\nabla H + \eta c e_3)$,

$$\frac{\partial}{\partial t}(\psi c) = \frac{\partial \psi}{\partial t} c + \psi \frac{\partial c}{\partial t} = (1 - \psi)\alpha c \frac{\partial p}{\partial t} + \psi \frac{\partial c}{\partial t},$$

$$\nabla \cdot (U c) = c \nabla \cdot U + U \cdot \nabla c = -c \nabla \cdot \left[\frac{\rho_0}{\rho} K (\nabla H + \eta c e_3) \right] + U \cdot \nabla c$$

$$= -c \alpha \rho_0 g \frac{\partial H}{\partial t} - \frac{c \rho_0 \psi \eta}{\rho} \frac{\partial c}{\partial t} + q c$$

$$+ U \cdot \nabla c + \frac{\rho_0 c}{\rho^2} \cdot \frac{\varepsilon \rho_0}{c_s} \nabla c \cdot K (\nabla H + \eta c e_3),$$

从而

$$\psi \frac{\partial c}{\partial t} = \nabla \cdot (\psi D \nabla c) + \alpha \rho_0 g c \frac{\partial H}{\partial t} + \frac{c \rho_0 \psi \eta}{\rho} \frac{\partial c}{\partial t} - q c$$

$$- U \cdot \nabla c - (1 - \psi)\alpha c \frac{\partial p}{\partial t} + q c^* - \frac{\rho_0^2 \varepsilon c}{c_s \rho^2} \nabla c \cdot K (\nabla H + \eta c e_3),$$

即

$$\psi \left[1 - \frac{\rho_0 \eta}{\rho} c \right] \frac{\partial c}{\partial t} = \nabla \cdot (\psi D \nabla c) - U \cdot \nabla c + \alpha c \psi \rho_0 g \frac{\partial H}{\partial t}$$

$$+ q(c^* - c) - \frac{\rho_0^2 \varepsilon c}{c_s \rho^2} \nabla c \cdot K (\nabla H + \eta c e_3),$$

$$\psi \frac{\rho_0}{\rho} \frac{\partial c}{\partial t} = \nabla \cdot (\psi D \nabla c) - U \cdot \nabla c + q(c^* - c)$$

$$+ \alpha \psi \rho_0 g c \frac{\partial H}{\partial t} - \frac{\rho_0^2}{\rho^2} \eta c \nabla c \cdot K (\nabla H + \eta c e_3),$$

忽略高阶项 $\dfrac{\rho_0^2}{\rho^2} \eta c \nabla c \cdot K (\nabla H + \eta c e_3)$, 可得

$$\psi \frac{\rho_0}{\rho} \frac{\partial c}{\partial t} = \nabla \cdot (\psi D \nabla c) - U \cdot \nabla c + q(c^* - c) + \psi \frac{\rho_0}{\rho} S_s c \frac{\partial H}{\partial t}, \qquad (2.3.8)$$

其中 S_s 为储水率, $S_s = \alpha\rho_0 g$.

方程组 (2.3.7), (2.3.8) 为关于参考水头 H 和浓度 c 的方程组, 它与传统的水流方程和浓度方程是不同的. 当 $\rho \equiv$ 常数 ρ_0 时, 即为均质液体时, 方程简化为

$$\nabla \cdot (a\nabla H) = S_s \frac{\partial H}{\partial t} - q, \quad x \in \Omega, t \in J, \tag{2.2.9}$$

$$\nabla \cdot (\psi D\nabla c) - U \cdot \nabla c = \psi\frac{\partial c}{\partial t} + \psi S_s c\frac{\partial H}{\partial t} + q(c - c^*), \quad x \in \Omega, t \in J, \tag{2.3.10}$$

此处 $a = \dfrac{\rho_0 g\kappa(c)}{\mu(c)}, \psi = \psi(x), q = q(x,t), c^*(x,t)$ 为已知的浓度函数, 其初、边值条件同样是前面 (2.3.4), (2.3.5) 所述.

2.3.2　特征差分格式

本书研究模型问题 (2.3.9), (2.3.10), (2.3.4), (2.3.5), 设三维区域 $\Omega = [0,1] \times [0,1] \times [0,1]$, 用 $\partial\Omega$ 表示其边界, $J = (0,T), h = N^{-1}, x_{ijl} = (ih, jh, lh), t^n = n\Delta t$ 和 $W(x_{ijl}, t^n) \equiv w_{ijl}^n$, 记

$$A_{i+1/2,jl}^n = \frac{1}{2}[a(C_{h,ijl}^n) + a(C_{h,i+1,jl}^n)],$$

$$a_{i+1/2,jl}^n = \frac{1}{2}[a(c_{ijl}^n) + a(c_{i+1,jl}^n)],$$

$$A_{i,j+1/2,l}^n = \frac{1}{2}[a(C_{h,ijl}^n) + a(C_{h,i,j+1,l}^n)],$$

$$a_{i,j+1/2,l}^n = \frac{1}{2}[a(c_{ijl}^n) + a(c_{i,j+1,l}^n)],$$

$$A_{i,j,l+1/2}^n = \frac{1}{2}[a(C_{h,ijl}^n) + a(C_{h,ij,l+1}^n)],$$

$$a_{ij,l+1/2}^n = \frac{1}{2}[a(c_{ijl}^n) + a(c_{ij,l+1}^n)],$$

$$\delta_{\bar{x}_1}(A^n\delta_{x_1}H_h^{n+1})_{ijl} = h^{-2}\{A_{i+1/2,jl}^n(H_{h,i+1,jl}^{n+1} - H_{h,ijl}^{n+1})$$
$$- A_{i-1/2,jl}^n(H_{h,ijl}^{n+1} - H_{h,i-1,jl}^{n+1})\},$$

$$\delta_{\bar{x}_2}(A^n\delta_{x_2}H_h^{n+1})_{ijl} = h^{-2}\{A_{i,j+1/2,l}^n(H_{h,i,j+1,l}^{n+1} - H_{h,ijl}^{n+1})$$
$$- A_{i,j-1/2,l}^n(H_{h,ijl}^{n+1} - H_{h,i,j-1,l}^{n+1})\},$$

$$\delta_{\bar{x}_3}(A^n\delta_{x_3}H_h^{n+1})_{ijl} = h^{-2}\{A_{i,j,l+1/2}^n(H_{h,ij,l+1}^{n+1} - H_{h,ijl}^{n+1})$$
$$- A_{ij,l-1/2}^n(H_{ijl}^{n+1} - H_{ij,l-1}^{n+1})\},$$

$$\nabla_h(A^n\nabla_n H_h^{n+1})_{ijl} = \delta_{\bar{x}_1}(A^n\delta_{x_1}H_h^{n+1})_{ijl} + \delta_{\bar{x}_2}(A^n\delta_{x_2}H_h^{n+1})_{ijl}$$
$$+ \delta_{\bar{x}_3}(A^n\delta_{x_3}H_h^{n+1})_{ijl},$$

则可列出压力方程的差分方程:

$$\alpha\rho_0 g\frac{H_{h,ijl}^{n+1} - H_{h,ijl}^n}{\Delta t} - \nabla_h(A^n\nabla_h H_h^{n+1})_{ijl} = Q_{h,ijl}^{n+1}, \quad 1\leqslant i,j,l\leqslant N-1, \quad (2.3.11)$$

此处 $Q_{h,ijl}^{n+1} = h^{-3}\displaystyle\int_{x_{ijl}+\omega_h} q(x,t^{n+1})\mathrm{d}x$, ω_h 为中心在原点边长为 h 的立方体.

近似达西速度 $U_h = (U_{h,1}, U_{h,2}, U_{h,3})^{\mathrm{T}}$ 按下述公式计算:

$$U_{h,1,ijl}^n = -\frac{1}{2}\left[A_{i+1/2,jl}^n\frac{H_{h,i+1,jl}^n - H_{h,ijl}^n}{h} + A_{i-1/2,jl}^n\frac{H_{h,ijl}^n - H_{h,i-1,jl}^n}{h}\right], \quad (2.3.12a)$$

$$U_{h,2,ijl}^n = -\frac{1}{2}\left[A_{i,j+1/2,l}^n\frac{H_{h,i,j+1,l}^n - H_{h,ijl}^n}{h} + A_{i,j-1/2,l}^n\frac{H_{h,ijl}^n - H_{h,i,j-1,l}^n}{h}\right], \quad (2.3.12b)$$

$$U_{h,3,ijl}^n = -\frac{1}{2}\left[A_{i,j,l+1/2}^n\frac{H_{h,ij,l+1}^n - H_{h,ijl}^n}{h} + A_{ij,l-1/2}^n\frac{H_{h,ijl}^n - H_{h,ij,l-1}^n}{h}\right]. \quad (2.3.12c)$$

对浓度方程, 考虑分子扩散的情况, 即 $D = d_m I$. 这流动实际上是沿着特征方向的. 用特征线方法处理方程 (2.3.10) 的一阶双曲部分将具有很高的精确度 [17-20]. 记 $\phi = [\psi^2 + |U|^2]^{1/2}$, $\dfrac{\partial}{\partial\tau} = \phi^{-1}\left\{\psi\dfrac{\partial c}{\partial t} + U\cdot\nabla\right\}$, 则浓度方程能写为下述形式:

$$\phi\frac{\partial c}{\partial\tau} - \nabla(\psi D\nabla c) + \psi S_s c\frac{\partial H}{\partial t} = q(c^* - c), \quad x\in\Omega, t\in J. \quad (2.3.13)$$

对浓度方程 (2.3.13), 考虑逼近 $\phi\dfrac{\partial c}{\partial\tau}$, 在这里用向后差商沿着在 (x_{ijl}, t^{n+1}) 的 τ 特征切线方向. 此切线交 $(\Omega\times[t^n,t^{n+1}])\cup(\partial\Omega\times[t^n,t^{n+1}])$ 于点 $(\tilde{x}_{ijl}^{n+1}, t^{n+1}-\tilde{\Delta}t_{ijl}^{n+1})$, 此处 $x_{ijl} = (ih, jh, lh)$ 使得

$$\tilde{x}_{ijl}^{n+1} = x_{ijl} - U_{ijl}^{n+1}\tilde{\Delta}t_{ijl}^{n+1}/\psi_{ijl}. \quad (2.3.14)$$

现将 $\tilde{x}_{ijl}^{n+1}$ 的坐标分量所满足的条件分类:

(A.1) : $0\leqslant ih - U_{1,ijl}^{n+1}\Delta t/\psi_{ijl}$,

$(\overline{\text{A.1}})$: $ih - U_{1,ijl}^{n+1}\Delta t/\psi_{ijl} < 0$, 记 $\Delta t_{(\text{A.1})} = ih\psi_{ijl}/U_{1,ijl}^{n+1}$. $\quad (2.3.15a)$

(A.2) : $ih - U_{1,ijl}^{n+1}\Delta t/\psi_{ijl} \leqslant 1$,

$(\overline{\text{A.2}})$: $ih - U_{1,ijl}^{n+1}\Delta t/\psi_{ijl} > 1$, 记 $\Delta t_{(\text{A.2})} = (\alpha h - 1)\psi_{ijl}/U_{1,ijl}^{n+1}$. $\quad (2.3.15b)$

(B.1) : $0\leqslant jh - U_{2,ijl}^{n+1}\Delta t/\psi_{ijl}$,

$(\overline{\text{B.1}})$: $jh - U_{2,ijl}^{n+1}\Delta t/\psi_{ijl} < 0$, 记 $\Delta t_{(\text{B.1})} = jh\psi_{ijl}/U_{2,ijl}^{n+1}$. $\quad (2.3.16a)$

(B.2) : $jh - U_{2,ijl}^{n+1}\Delta t/\psi_{ijl} \leqslant 1$,

$(\overline{\text{B.2}})$: $jh - U_{2,ijl}^{n+1}\Delta t/\psi_{ijl} > 1$, 记 $\Delta t_{(\text{B.2})} = (jh - 1)\psi_{ijl}/U_{2,ijl}^{n+1}$. $\quad (2.3.16b)$

(A.3) : $0\leqslant lh - U_{3,ijl}^{n+1}\Delta t/\psi_{ijl}$,

$(\overline{\text{A.3}}) : lh - U_{3,ijl}^{n+1}\Delta t/\psi_{ijl} < 0$, 记 $\Delta t_{(\text{A.3})} = lh\psi_{ijl}/U_{3,ijl}^{n+1}$. $\qquad$ (2.3.17a)

$(\text{B.3}) : lh - U_{3,ijl}^{n+1}\Delta t/\psi_{ijl} \leqslant 1$,

$(\overline{\text{B.3}}) : lh - U_{3,ijl}^{n+1}\Delta t/\psi_{ijl} > 1$, 记 $\Delta t_{(\text{B.3})} = (lh-1)\psi_{ijl}/U_{3,ijl}^{n+1}$. $\qquad$ (2.3.17b)

若上述 6 个条件 (A.1)~(B.3) 同时成立, 则

$$\tilde{\Delta}t_{ijl}^{n+1} = \Delta t; \qquad (2.3.18a)$$

若上述 6 个条件中只有 1 个不成立 (如 (m,i)), 则

$$\tilde{\Delta}t_{ijl}^{n+1} = \Delta t_{(m,i)}; \qquad (2.3.18b)$$

若上述 6 个条件中有两个不成立 (例如 $(m_1,i_1),(m_2,i_2)$), 则

$$\tilde{\Delta}t_{ijl}^{n+1} = \min\{\Delta t_{(m_1,i_1)}, \Delta t_{(m_2,i_2)}\}; \qquad (2.3.18c)$$

若上述 6 个条件中有 3 个不成立 (例如 $(m_1,i_1),(m_2,i_2),(m_3,i_3)$), 则

$$\tilde{\Delta}t_{ijk}^{n+1} = \min\{\Delta t_{(m_1,i_1)}, \Delta t_{(m_2,i_2)}, \Delta t_{(m_3,i_3)}\}. \qquad (2.3.18d)$$

依公式 (2.3.18) 取定 $\tilde{\Delta}t_{ijl}^{n+1}$ 后, 则有

$$\phi\frac{\partial c}{\partial \tau}(x_{ijl}, t^{n+1})$$

$$= \phi_{ijl}^{n+1}\frac{c(x_{ijl}, t^{n+1}) - c(\tilde{x}_{ijl}^{n+1}, t^{n+1} - \tilde{\Delta}t_{ijl}^{n+1})}{[(x_{ijl} - \tilde{x}_{ijl}^{n+1})^2 + (\tilde{\Delta}t_{ijl}^{n+1})^2]^{1/2}} + O\left(\left|\frac{\partial^2 c}{\partial \tau^2}\right|\Delta\tau\right)$$

$$= \psi_{ijl}\frac{c(x_{ijl}, t^{n+1}) - c(\tilde{x}_{ijl}^{n+1}, t^{n+1} - \tilde{\Delta}t_{ijl}^{n+1})}{\tilde{\Delta}t_{ijl}^{n+1}} + O\left(\left|\frac{\partial^2 c}{\partial \tau^2}\right|\Delta\tau\right), \qquad (2.3.19)$$

此处 $\Delta\tau = [(x_{ijl} - \tilde{x}_{ijl}^{n+1})^2 + (\tilde{\Delta}t_{ijl}^{n+1})^2]^{1/2}$.

注意到此处如果 $\tilde{\Delta}t_{ijl}^{n+1} < \Delta t$, 则 $(\tilde{x}_{ijl}^{n+1}, t^{n+1} - \tilde{\Delta}t_{ijl}^{n+1})$ 处在边界上, $c(\tilde{x}_{ijl}^{n+1}, t^{n+1} - \tilde{\Delta}t_{ijl}^{n+1})$ 用边界条件 (2.3.5) 的值来计算.

在具体列出差分格式时, c_{ijl}^{n+1} 被差分解 $C_{h,ijl}^{n}$ 所逼近, U_{ijl}^{n+1} 被有限差分解 $U_{h,ijl}^{n}$ 所逼近. 定义

$$\hat{x}_{ijl}^{n+1} = x_{ijl} - U_{h,ijl}^{n}\hat{\Delta}t_{ijl}^{n+1}/\psi_{ijl}. \qquad (2.3.20)$$

此处 $\hat{\Delta}t_{ijl}^{n+1}$ 的计算只要将 (2.3.15)~(2.3.17) 中的 U_{ijl}^{n+1} 换为 $U_{h,ijl}^{n}$.

设 $\{C_{h,ijl}^{n}\}$ 是差分解的网点值, $C_h^n(x)$ 为网格值的三维叁二次插值函数, 即由 $C_{h,ijl}^{n}$ 及其相邻 26 个节点值由乘积型叁二次插值函数所决定. 记 $\hat{C}_{ijl}^{n} = C_h^n(\hat{x}_{ijl}^{n+1}, t^{n+1} - \hat{\Delta}t_{ijl}^{n+1})$, 当 $\hat{\Delta}t_{ijl}^{n+1} = \Delta t$, 则由 $C_h^n(x)$ 所决定, 否则由边界条件 (2.3.5) 给定. 由于 $D = d_m I$, 对饱和度方程 (2.3.10) 定义下述差分格式, 寻求 $t = t^{n+1}$ 时刻的差分解 $\{C_{h,ijl}^{n+1}\}$, 满足下述方程组:

$$\psi_{ijl}\frac{C_{h,ijl}^{n+1} - \hat{C}_{ijl}^{n}}{\hat{\Delta}t_{ijl}^{n}} - \nabla_h(\psi D\nabla_n C_h^{n+1})_{ijl}$$

$$= q_{ijl}^{n+1}(c_{ijl}^{*n} - C_{h,ijl}^n) - \psi_{ijl} S_s C_{h,ijl}^n \frac{H_{h,ijl}^{n+1} - H_{h,ijl}^n}{\Delta t}, \quad 1 \leqslant i,j,l \leqslant N-1. \quad (2.3.21)$$

初始逼近:

$$H_{h,ijl}^0 = H_0(x_{ijl}), C_{h,ijl}^0 = c_0(x_{ijl}), \quad 0 \leqslant i,j,l \leqslant N. \quad (2.3.22)$$

在差分格式 (2.3.21) 中, 仅已知项 $\hat{C}_{h,ijl}^n$ 由 $\left\{C_{h,ijl}^n\right\}$ 的叁二次插值函数决定, 对欲求解的未知函数 $\left\{C_{h,ijl}^{n+1}\right\}$ 仍为 7 点格式.

特征差分格式 (2.3.11),(2.3.21) 的计算程序是若已知 t^n 时刻的差分解 $\{C_{h,ijl}^n\}$, 首先由差分格式 (2.3.11) 求出 $\{H_{h,ijl}^{n+1}\}$, 由正定性推出问题有唯一解; 再由 (2.3.12) 算出近似达西速度 $\{U_{h,ijl}^n\}$. 最后由格式 (2.3.21) 求出差分解 $\{C_{h,ijl}^{n+1}\}$, 由正定性保证解存在且唯一.

2.3.3 收敛性分析

设 $\pi = H - H_h, \xi = c - C_h$, 此处 H, c 为问题 (2.3.9), (2.3.10) 的精确解,H_h, C_h 为差分解, 由方程 (2.3.9) 可得

$$S_s \frac{H_{ijl}^{n+1} - H_{ijl}^n}{\Delta t} - \nabla_h(a \nabla_h H)_{h,ijl}^{n+1} = Q_{h,ijl}^{n+1} + \delta_{ijl}^{n+1}, \quad 1 \leqslant i,j,l \leqslant N-1, \quad (2.3.23)$$

此处 $\left|\delta_{ijl}^n\right| \leqslant M \left\{ \left\|H^{n+1}\right\|_{4,\infty}, \left\|\frac{\partial^2 H}{\partial t^2}\right\|_{L^\infty(J^n;L^\infty)} \right\}(h^2 + \Delta t), J^n = [t^n, t^{n+1}]$. 对于正方体区域 $\bar{\Omega} = \{x = (x_1,x_2,x_3)^T | 0 \leqslant x_1 \leqslant 1, 0 \leqslant x_2 \leqslant 1, 0 \leqslant x_3 \leqslant 1\}$ 中的正方体网格 $\bar{\Omega}_h = \bar{\omega}_1 \times \bar{\omega}_2 \times \bar{\omega}_3$ 上, 记 $\bar{\omega}_i = \{x_{i\alpha} | \alpha = 0, 1, \cdots, N\}, i = 1,2,3$. $\omega_i^+ = \{x_{i\alpha} | \alpha = 1, 2, \cdots, N\}, i = 1,2,3$. 在等距网格的情况 $h_\alpha = x_{i\alpha} - x_{i,\alpha-1} = 1/N, h_0 = h_N = h/2$. 记号 $|f|_0 = \langle f, f \rangle^{1/2}$ 表示离散空间 $l^2(\Omega)$ 的模.

$$\langle f, g \rangle = \sum_{\bar{\omega}_1} h_i \sum_{\bar{\omega}_2} h_j \sum_{\bar{\omega}_3} h_l f(x) g(x) \quad (2.3.24)$$

表示离散空间的内积. $(A\nabla_h f, \nabla_h f)$ 对应于 $H^1(\Omega) = W^{1,2}(\Omega)$ 的离散空间 $h^1(\Omega)$ 的加权半模平方

$$\langle A\nabla_h f, \nabla_h f \rangle = \sum_{\omega_1^+} h_i \sum_{\bar{\omega}_2} h_j \sum_{\bar{\omega}_3} h_l \{A(x)[\partial \bar{x}_1 f(x)]^2\}$$
$$+ \sum_{\bar{\omega}_1} h_i \sum_{\omega_2^+} h_j \sum_{\bar{\omega}_3} h_l \{A(x)[\partial \bar{x}_2 f(x)]^2\}$$
$$+ \sum_{\bar{\omega}_1} h_i \sum_{\bar{\omega}_2} h_j \sum_{\omega_3^+} h_l \{A(x)[\partial \bar{x}_3 f(x)]^2\}. \quad (2.3.25)$$

从方程 (2.3.23) 减去 (2.3.11) 可得下述误差方程:

$$S_s d_t \pi^n - \nabla_h (A(C_h^n) \nabla_h \pi^{n+1}) - \nabla_h \{(a^{n+1} - A^n) \nabla_n H^{n+1}\} = O(h^2 + \Delta t), \quad (2.3.26)$$

此处下标 (ijl) 被省略, $d_t \pi^n = (\pi^{n+1} - \pi^n)/\Delta t$, 对 (2.3.26) 乘以 $\delta_t \pi^n = \pi^{n+1} - \pi^n$ 求和, 注意到在边界节点上其值为零, 应用分部求和公式可得

$$\langle S_s d_t \pi^n, d_t \pi^n \rangle \Delta t + \langle A^n \nabla_h \pi^{n+1}, \nabla_h \pi^{n+1} \rangle$$
$$- \langle \nabla_h \{(a^{n+1} - A^n) \nabla_h H^{n+1}\}, d_t \pi^n \rangle \Delta t = \langle O(h^2 + \Delta t), d_t \pi^n \rangle \Delta t. \quad (2.3.27)$$

引入归纳法假定有

$$\sup_{0 \leqslant n \leqslant m-1} |\xi^n|_\infty \to 0, \quad (h, \Delta t) \to 0, \quad (2.3.28)$$

此处 $|\xi^n|_\infty = \|\xi^n\|_{l^\infty} = \sup_{0 \leqslant ijl \leqslant N} \left| \xi_{ijl}^n \right|$, 由 ξ 的定义可以推得, 当 $(h, \Delta t)$ 足够小时, 有 $-\delta \leqslant C_h^n \leqslant 1 + \delta (\delta > 0)$, 此时有 $A(C_h^n) \geqslant a_{0*} > 0$ 以及利用不等式 $a(a-b) \geqslant \frac{1}{2}(a^2 - b^2)$ 可得

$$\langle A^n \nabla_n \pi^{n+1}, \nabla_h (\pi^{n+1} - \pi^n) \rangle \geqslant \frac{a_{0*}}{2} \{ |\nabla_h \pi^{n+1}|_0^2 - |\nabla_h \pi^n|_0^2 \}. \quad (2.3.29)$$

注意到

$$\left| \langle \nabla_h \{(a^{n+1} - A^n) \nabla_h H^{n+1}\}, d_t \pi^n \rangle \Delta t \right|$$
$$\leqslant \varepsilon |d_t \pi^n|_0^2 \Delta t + M \{ \left| \nabla_h (a^{n+1} - A^n) \right|_0^2 + \left| a^{n+1} - A^n \right|_0^2 \} \Delta t$$
$$\leqslant \varepsilon |d_t \pi^n|_0^2 \Delta t + M \{ |\xi^n|_{1,2}^2 + (\Delta t)^2 \} \Delta t, \quad (2.3.30)$$

此处 $|\xi^n|_{1,2}^2 = \|\xi^n\|_{h^1}^2$.

对 (2.3.27) 作和数 $0 \leqslant n \leqslant m-1$, 并利用估计式 (2.3.29), (2.3.30) 得

$$\frac{1}{2} S_s \sum_{n=0}^{m-1} |d_t \pi^n|_0^2 \Delta t + \frac{a_{0*}}{2} \{ |\nabla_h \pi^m|_0^2 - |\nabla_h \pi^0|_0^2 \}$$
$$\leqslant M \left\{ \sum_{n=0}^{m-1} |\xi^n|_{1,2}^2 \Delta t + h^4 + (\Delta t)^2 \right\}, \quad (2.3.31)$$

下面讨论浓度误差方程, 由 (2.3.19) 和 (2.3.21) 可得

$$\psi_{ijl} \frac{\xi_{ijl}^{n+1} - (c^n(\tilde{x}_{ijl}^{n+1}) - \hat{C}_{h,ijl}^n)}{\hat{\Delta} t_{ijl}^{n+1}} - \nabla_h (\psi D \nabla_h \xi^{n+1})_{ijl}$$

$$= q_{ijl}^{n+1}[(c_{ijl}^{*n+1} - c_{ijl}^{n+1}) - (c_{ijl}^{*n} - C_{h,ijl}^n)] + S_s\psi_{ijl}C_{h,ijl}^n d_t\pi_{ijl}^n$$
$$+ S_s\psi_{ijl}(c_{ijl}^{n+1} - C_{h,ijl}^n)d_tH_{ijl}^n + r_{ijl}^{n+1}, \quad 1 \leqslant i,j,l \leqslant N-1. \qquad (2.3.32)$$

此处 $\left|r_{ijl}^{n+1}\right| \leqslant M\left\{\|c^{n+1}\|_{4,\infty} \left\|\dfrac{\partial^2 c}{\partial \tau^2}\right\|_{L^\infty(J^n;L^\infty)}\right\}(h^2 + \Delta t)$. 注意到此时节点值 (ξ_{ijl}^n)

的分块叁二次插值, 可将其分解为

$$\xi_{ijl}^{n+1} - (c^n(\tilde{x}_{ijl}^{n+1}) - \hat{C}_{h,ijl}^n) = \xi_{ijl}^{n+1} - \xi_{ijl}^n + \xi_{ijl}^n - \hat{\xi}_{ijl}^n + (c^n(\tilde{x}_{ijl}^{n+1}) - c^n(\hat{x}_{ijl}^{n+1})) - (I-I_2)c^n(\hat{x}_{ijl}^{n+1}),$$
$$\qquad (2.3.33)$$

此处 I 是恒等算子, I_2 是叁二次插值算子. 若问题的解有一定的光滑性, 则有

$$\left|c^n(\tilde{x}_{ijl}^{n+1}) - c^n(\hat{x}_{ijl}^{n+1})\right| \leqslant M\{\Delta t + |\xi_{ijl}^n| + |\nabla_h\pi_{ijl}^n|\}\hat{\Delta}t_{ijl}^{n+1}. \qquad (2.3.34)$$

由式 (2.3.32)~(2.3.34) 可推得下述估计式:

$$\psi_{ijl}\frac{\xi_{ijl}^{n+1} - \xi_{ijl}^n}{\hat{\Delta}t_{ijl}^{n+1}} + \psi_{ijl}\frac{\xi_{ijl}^n - \hat{\xi}_{ijl}^n}{\hat{\Delta}t_{ijl}^{n+1}} - \psi_{ijl}\frac{(I-I_2)c^n(\hat{x}_{ijl}^{n+1})}{\hat{\Delta}t_{ijl}^{n+1}} - \nabla_h(\psi D\nabla_h\xi^{n+1})_{ijl}$$
$$\leqslant M\{|\xi_{ijl}^n| + |\nabla_h\pi_{ijl}^n| + |d_t\pi_{ijl}^n| + h^2 + \Delta t\}, \quad 1 \leqslant i,j,l \leqslant N-1, \qquad (2.3.35)$$

对式 (2.3.35) 乘以 $\delta_t\xi_{ijl}^n = \xi_{ijl}^{n+1} - \xi_{ijl}^n$, 并应用分部求和公式得

$$\left\langle \psi\frac{\xi^{n+1} - \xi^n}{\hat{\Delta}t^{n+1}}, d_t\xi^n \right\rangle\Delta t + \left\langle \psi\frac{\xi^n - \hat{\xi}^n}{\hat{\Delta}t^{n+1}}, d_t\xi^n \right\rangle\Delta t$$
$$- \left\langle \psi\frac{(I-I_2)c^n(\hat{x}^{n+1})}{\hat{\Delta}t^{n+1}}, d_t\xi^n \right\rangle\Delta t + \left\langle \psi D\nabla_h\xi^{n+1}, \nabla_h(\xi^{n+1} - \xi^n) \right\rangle$$
$$\leqslant \varepsilon|d_t\xi^n|_0^2\Delta t + M\{|\xi^n|_0^2 + |\nabla_n\pi^n|_0^2 + |d_t\pi^n|_0^2 + h^4 + (\Delta t)^2\}\Delta t, \qquad (2.3.36)$$

由于 $\psi \geqslant \psi_{0*} > 0$, 可得

$$\left\langle \psi\frac{\xi^{n+1} - \xi^n}{\hat{\Delta}t^{n+1}}, d_t\xi^n \right\rangle\Delta t \geqslant \psi_{0*}|d_t\xi^n|_0^2\Delta t. \qquad (2.3.37)$$

由于 $\psi D = \begin{pmatrix} d_m\psi(x) & 0 & 0 \\ 0 & d_m\psi(x) & 0 \\ 0 & 0 & d_m\psi(x) \end{pmatrix}$, $d_m\psi(x) \geqslant d_m\psi_{0*} = D_* > 0$, 再次利

用不等式 $a(a-b) \geqslant \dfrac{1}{2}(a^2 - b^2)$ 可得

$$\langle \psi D\nabla_h\xi^{n+1}, \nabla_h(\xi^{n+1} - \xi_n)\rangle \geqslant \frac{D_*}{2}\{|\nabla_h\xi^{n+1}|_0^2 - |\nabla_h\xi^n|_0^2\}, \qquad (2.3.38)$$

此处 D_* 为正常数.

现在估计式 (2.3.36) 左端第二项, 注意到 $\xi_{ijl}^n - \hat{\xi}_{ijl}^n = -\int_{x_{ijl}}^{\hat{x}_{ijl}^{n+1}} \nabla\xi^n \cdot \dfrac{U_h^n}{|U_h^n|} \mathrm{d}\sigma$, 可得

$$\left|\frac{\xi^n - \hat{\xi}^n}{\hat{\Delta}t^{n+1}}\right|_0^2 \leqslant M\left|U_h^n\right|_0^2 \left\{1 + M\left|U_h^n\right|_\infty \frac{\Delta t}{h}\right\} |\nabla_h\xi^n|_0^2. \tag{2.3.39}$$

注意到 $|U_h^n|_\infty \leqslant M\{1 + |\nabla_h\pi^n|_\infty\}$, 引入归纳法假定

$$\sup_{0\leqslant n\leqslant m-1} |\nabla_h\pi^n|_\infty \to 0, \quad (h, \Delta t) \to 0, \tag{2.3.40}$$

则有 $|U_h^n|_\infty \leqslant M_0$, 当剖分参数满足下述限定:

$$\Delta t = O(h^2), \tag{2.3.41}$$

于是可得

$$\left|\left\langle \psi\frac{\xi^n - \hat{\xi}^n}{\hat{\Delta}t^{n+1}}, d_t\xi^n \right\rangle \Delta t\right| \leqslant \varepsilon |d_t\xi^n|_0^2 \Delta t + M |\xi^n|_{1,2}^2 \Delta t. \tag{2.3.42}$$

对 (2.3.36) 左端的第三项, 应用 Peano 核定理, 由文献 [17, 19] 可得估计:

$$\left\langle \psi\frac{(I - I_2)c^n(\hat{x}^{n+1})}{\hat{\Delta}t^{n+1}}, d_t\xi^n \right\rangle \Delta t \leqslant \varepsilon |d_t\xi^n|_0^2 \Delta t + Mh^4\Delta t. \tag{2.3.43}$$

由 (2.3.36)~(2.3.43) 可得

$$\frac{1}{2}\psi_{0*} |d_t\xi^n|_0^2 \Delta t + \frac{D_*}{2}\left\{\left|\nabla_h\xi^{n+1}\right|_0^2 - \left|\nabla_h\xi^n\right|_0^2\right\}$$
$$\leqslant M\{|d_t\pi^n|_0^2 + |\nabla_h\pi^n|_0^2 + |\xi^n|_{1,2}^2 + h^4 + (\Delta t)^2\}\Delta t. \tag{2.3.44}$$

对式 (2.3.44) 关于时间从 0 开始累加至 $m-1$, 注意到 $\xi^0 = 0$ 可得

$$\sum_{n=0}^{m-1} |d_t\xi^n|^2 \Delta t + |\nabla_h\xi^m|_0^2 \leqslant M\left\{\sum_{n=0}^{m-1} [|d_t\pi^n|_0^2 + |\nabla_h\pi^n|_0^2 + |\xi^n|_{1,2}^2]\Delta t + h^4 + (\Delta t)^2\right\}. \tag{2.3.45}$$

组合 (2.3.31) 和 (2.3.45) 可得

$$\sum_{n=0}^{m-1} [|d_t\pi^n|_0^2 + |d_t\xi^n|_0^2]\Delta t + |\pi^m|_{1,2}^2 + |\xi^m|_{1,2}^2$$
$$\leqslant M\left\{\sum_{n=0}^{m-1} [|\pi^n|_{1,2}^2 + |\xi^n|_{1,2}^2]\Delta t + h^4 + (\Delta t)^2\right\}. \tag{2.3.46}$$

应用 Gronwall 引理可得

$$\sum_{n=0}^{m-1} [|d_t\pi^n|_0^2 + |d_t\xi^n|_0^2]\Delta t + |\pi^m|_{1,2}^2 + |\xi^m|_{1,2}^2 \leqslant M\{h^4 + (\Delta t)^2\}. \tag{2.3.47}$$

下面检验归纳法假定 (2.3.28), (2.3.40). 首先讨论 (2.3.28), 对于 $n = 0$ 时, 因为 $\xi^0 = 0$, 若 $1 \leqslant n \leqslant m-1$ 时 (2.3.28) 成立, 由 (2.3.47) 应用 Bramble 引理

$$|\xi^m|_\infty \leqslant M |\xi^m|_{1,2} \left(\log \frac{1}{h} \right)^{1/2} \leqslant Mh^2 \left(\log \frac{1}{h} \right)^{1/2}, \qquad (2.3.48)$$

归纳法假定当 $n = m$ 时成立. 其次讨论 (2.3.40), 对于 $n = 0$ 时, 因为 $\pi^0 = 0$, 它是成立的, 若 $1 \leqslant n \leqslant m-1$ 时 (2.3.40) 成立, 由 (2.3.47) 利用逆估计

$$|\nabla_h \pi^m|_\infty \leqslant Mh^{-3/2} |\nabla_h \pi^m|_0 \leqslant Mh^{-3/2} h^2 = Mh^{1/2}, \qquad (2.3.49)$$

归纳法假定当 $n = m$ 时成立.

定理 2.3.1 若问题 (2.3.9),(2.3.10) 的精确解具有适当的光滑性, 采用差分格式 (2.3.11),(2.3.12) 和 (2.3.21) 逐层计算, 若其剖分参数满足限制性条件 (2.3.41), 则下述误差估计式成立:

$$\|d_t(c - C_h)\|_{\tilde{L}_2([0,T];l^2(\Omega))} + \|c - C_h\|_{\tilde{L}_\infty([0,T];h^1(\Omega))} + \|d_t(H - H_h)\|_{\tilde{L}_2([0,T];l^2(\Omega))}$$

$$+ \|H - H_h\|_{\tilde{L}_\infty([0,T];h^1(\Omega))} \leqslant M\{h^2 + \Delta t\}. \qquad (2.3.50)$$

此处 $\|f\|_{\tilde{L}_2(J;X)} = \sup\limits_{N\Delta t < T} \left\{ \sum\limits_{n=1}^{N} \|f^n\|_x^2 \Delta t \right\}, \|f\|_{\tilde{L}_\infty(J;X)} = \sup\limits_n \|f^n\|_X.$ 常数 M 依赖于 p, c 及其导函数.

参 考 文 献

[1] 山东大学数学系. 防治海水入侵主要工程后效与调控模式研究 (国家 "八五" 重点科技 (攻关项目) 85-806-06-04). 济南, 1995, 11.

[2] 袁益让, 梁栋, 芮洪兴. 海水入侵防治工程的后效预测数学模型//姜福德. 山东省第二届高等数学研讨会论文集. 1~5. 青岛: 海洋大学出版社, 1995, 1.

[3] 袁益让, 梁栋, 芮洪兴. 三维海水入侵及防治工程的渗流力学数值模拟及分析. 中国科学 (G 辑), 2009, 1: 92~107.
    Yuan Y R, Liang D, Rui H X. The numerical simulation and analysis of three-dimensional seawater intrusion and protection projects in porous media. Science in China (Series G), 2009, 1: 92~107.

[4] Yuan Y R, Liang D, Rui H X, et al. The numerical simulation and consequence of protection project and modular form of project adjustment in porous media. Special Topics & Reviews in Porous Media, 2012, 3(4): 371~393.

[5] Yuan Y R, Liang D, Rui H X. The modified method of upwind with finite difference fractional steps procedure for the numerical simulation and analysis of seawater intrusion. Progress in Natural Science, 2006, 11: 1127~1140.

[6] 袁益让, 梁栋, 芮洪兴. 海水入侵数值模拟的特征差分方法和最佳阶 L^2 误差估计. 应用数学学报, 1996, 3: 395~404.

[7] Yuan Y R, Liang D, Rui H X. Characteristics finite element methods for seawater intrusion numerical simulation and theroretical andysis. Acta Mathematicae Applicatae Sinica, 1998, 1: 11~23.

[8] Yuan Y R, Rui H X, Liang D, et al. The theory and application of upwind finite difference fractional steps procedure for seawater intrusion. International Journal of Geosiences, 2012, 3(5A): 972~991.

[9] Axelsson O, Gustafasson I. A modified upwind scheme for convective transport equations and the use of a conjugate gradient method for the solution of non-symmetric systems of equations. J Inst Math Appl, 1979, 23: 321~337.

[10] Ewing R E, Lazarov R D, Vassilevski A T. Finite difference scheme for parabolic problems on composite grids with refinement in time and space. SIAM J Numer. Anal., 1994, 6: 1605~1622.

[11] Ewing R E. The Mathematics of Reservoir Simulation. Pailadephia: SIAM, 1983.

[12] Lazarov R D, Mishev I D, Vassilevski P S. Finite volume method for convection-diffusion problems. SIAM J. Numer. Anal., 1996, 1: 31~55.

[13] Peaceman D W. Fundamentals of Numerical Reservoir Simulation. Amsterdam: Elsevier, 1980.

[14] Marchuk G I. Splitting and alternation direction method. In: Ciarlet P G, Lions J L, eds. Handbook of Numerical Analysis. Paris: Elsevier Science Publishers B V, 1990. 197~460.

[15] Douglas Jr J, Gunn J E. Two order correct difference analogues for the equation of multidimensional heat flow. Math Comp, 1963, 81: 71~80.

[16] Douglas Jr J, Gunn J E. A general formulation of alternation methods, Part 1. Parabolic and hyperbolic problems. Numer Math, 1964, 5: 428~453.

[17] Douglas Jr J. Finite difference methods for two-phase incompressible flow in porous media. SIAM J. Namer. Anal., 1983, 20: 681~698.

[18] Russell T F. Time stepping along characteristies with incomplete iteration for a Galerkin approximation of miscible displacement in porou media. SIAM J.Numer. And., 1985, 22: 970~1013.

[19] Douglas Jr J, Russell T F. Numerical method for conrection dominated diffusion problems based on combining the method of characteristics with finite elemeut or finite difference procedures. SIAM J. Numer. Anal., 1982, 9: 871~885.

[20] Donglas Jr J, Ewing R E, Whleeler M F. A time-discretigation procedure for a mixed finite element approximation of miscible displace ment in porous media. RAIRO Anal. Namer., 1983, 17: 249~265.

第3章　防治海水入侵主要工程的后效预测

防治海水入侵的主要工程如节水工程、引黄调水工程、拦蓄补源工程、人工增雨工程、地下坝、防潮堤工程等, 其总体目标就是增加地面可供水量, 在保证工农业生产和人畜饮水需要的同时, 尽量减少对地下水的开采. 从而延缓地下水位下降; 甚至促使地下水位回升, 对防治海水入侵是非常有效的 [1~4]. 目前为止, 对防治工程的后效分析以经验的定性分析为主, 利用计算机模拟各项工程实施后咸淡水变化运移的真实过程, 定量地对各种工程的后效及多项工程的综合后效进行预测, 国内外未见报道 [5~9].

本章共 5 节. 3.1 节为节水工程. 3.2 节为引黄调水工程. 3.3 节为拦蓄补源和人工增雨工程. 3.4 节为综合工程后效预测. 3.5 节为地下坝、防潮堤工程后效预测.

3.1　节水工程和预测

3.1.1　节水工程

形成海水入侵的主要原因是工农业生产中超量开采地下水, 加强用水管理、全面节约用水、减少地下水开采量是防治海水入侵的重要措施. 工业上应提高水的重复利用率, 限制耗水量大的工业的发展, 对水资源浪费严重的工业限期进行改造, 有条件的工业尽量多利用海水, 以减少淡水消耗量. 农业是用水大户, 其用水量占总用水量的 80%, 也是节水大户. 农业节水, 一是调整种植结构, 改种一部分耐旱作物, 发展雨养农业; 二是推广应用节水灌溉技术和节水的经济灌溉定额, 普及渠道防渗及低压管道输水灌溉技术, 从管理上提高单立方米水的经济效益. 例如, 目前推广的大田地埋灰软管灌溉技术和果树灌溉技术具有节水、节能、节约耕地、缩短灌溉周期、增产等多方面的综合效益. 项目区规划的节水工程, 位于咸淡水分界线两侧, 涉及龙口、招远等八个县 (市), 节水工程实施后, 将有力地减少项目区对地下水的抽取量, 节水 10%~30%是可能的, 节水工程将成为防治海水入侵的主要措施.

3.1.2　后效预测

规划的节水工程实施后, 不论是在农业生产方面, 还是在工业生产方面, 不论是在多雨的夏季, 还是在无雨的冬季, 节水 10%~30%是可能的, 特别是在夏季, 可以充分利用地表水来满足工农业生产的需要, 减少对地下水的开采. 下面分多雨季节和少雨季节两种方案来模拟节水工程的后效.

方案一　　保持现有降雨水平, 考虑节水工程对海水入侵的治理效果. 降雨量取多年平均水平, 参见《山东省莱州湾地区海水侵染综合治理规划》, 我们分四种情况模拟计算了 7~8 月降雨高峰期 2 个月后的水位和盐分浓度变化情况: ① 取现有抽水量; ② 节水 10%; ③ 节水 20%; ④ 节水 30%. 初始时刻的水头和浓度列于表 3.1.1 (剖面值列于图 2.1.8, 图 2.1.9), 计算比较结果分别列于表 3.1.2、表 3.1.3, 其中井点 2-2 的变化情况列于图 3.1.1、图 3.1.2. 对节水 20%的预测剖面结果列于图 3.1.7(水头) 和图 3.1.8(浓度). 正常抽水情况下的预测剖面图列于图 3.1.5、图 3.1.6.

表 3.1.1　　初始参考水头和浓度

井点号	1-2	2-2	3-2	4-2	5-2	6-2
参考水头/m	−1.01	−2.20	−2.77	−3.10	−3.13	−2.87
盐分浓度/(mg/L)	3667	3000	377	400	98	100

表 3.1.2　　节水对参考水头的影响 (7~8 月)　　　　(单位: m)

节水比例＼水头＼井点号	1-1	2-2	3-2	4-2	5-2	6-2
0	−0.45	−1.75	−2.04	−2.42	−2.32	−2.16
10%	−0.34	−1.52	−1.80	−2.14	−2.07	−1.93
20%	−0.23	−1.31	−1.56	−1.87	−1.81	−1.71
30%	−0.12	−1.10	−1.33	−1.60	−1.55	−1.48

表 3.1.3　　节水对盐分浓度的影响 (7~8 月)　　　　(单位: mg/L)

节水比例＼浓度＼井点号	1-1	2-2	3-2	4-2	5-2	6-2
0	3781	3044	1521	101	98	99
10%	3753	3038	1507	101	98	99
20%	3725	3032	1493	101	98	99
30%	3696	3027	1497	100	98	100

方案二　　仍以表 3.1.1 所列的初始时刻的参考水头和盐分浓度为基础, 我们计算模拟了 1~2 月无降雨情况下节水工程实施 2 个月后的水头及盐分浓度. 数值模拟比较结果列于表 3.1.4、表 3.1.5, 井点 2-2 的变化情况列于图 3.1.3、图 3.1.4. 正常抽水情况, 节水 20%的剖面结果列于图 3.1.9、图 3.1.11(参考水头), 图 3.1.10、图 3.1.12(浓度).

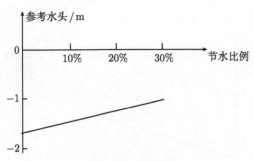

图 3.1.1 节水对参考水头的影响 (7~8 月)

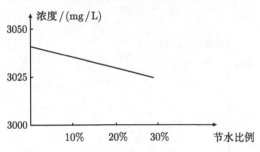

图 3.1.2 节水对盐分浓度的影响 (7~8 月)

表 3.1.4 节水对参考水头的影响 (1~2 月)　　　(单位：m)

节水比例 \ 水头 \ 井点号	1-1	2-2	3-2	4-2	5-2	6-2
0	−1.245	−2.41	−2.72	−3.32	−3.22	−3.04
10%	−1.137	−2.20	−1.49	−3.04	−2.96	−2.82
20%	−1.029	−2.00	−2.25	−2.77	−2.71	−2.59
30%	−0.920	−1.78	−2.02	−2.50	−2.45	−2.36

表 3.1.5 节水对盐分浓度的影响 (1~2 月)　　　(单位：mg/L)

节水比例 \ 浓度 \ 井点号	1-1	2-2	3-2	4-2	5-2	6-2
0	3939	3060	1535	101	98	99
10%	3917	3054	1521	101	98	99
20%	3896	3049	1507	101	98	99
30%	3874	3043	1493	100	98	100

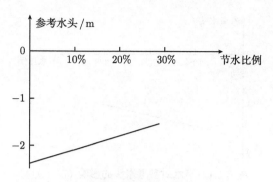

图 3.1.3　节水对参考水头的影响 (1~2 月)

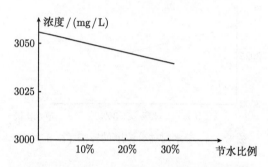

图 3.1.4　节水对盐分浓度的影响 (1~2 月)

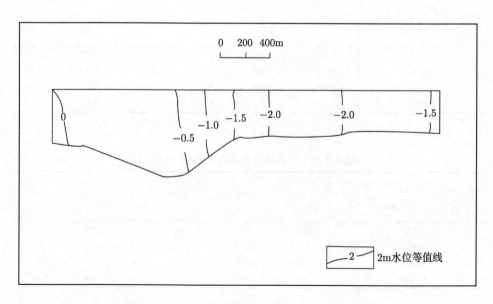

图 3.1.5　7~8 月正常情况下参考水头预测结果

由此可见, 节水工程的效果是显著的, 雨季可以使地下水位迅速回升, 旱季可以延缓地下水位的下降, 不论是雨季还是少雨季节, 都可以延缓盐分浓度朝淡水区的内侵. 节水幅度越大, 效果越明显.

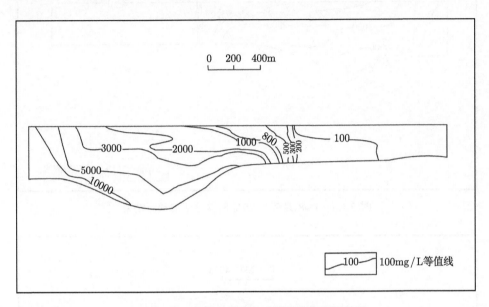

图 3.1.6 7~8 月正常情况下盐分浓度预测结果

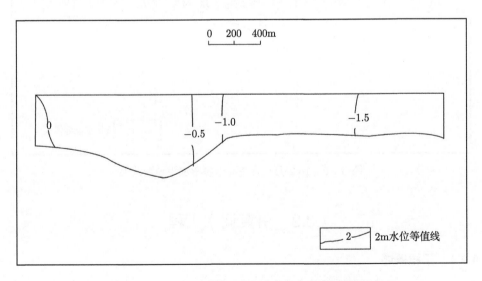

图 3.1.7 7~8 月节水 20% 时参考水头预测结果

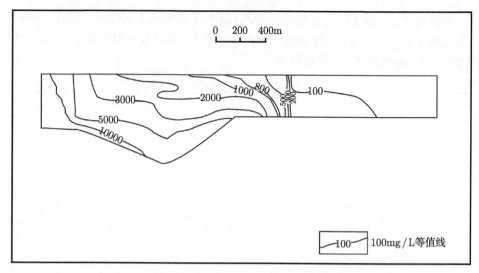

图 3.1.8　7~8 月节水 20% 时盐分浓度预测结果

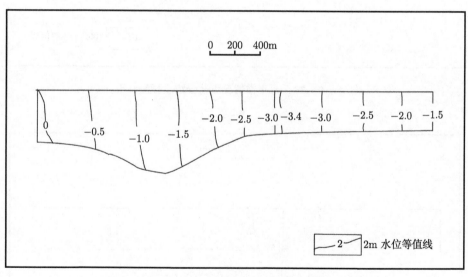

图 3.1.9　1~2 月正常情况下参考水头预测结果

3.2　引黄调水工程

3.2.1　工程概述

　　为了防止莱州湾地区海、咸水继续内侵, 改善该地区地下水条件, 增加可供水量, 缓解水资源供需矛盾, 促进工农业的发展, 充分利用黄河水资源, 建立引黄调水工程是非常必要的, 也是可行的.

山东省内黄河河道全长 617 公里, 进入省内的黄河水量, 据高村水文站 1980~1988 年资料统计, 多年平均 374 亿立方米, 其中 3~6 月春灌期为 80 亿立方米,

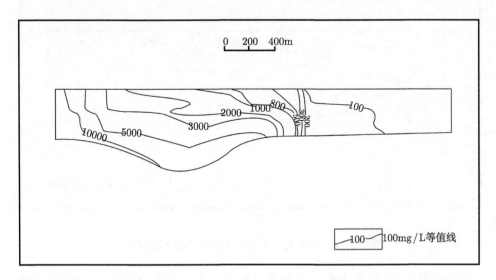

图 3.1.10 1~2 月正常情况下盐分浓度预测结果

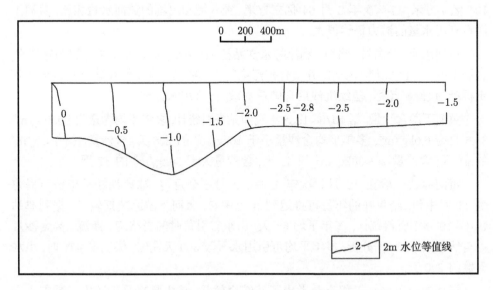

图 3.1.11 1~2 月节水 20% 时参考水头预测结果

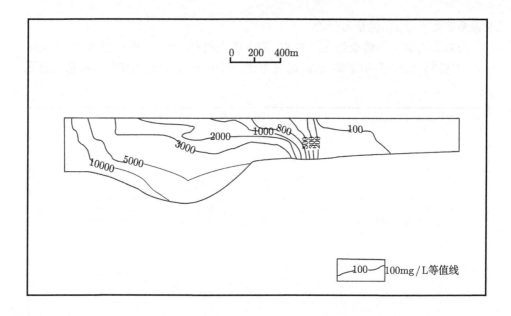

图 3.1.12　1~2 月节水 20% 时盐水浓度预测结果

7~10 月汛期为 224 亿立方米, 11~ 次年 2 月为 70 亿立方米. 近海处的利津站 1980~
1988 年资料统计, 年平均 294 亿立方米, 其中 3~6 月 34 亿立方米, 7~10 月汛期为
194 亿立方米, 11~ 次年 2 月 64 亿立方米. 经入境和出境的黄河水量相比, 黄河下
游可利用水量的潜力仍然很大.

　　黄河水质, 经高村、洛口、利津等水文站检测分析, pH 为 8.0~8.2, 属弱碱性水,
总硬度 9.08~11.3, 属弱硬水, 五项有害污染物中, 汞、酚、铬、氰化物含量均低于规
定标准, 仅砷略超标, 但经沉沙后含砷量甚微, 符合用水标准.

　　黄河下游含沙量, 据 1970~1988 年利津站资料统计, 多年平均含量为 25.5kg/m³,
3~6 月为 6.6kg/m³. 多年平均含沙量小于 10kg/m³ 的 226 天, 含沙量 10~20kg/m³
的 51 天, 含沙量 20~30kg/m³ 的 40 天, 含沙量大于 30kg/m³ 的 47 天.

　　黄河冰凌一般在 12 月、次年 1 月、2 月三个月内, 冰凌期较早年份可提前
到 11 月中旬, 结束晚的年份可推迟到 3 月中旬, 黄河下游冰凌期较长, 据利津站
1970~1988 年资料统计, 多年平均 57 天. 山东省引黄时间受冰凌、断流、高含沙量
等自然因素影响, 据分析, 多年平均可引用水天数 300 天左右, 保证率 95%时, 引水
天数约 200 天.

　　规划的引黄调水工程充分考虑了其综合效益, 首先是立足于防灾、减灾来安
排工程; 其次在工程调度及水量分配中, 优先照顾水资源严重缺乏、海水侵染比
较严重的县 (市), 本次规划的有龙口、莱州、招远以及平度、昌邑等县 (市); 再

次, 坚持开源与节流并重, 首先要节水, 发展节水性工业, 开展节水灌溉技术, 最后, 坚持近、远期结合, 分期实施, 缩短建设周期, 充分利用现有工程设施, 减少工程投资. 引黄济青工程已建成通水, 为本区引黄调水提供了有利条件和实践经验. 引黄调水工程一定能促进当地工农业生产发展, 部分地解决淡水缺乏和海水入侵的问题.

3.2.2 后效预测

在这一部分我们考虑引黄河水从而增加淡水供应量对海水入侵的影响. 我们仍取前面所取的初始水头、盐分浓度以及模拟计算区域. 降雨量取多年平均水平. 仍分雨季和冬季两种情况考虑.

方案三 取表 3.1.1 所列初始时刻的参考水头和盐分浓度, 分四种情况模拟计算 7~8 月降雨高峰期 2 个月后的水位和盐分浓度: ① 引黄量为零; ② 平均每天引淡水 $1000m^3$; ③ 平均每天引淡水 $1500m^3$; ④ 平均每天引淡水 $2000m^3$. 计算比较结果分别列于表 3.2.1、表 3.2.2、图 3.2.1、图 3.2.2. 对引水量 $1000m^3/d$ 时的预测剖面列于图 3.2.3 和图 3.2.4 (正常情况下参见图 3.1.5, 图 3.1.6).

表 3.2.1　引黄调水对参考水头的影响 (7~8 月)　　　　(单位: m)

水头＼井点号　引水量	1-1	2-2	3-2	4-2	5-2	6-2
0	−0.445	−1.728	−2.035	−2.415	−2.320	−2.158
$1000m^3/d$	−0.333	−1.514	−1.794	−2.138	−2.063	−1.932
$1500m^3/d$	−0.279	−1.411	−1.679	−1.997	−1.928	−1.810
$2000m^3/d$	−0.225	−1.306	−1.561	−1.858	−1.796	−1.692

表 3.2.2　引黄调水对盐分浓度的影响 (7~8 月)　　　　(单位: mg/L)

浓度＼井点号　引水量	1-1	2-2	3-2	4-2	5-2	6-2
0	3781	3044	1521	101	98	99
$1000m^3/d$	3752	3038	1506	101	98	99
$1500m^3/d$	3738	3035	1500	101	98	99
$2000m^3/d$	3724	3032	1493	101	98	99

方案四 取表 3.1.1 所列初始时刻的参考水头和盐分浓度, 按方案三所列四种情况模拟计算 1~2 月无降雨情况下引黄调水工程的后效. 计算与比较结果分别列于表 3.2.3、表 3.2.4, 井点 2-2 的变化情况列于图 3.2.5、图 3.2.6. 对引水量 $1000m^3/d$ 时的预测剖面图列于图 3.2.7 和图 3.2.8.

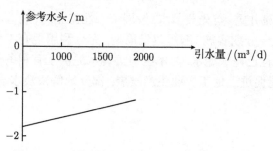

图 3.2.1　引黄调水对参考水头的影响 (7~8 月)

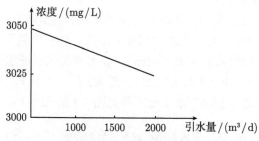

图 3.2.2　引黄调水对盐分浓度的影响 (7~8 月)

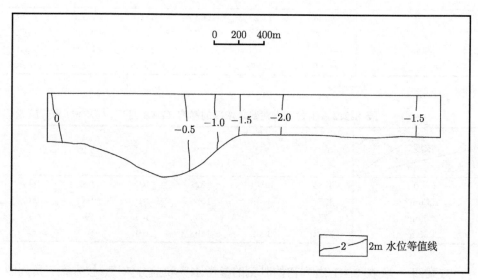

图 3.2.3　7~8 月引水量 1000m³/d 时参考水头预测结果

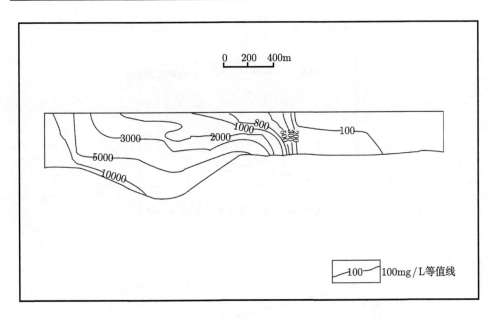

图 3.2.4 7~8 月引水量 1000m³/d 时盐分浓度预测结果

表 3.2.3 引黄调水对参考水头的影响 (1~2 月) (单位: m)

引水量 \ 水头 \ 井点号	1-1	2-2	3-2	4-2	5-2	6-2
0	−1.245	−2.407	−2.719	−3.316	−3.217	−3.041
1000m³/d	−1.134	−2.193	−2.478	−3.038	−2.959	−2.814
1500m³/d	−1.080	−2.090	−2.363	−2.898	−2.824	−2.693
2000m³/d	−1.025	−1.985	−2.245	−2.759	−2.692	−2.575

表 3.2.4 引黄调水对盐分浓度的影响 (1~2 月) (单位: mg/L)

引水量 \ 浓度 \ 井点号	1-1	2-2	3-2	4-2	5-2	6-2
0	3939	3060	1535	101	98	99
1000m³/d	3917	3054	1521	101	98	99
1500m³/d	3906	3051	1514	101	98	99
2000m³/d	3895	3048	1507	101	98	99

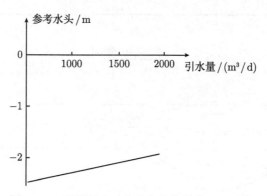

图 3.2.5　引黄调水对参考水头的影响 (1~2 月)

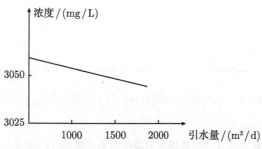

图 3.2.6　引黄调水对盐分浓度的影响 (1~2 月)

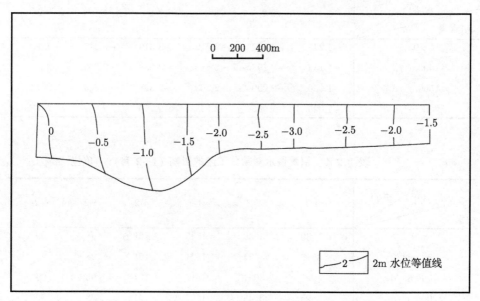

图 3.2.7　1~2 月引水量 1000m³/d 时参考水头预测结果

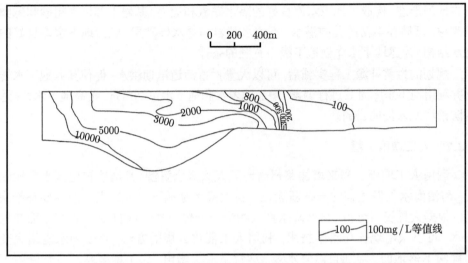

图 3.2.8 1~2 月引水量 1000m³/d 时盐分浓度预测结果

3.3 拦蓄补源和人工增雨工程

3.3.1 拦蓄补源工程

拦蓄补源工程是防治海水入侵、增加可供水量及地下水入渗量的又一项重要措施. 项目区内大中型河流 20 余条, 除小沽河流域径流向南汇入胶州湾外, 其余河道径流均北流注入莱州湾. 大多数河道属季节性山丘区河道, 源短流急, 河水拦蓄利用较困难, 目前, 平均拦蓄利用率 30%左右, 且区内现有蓄水工程多数是 1958 年兴建, 不同程度地存在质量问题. 加之区内降雨多以暴雨形式出现, 全年降雨大部分集中在汛期, 而汛期降雨往往又集中在几天之内的几场暴雨, 致使暴雨后大部分洪水迅速流入海洋, 不能利用. 因而区内可利用的水资源十分贫乏, 工农业用水靠长期超采地下水维持, 产生了大面积的地下漏斗负值区, 破坏了滨海地区地下水咸淡水平衡, 引起海水侵染. 因此改进加固部分现有蓄水工程, 新建拦河闸拦蓄洪水, 增加地表水可利用量, 同时结合渗井、渗渠工程利用汛期洪水回灌补给地下水, 把洪水拦蓄在地下, 是缓解本区地下水资源供需矛盾, 防治海水入侵的重要措施.

莱州湾地区地面比降较大, 沿岸多数河道 2~3 米以下一般均存在黏土隔水层, 厚度 3~10 米不等, 大大影响了地表水对地下水的入渗补给, 因此在河道建闸蓄存河道径流, 同时结合打渗井, 渗渠挖穿黏土隔水层, 增加地下水存储量, 是增加地下水补给量的一种有效措施. 这方面已有了成功的经验. 黄水河、王河等河道中下游的基岩, 由于受古河道的长期冲刷剥蚀作用, 呈现出两侧偏高, 中间低凹和顺河向的古地理形态, 构成了地下水库良好的隔水底板和边界, 基岩上部以中粗砂和砾卵石为主, 可储存丰富的孔隙潜水. 不透水基岩和含水砾砂层, 成为地下水库良好的储水结构, 为建地下水库创造了极为有利的条件.

规划的拦蓄补源工程实施后, 可以大量拦蓄河道汛期洪水, 促使其向地下水转化并利用地下水库对其进行调蓄, 增加地表水和地下水可利用量, 抬高地下水位, 达到防治海水入侵的目的.

3.3.2　人工增雨工程

利用人工增雨工程来增加莱州湾地区天然降水资源, 是解决该地区水资源缺乏, 防治海水入侵危害的一条新途径. 自然降水是地下水及地表水的主要补给来源. 根据大量资料分析, 自然降水量只相当于云体中含水量的 20%~45%, 而其他云水, 可以采用现代化科学技术, 利用人工催化云层的方法, 使云中水滴增大变为雨滴下落地面, 增加自然降水量, 这就是人工增雨. 人工增雨是对自然降雨不足的重要补充. 它较充分地利用了大气中的水分来补充水量, 减少对地下水的开采量.

山东省自 1987 年恢复地面高炮人工降雨防雹工作以来, 1989 年开展了飞机人工增雨工作, 近年来取得了明显的成效, 积累了一些成功的经验, 培养了一批具有一定实践经验, 技术水平较好和政治素质较高的科技骨干队伍. 莱州湾的寿光、寒亭、平度已分别于 1990 年、1991 年开展了高炮人工降雨工作, 并深受当地政府和群众的支持和好评. 这些都为人工增雨工程的实施创造了良好的工作基础.

莱州湾地区濒临渤海, 每年春、夏季, 受偏南季风影响, 空中云水资源丰富, 3~10 月平均可实施人工增雨 27 天, 春、秋季节, 增雨率可达 10%~15%, 而且适合飞机大面积作业, 夏季因云中带电和强烈的对流, 不适合飞机作业, 可采用高炮作业, 增雨潜力可达 25%~40%. 在该区通过人工增雨工程的实施来防治干旱和冰雹灾害, 促进当地工农业生产的发展, 以取得经济、社会、环境的综合效益, 使该地区生态环境由恶性循环逐渐转变为良性循环.

3.3.3　后效预测

拦蓄补源工程、人工增雨工程等措施的一个重要方面就是要增加淡水入渗量, 以此来抬高水位, 延缓海水入侵的速度. 夏季由于空气中含水量丰富, 人工增雨、拦蓄补源等工作实施后, 增加相当于自然降水 10%~20% 的水量是完全可能的, 春、秋季等少雨季节, 大气中含水量小, 单靠人工增雨或者拦蓄补源效果不明显, 必须将两者结合起来从而大幅增加水量. 我们分两种方案来预测后效.

方案五　取表 3.1.1 所列初始参考水头和盐分浓度, 分以下三种情况模拟 7~8 月多雨季节 2 个月后的工程后效: ① 取自然降水量; ② 增水量相当于自然降水量

10%; ③ 增水量为自然降水量 20%. 数值模拟比较结果列于表 3.3.1, 表 3.3.2, 井点 2-2 的变化列于图 3.3.1, 图 3.3.2. 增水量为该时间段自然降雨量 10%, 20%时的剖面结果见图 3.3.3, 图 3.3.4 和图 3.3.5、图 3.3.6.

方案六 考虑拦蓄补源、人工增雨工程在春、秋季少雨季节的后效. 取初始参考水头和盐分浓度如表 3.3.1 所示, 分以下三种情况模拟 3～4 月 2 个月后的工程后效: ① 增雨量为零; ② 增水量相当于自然降雨的 50%; ③ 增水量相当于自然降水量的 100%. 预测结果列于表 3.3.3, 表 3.3.4, 井点 2-2 的变化情况列于图 3.3.7 和图 3.3.8. 增水量为 10%的预测剖面结果列于图 3.3.9 和图 3.3.10. 正常情况下的预测结果列于图 3.3.11, 图 3.3.12.

表 3.3.1　增水对参考水头的影响 (7～8 月)　　　(单位: m)

增水比例 \ 水头 \ 井点号	1-1	2-2	3-2	4-2	5-2	6-2
0	−0.45	−1.73	−2.04	−2.42	−2.320	−2.16
10%	−0.37	−1.66	−1.97	−2.33	−2.23	−2.07
20%	−0.29	−1.59	−1.90	−2.24	−2.14	−1.98

表 3.3.2　增水对盐分浓度的影响 (7～8 月份)　　　(单位: mg/L)

增水比例 \ 浓度 \ 井点号	1-1	2-2	3-2	4-2	5-2	6-2
0	3781	3044	1521	101	98	100
10%	3766	3042	1519	101	98	100
20%	3738	3041	1518	101	98	100

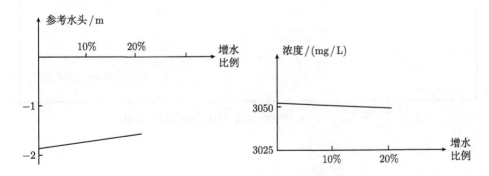

图 3.3.1　增雨对参考水头的影响 (7～8 月)　图 3.3.2　增雨对盐分浓度的影响 (7～8 月)

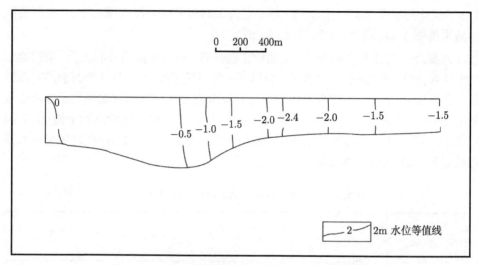

图 3.3.3　7~8 月增雨 10% 时参考水头预测结果

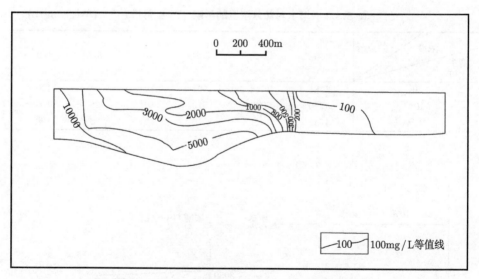

图 3.3.4　7~8 月增雨 10% 时盐分浓度预测结果

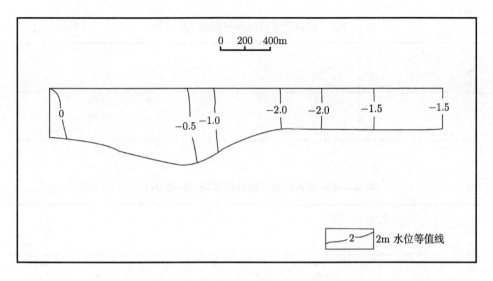

图 3.3.5 7~8 月增雨 20% 时参考水头预测结果

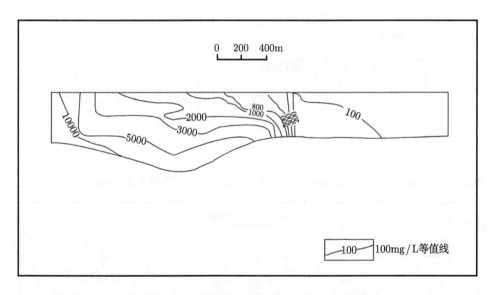

图 3.3.6 7~8 月增雨 20% 时盐分浓度预测结果

表 3.3.3　增雨对参考水头的影响 (3~4 月)　　　　　(单位: m)

增水比例＼水头＼井点号	1-1	2-2	3-2	4-2	5-2	6-2
0	−1.03	−2.23	−2.54	−3.08	−2.98	−2.81
50%	−0.93	−2.14	−2.45	−2.96	−2.86	−2.69
100%	−0.82	−2.05	−2.45	−2.84	−2.74	−2.57

表 3.3.4　增雨对盐分浓度的影响 (3~4 月)　　　　　(单位: mg/L)

增水比例＼浓度＼井点号	1-1	2-2	3-2	4-2	5-2	6-2
0	3914	3057	1532	101	98	99
50%	3900	3056	1531	101	98	99
100%	3886	3054	1530	101	98	99

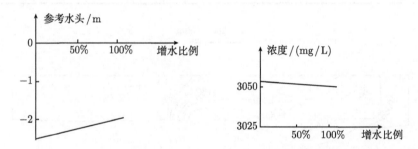

图 3.3.7　增雨对参考水头的影响 (3~4 月)　　　图 3.3.8　增雨对盐分浓度的影响 (3~4 月)

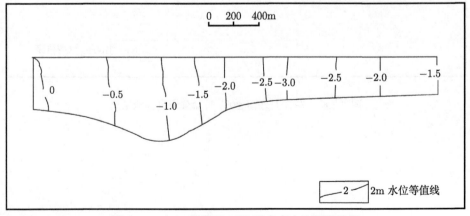

图 3.3.9　3~4 月增雨 50% 时参考水头预测结果

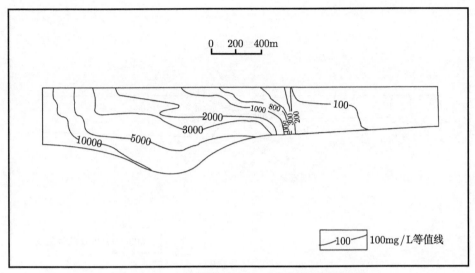

图 3.3.10　3～4 月增雨 50% 时盐分浓度预测结果

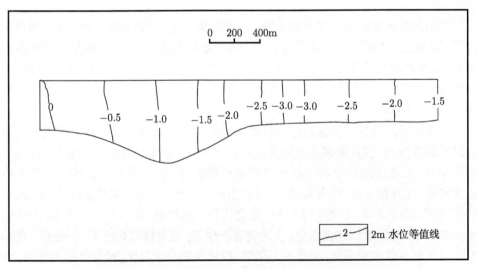

图 3.3.11　3～4 月正常情况下参考水头预测结果

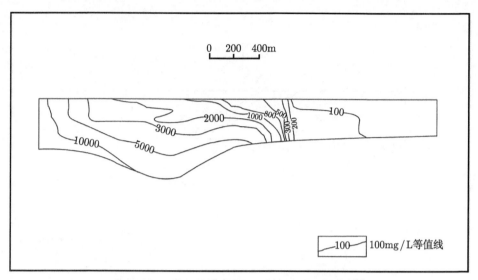

图 3.3.12　3～4 月正常情况下盐分浓度预测结果

3.4　综合工程后效预测

　　防治海水入侵的工程如节水工程、引黄调水工程、拦蓄补源工程、人工增雨工程等, 这些工程中单一工程或者可以减少地下水抽取量, 或者可以增加地表淡水入渗量, 或者两者兼而有之但数量都较小, 所以起的作用是有限的. 而且受具体时间、地理位置的影响, 对某地区而言, 不可能实施所有的工程. 但从整体讲, 把各项工程综合起来考虑, 其效果还是很明显的.

　　根据海水入侵治理工程的总体布局, 在整个海水入侵治理区, 农业方面应采取先进的灌溉技术, 提高灌溉水利用系数; 工业方面提高单立方米水的效益, 提高重复利用率, 有条件的地方利用海水代替淡水资源等, 从而减少对地下淡水的开采. 除节水外, 在开源方面, 拦蓄补源, 充分开发利用当地水资源, 在有条件的河流上兴建拦河闸、地下水库, 拦蓄雨水径流, 除直接供水利用外, 还可补充地下水. 充分利用引黄调水工程, 增加可供水量, 在无调蓄的地方, 可直接回补地下水. 在春、夏季空中云水资源较丰富季节, 实施人工降雨. 因此在整个项目区, 治理工程实施后, 一方面可以大幅度增加可供水量; 另一方面可以增加淡水入渗量. 特别是在少雨季节, 治理工程更加重要. 我们分两种情况模拟了在少雨的 1～2 月和 3～4 月治理工程的综合后效.

　　方案七　模拟 3～4 月 2 个月后治理工程的综合后效. 以节水工程、引黄调水工程、拦蓄补源工程等来减少对地下水的开采, 以拦蓄补源工程、人工增雨工程来增加地表水入渗量. 增雨量取为自然降水的 30%(自然降水取 1980~1989 年平均值, 3、4 月分别为 16.6mm, 33.8mm), 按不同节水比例进行模拟计算. 初始水头及浓度见表 3.1.1 的值. 预测结果分别列于表 3.4.1 和表 3.4.2. 节水 10%时的剖面图列于图 3.4.1 和图 3.4.2.

表 3.4.1 综合措施对参考水头的影响 (3~4 月) （单位：m）

节水	增雨	井点 水头 1-1	2-2	3-2	4-2	5-2	6-2
0	0	−1.030	−2.230	−2.540	−3.080	−2.980	−2.810
10%	30%	−0.857	−1.958	−2.242	−2.727	−2.649	−2.510
20%	30%	−0.804	−1.856	−2.127	−2.587	−2.514	−2.388

表 3.4.2 综合措施对盐分浓度的影响 (3~4 月) （单位：mg/L）

节水	增雨	井点 浓度 1-1	2-2	3-2	4-2	5-2	6-2
0	0	3914	3057	1532	101	98	99
10%	30%	3883	3050	1517	101	98	99
20%	30%	3871	3048	1510	101	98	99

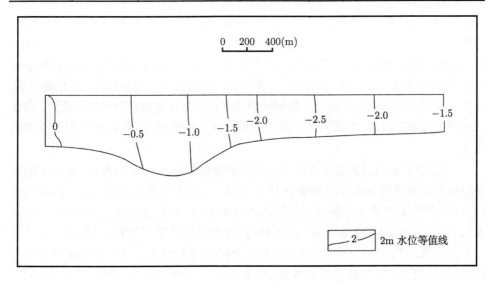

图 3.4.1 3~4 月综合措施参考水头预测结果

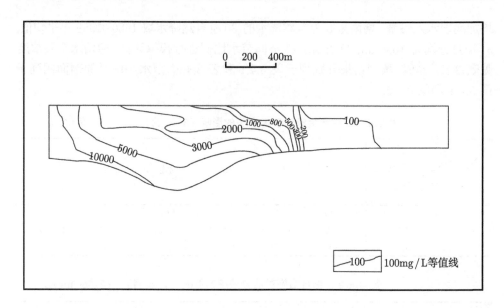

图 3.4.2　3~4 月综合措施盐分浓度预测结果

方案八　在无雨季节 (如 1~2 月), 设想拦蓄补源等工程实施后, 每月可增加相当于 20mm 降雨的淡水渗入地下, 结合前面的综合节水措施, 进行综合后效预测, 结果列于表 3.4.3 和表 3.4.4. 节水 10%时的剖面结果列于图 3.4.3 和图 3.4.4.

由前面的预测结果可以看出:

(1) 节水工程、引黄调水工程、拦蓄补源工程、人工增雨工程, 不论是以减少对地下水的开采量为目的, 还是以增加地表水入渗量为目的, 在地下淡水漏斗负值区, 冬季可以延缓地下水位的下降, 夏季可以加快地下水位的回升, 不论是冬季还是夏季都可以延缓盐分浓度的增长. 节水幅度和地表水入渗量越大, 效果越明显. 从而可以对已形成的海水侵染区起到治理和保护生态环境的良好作用, 对于工农业生产的正常稳定发展, 对改善人民群众的生产生活用水条件, 稳定民心有着重要的意义.

(2) 综合治理措施的效果优于单项工程的效果. 从表 3.4.1 和表 3.4.2 可以看出, 采取综合措施使地下水开采量减少 10%、20%, 地表水入渗量比该时段自然降雨增加 30%, 其效果都优于单独靠增加淡水入渗量 50%, 100%的效果 (参见表 3.3.3 和表 3.3.4). 从表 3.4.3 和表 3.4.4 可以看出, 在无降雨季节, 采取综合措施来减少地下水抽采量 10%, 20%, 同时在每个月靠综合措施增加相当于 20mm 降雨的淡水入渗量, 其效果要优于单独节水的效果 (参见表 3.1.4 和表 3.1.5). 因此在项目治理区, 应根据当地具体情况, 采取综合防治措施以加大防治海水入侵力度, 把海水入侵的危害降到最低限度.

表 3.4.3　综合措施对参考水头的后效 (1~2 月)　　　(单位: m)

节水	增雨	井点 水头 1-1	2-2	3-2	4-2	5-2	6-2
0	0	−1.245	−2.407	−2.719	−3.316	−3.217	−3.041
10%	30%	−1.004	−2.083	−2.368	−2.893	−2.815	−2.672
20%	30%	−0.951	−1.980	−2.252	−2.753	−2.679	−2.550

表 3.4.4　综合措施对盐分浓度的后效 (1~2 月)　　　(单位: mg/L)

节水	增雨	井点 浓度 1-1	2-2	3-2	4-2	5-2	6-2
0	0	3939	3060	1535	101	98	99
10%	30%	3896	3051	1519	101	98	99
20%	30%	3885	3049	1512	101	98	99

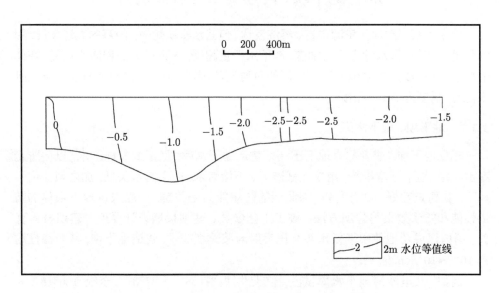

图 3.4.3　1~2 月综合措施参考水头预测结果

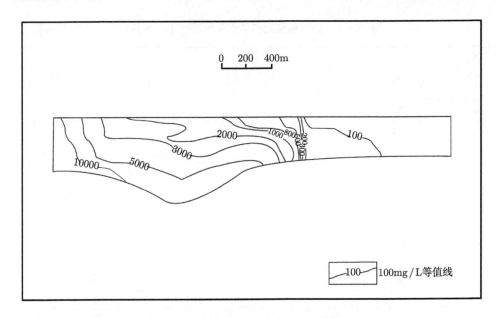

图 3.4.4　1～2 月综合措施盐分浓度预测结果

3.5　地下坝、防潮堤工程后效预测

山东省莱州湾地区资源丰富、经济发达, 但其水资源短缺. 经济的高速发展, 用水量迅速增加, 供水危机日益加深, 地下水严重超采, 导致了大面积海水内侵. 在此情况下, 水已成为该区国民经济发展的重要制约因素. 为了缓解供水危机、防止海水内侵, 需多方寻开源出路.

3.5.1　地下坝、地下水库

建立地下坝 (或者称为地下围墙), 建造地下水库, 拦蓄调节地下水, 以便防止海水入侵. 地下不渗板墙, 用来上截潜流、下堵海水, 由于其水头低, 加之坝体位于地下, 其稳定性好, 安全度高, 因此坝的防渗能力是关键. 一般来讲地下坝体的防渗性能和防渗效果与建坝方法、施工工艺参数、建坝板墙设计厚度、建坝材料有关. 国内已成功地使用了低水头高压喷射灌浆建坝技术, 建造地下坝, 其防渗性达到 $10^{-5}\sim10^{-8}$cm/s.

例如, 八里沙河地下水库试区, 位于北纬 37°28′ ～ 37°31′, 东经 120°18.5 ～ 120°91.5 之间渤海湾南岸的龙口市西部八里沙河下游山前平原区. 此区水资源短缺, 地下水超采, 导致八里河下游龙口镇地区海水的全面入侵. 1990 年元月建立了高压喷射灌浆地下坝长 756m, 平均坝高 (坝深度)8.5m, 蓄水总库容量 42.97 万立方米, 兴利库容 35.5 万立方米, 供水总量 (可开采量)62 万 ～90 万立方米. 设计中的黄水河地下库汇流总量面积 1015.67km², 净汇流面积 430.87 km², 建坝区回水面积 51.8 km², 库区含水层厚 5~15.7m, 黄水河地下库总库容 5359 万立方米.

资料分析表明: ① 地下坝拦截了地下基潜流, 扩大了供水量, 起到了节水调水的作用; ② 地下坝提高了地下水位, 增加了降雨入渗补给系数, 从而起到了拦蓄补源的作用; ③ 近海水入侵区的上游坝拦蓄调节地下水, 提高了上游地下淡水头的高度, 这将对下游海水入侵区起到重要的作用, 直接缓解海水入侵现状; ④ 海水入侵区下游坝 (近海岸) 将起到堵住海水内侵的效果. 关于①、②对海水入侵的影响, 已在 3.1~3.4 节进行了预测研究, 关于③、④两部分的数值预测, 将在本节讨论.

3.5.2 防潮堤

莱州湾沿岸历史上就是一个风暴潮灾害严重的地区. 风暴潮一方面直接对沿岸地区造成毁灭性的灾难, 同时也使海、咸水侵染加剧. 如不严加防范, 风暴潮势必导致生态环境更加恶化. 近十年来, 莱州湾沿海经济迅速发展, 盐田建设、滩涂开发、海洋捕捞等进入了一个新的发展阶段. 为保护生产不受海潮影响, 滨海各县现已断断续续地修建了防潮围坝.

通常的防潮坝由露出地面部分和地下坝基两部分组成. 分析表明这两部分都对海水入侵防治有明显效果, 地上部分能够阻止海水随风暴潮沿陆上向内侵染, 而地下部分由于坝基的渗透性较小能够阻止通常情况下的海水入侵, 特别在外风暴期更体现出它的优越性, 我们将在下节进行数值模拟预测.

3.5.3 后效预测

根据地下防渗坝对海水入侵的影响情况, 地下坝通常有两类, 即: ①海水入侵区的下游坝; ② 海水入侵区的上游坝. 平面示意图见图 3.5.1.

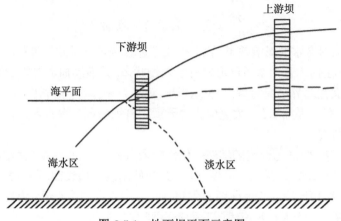

图 3.5.1 地下坝平面示意图

海水入侵区的下游坝, 通常应建立在入海河道或咸淡水流性较好的其他地点. 在近海区大量开采地下水, 就会引起地下水位的大幅度下降, 当地下水位低于海潮平均水位时, 就会发生海水入侵. 海水入侵所以能够入侵内陆水层, 就是在淡水水位低的情况下, 内陆淡水和海水之间有很好的连续性. 修建地下坝区, 由于原地层的透水性能被大大削弱, 甚至完全阻截, 所以防渗墙一方面可以降低下游海水向内陆入侵的能力; 另一方面还拦蓄调节由上而下排泄的地下淡水, 其中对海水入侵的阻止作用, 是防渗墙本身及其上游淡水帷幕共同作用的结果. 地下坝的位置应同时还要考虑海潮影响, 一般应远离海潮上溯位置, 否则应同时考虑建立防潮堤, 即上部为防潮堤、下部为地下坝, 这样会有更明显的效果.

海水入侵区的上游坝. 由于海水入侵已经发生, 把地下围墙建立在海水入侵区的头部, 从而拦蓄地下水, 增加海水入侵区的上游淡水水头, 对稳定海水入侵, 或者治理海水入侵染区, 即离海岸线较远的内陆淡水区, 以防产生入海淡水流量的减少, 导致海水入侵区上端的地下水位下降, 而加速海水向淡水区深部入侵.

1. 海水入侵区下游坝的有效性数值预测

地下板墙的工程有效预测, 其数学模型为水头方程 (1.2.15) 和盐分的浓度方程 (1.2.29), 只是在板墙附近需要考虑坝的作用, 设 γ 为坝的渗透能力系数, q° 表示渗透流量 (单位面积上的量), 在坝面上

$$K\frac{\partial H}{\partial n} = \gamma q^\circ \cdot n, \tag{3.5.1}$$

$$D\nabla c \cdot n = \gamma q^\circ \cdot c_s'. \tag{3.5.2}$$

由于坝体的渗透能力很小, 往往可以假设坝面部分是不渗透的边界.

$$\frac{\partial H}{\partial n} = 0, \quad (x, y, z) \in 坝面, \tag{3.5.3}$$

$$\frac{\partial c}{\partial n} = 0, \quad (x, y, z) \in 坝面. \tag{3.5.4}$$

为说明坝对海水的影响效果, 我们把模型计算选择三维龙口市黄河营地区作为计算区, 考虑在抽水井抽水后已形成海水入侵状态, 并继续抽水的复杂流场情况下. 假设坝体建立在北界渤海海岸, h 表示板墙深度, l 表示板墙的长度, m 表示板墙的宽度. 该区内有三眼抽水井, 数值预测在无坝和有坝情况下海水入侵区的水头变化和浓度变化情况.

表 3.5.1, 表 3.5.2 为浓度随坝深变化比较表, 图 3.5.2、图 3.5.3 为浓度随坝深度变化曲线图. 图 3.5.4、图 3.5.5、图 3.5.6 为初始浓度等值线图, 图 3.5.7、图 3.5.8、图 3.5.9 为无坝预测浓度等值线图. 图 3.5.10、图 3.5.11、图 3.5.12 为坝深 6 米预测浓度等值线图. 关于水头等值线图我们不再列出.

表 3.5.1　浓度随坝深变化比较表 (1 个月后)

观测点＼浓度/(g/L)＼坝深/m	$h=0$	$h=1$	$h=2$	$h=3$	$h=4$	$h=5$	$h=6$
观测点 1	0.103	0.103	0.103	0.103	0.103	0.103	0.103
观测点 2	0.187	0.187	0.187	0.187	0.187	0.187	0.187
观测点 3	2.121	2.121	2.120	2.119	2.119	2.120	2.120
观测点 4	3.922	3.922	3.914	3.906	3.909	3.919	3.930
观测点 5	10.306	10.306	10.255	10.202	10.175	10.154	10.133
观测点 6	14.353	14.353	14.289	14.221	14.185	14.157	14.127

表 3.5.2　浓度随坝深变化比较表 (3 个月后)

观测点＼浓度/(g/L)＼坝深/m	$h=0$	$h=1$	$h=2$	$h=3$	$h=4$	$h=5$	$h=6$
观测点 1	0.103	0.103	0.103	0.103	0.103	0.103	0.103
观测点 2	0.187	0.187	0.187	0.187	0.187	0.186	0.185
观测点 3	2.174	2.173	2.172	2.169	2.169	2.170	2.145
观测点 4	4.063	4.058	4.049	4.038	4.041	4.053	4.024
观测点 5	11.491	11.410	11.245	11.075	10.989	10.925	10.494
观测点 6	15.686	15.629	15.469	15.277	15.169	15.082	14.989

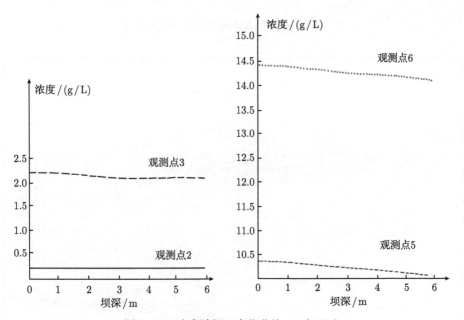

图 3.5.2　浓度随坝深度化曲线 (1 个月后)

其中, 观测点 1～ 观测点 6 的位置分别为 (8, 20, 8)、(8, 28, 8)、(8, 45, 8)、

(8, 65, 8)、(8, 70, 8).

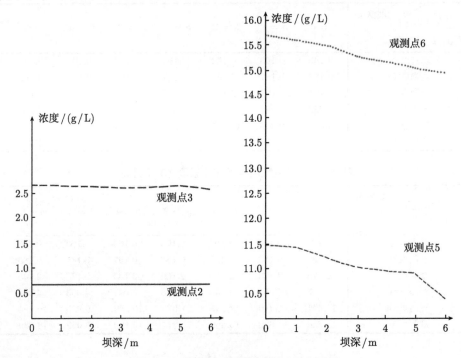

图 3.5.3　浓度随坝深度化曲线 (3 个月后)

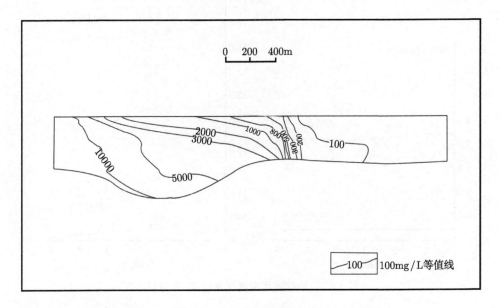

图 3.5.4　初始浓度纵剖面等值线图 (第 8 纵剖面)

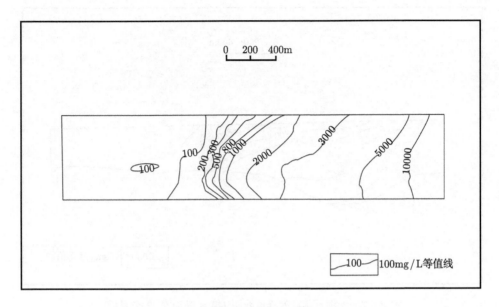

图 3.5.5 初始浓度纵剖面等值线图 (第 7 层)

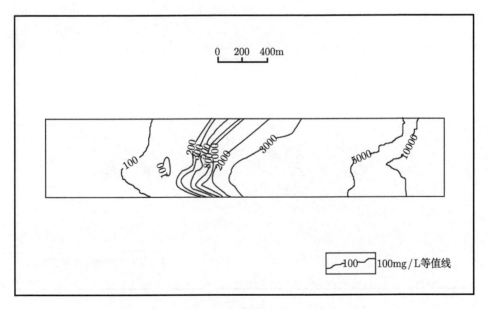

图 3.5.6 初始浓度横剖面等值线图 (第 10 层)

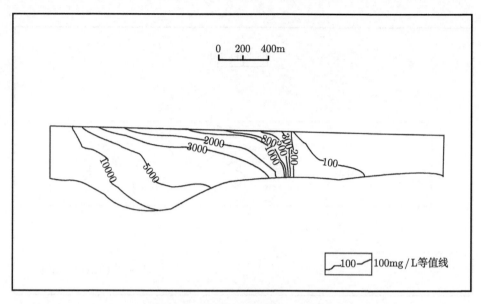

图 3.5.7　无坝预测浓度等值线图 (第 8 纵剖面, 2 个月后)

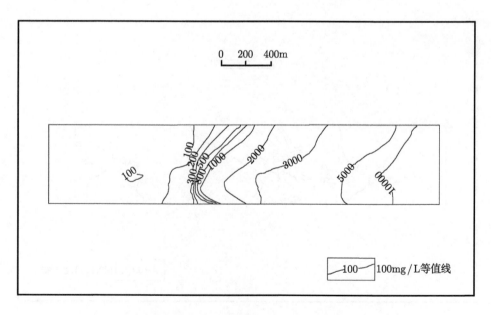

图 3.5.8　无坝预测浓度等值线图 (第 7 层, 横剖面, 2 个月后)

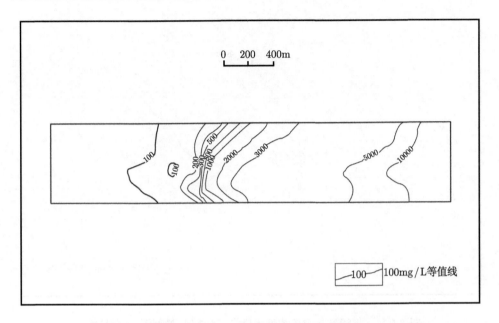

图 3.5.9 无坝预测浓度等值线图 (第 10 层, 横剖面, 2 个月后)

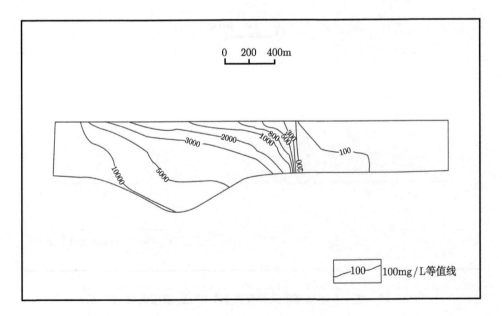

图 3.5.10 坝深 6 米预测浓度等值线 (第 8 层, 纵剖面, 2 个月后)

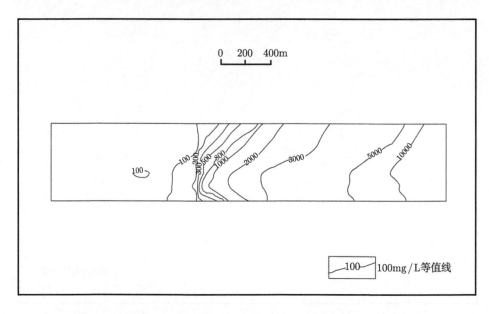

图 3.5.11　坝深 6 米预测浓度等值线 (第 7 层, 横剖面, 2 个月后)

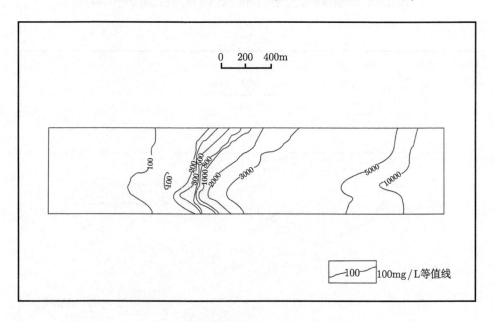

图 3.5.12　坝深 6 米预测浓度等值线 (第 10 层, 横剖面, 2 个月后)

2. 海水入侵区上游坝对海水入侵的影响

上游坝拦截各种排泄地下淡水, 使上游水头升高, 从而对缓解海水入侵. 设 h

为通过建立上游坝后海水入侵区上游地下水头值, 模拟在上述三维计算区内其地下水位和盐分浓度的分布情况. 仍以龙口市黄河营地区作为计算区, 同时考虑三口抽水井同时抽水情况. 初始浓度和初始水头值同上一段, 表 3.5.3~ 表 3.5.6 为水头和浓度随上游水位值变化情况表, 图 3.5.13~ 图 3.5.16 为水头和盐分浓度随水位变化曲线图. 图 3.5.17~ 图 3.5.24 为预测浓度和水头等值线图.

表 3.5.3 预测水位随上游水位深度变化表 (2 个月后)

水头 / 观测点 / 上游水位值	$h = -1.5$	$h = -1.0$	$h = -0.5$	$h = 0$
观测点 1	-2.9123	-2.6198	-2.3218	-2.025
观测点 2	-3.3628	-3.1686	-2.9745	-2.7804
观测点 3	-2.5918	-2.4567	-2.3216	-2.1865
观测点 4	-1.7795	-1.6792	-1.5788	-1.4784
观测点 5	-0.4722	-0.4391	-0.4059	-0.3728
观测点 6	-0.1879	-0.1714	-0.1549	-0.1384

表 3.5.4 预测水位随上游水位深度变化表 (4 个月后)

水头 / 观测点 / 上游水位值	$h = -1.5$	$h = -1.0$	$h = -0.5$	$h = 0$
观测点 1	-2.9123	-2.6190	-2.3258	-2.0325
观测点 2	-3.3627	-3.1686	-2.9745	-2.7805
观测点 3	-2.5916	-2.4565	-2.3214	-2.1863
观测点 4	-1.7794	-1.6790	-1.5786	-1.4782
观测点 5	-0.4702	-0.4372	-0.4042	-0.3712
观测点 6	-0.1862	-0.1698	-0.1533	-0.1369

表 3.5.5 浓度随上游水位深度变化表 (2 个月后)

浓度/(g/L) / 观测点 / 上游水位值	$h = -1.5$	$h = -1.0$	$h = -0.5$	$h = 0$
观测点 1	0.1028	0.1028	0.1029	0.1030
观测点 2	0.1863	0.1844	0.1825	0.1806
观测点 3	2.1479	2.1435	2.1392	2.1349
观测点 4	4.0188	4.0135	4.0080	4.0023
观测点 5	10.9002	10.8311	10.7622	10.6935
观测点 6	15.0462	14.9698	14.8931	14.8162

表 3.5.6　　浓度随上游水位变化表 (4 个月后)

浓度/(g/L) 观测点	上游水位值			
	$h = -1.5$	$h = -1.0$	$h = -0.5$	$h = 0$
观测点 1	0.1030	0.1031	0.1032	0.1032
观测点 2	0.1893	0.1844	0.1798	0.1753
观测点 3	2.2002	2.1913	2.1826	2.1739
观测点 4	4.0822	4.0781	4.0737	4.0691
观测点 5	12.1036	11.9525	11.8023	11.6530
观测点 6	16.2702	16.1385	16.0021	15.8615

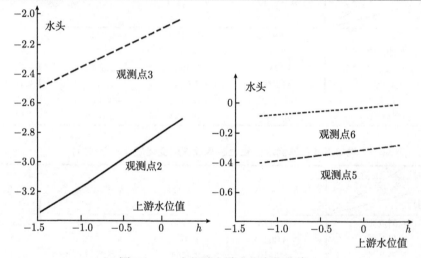

图 3.5.13　　水位随上游水位变化曲线

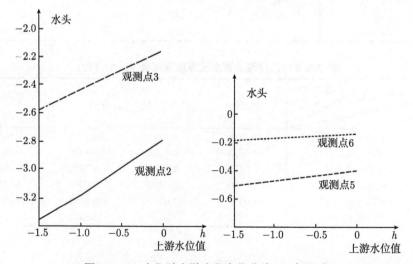

图 3.5.14　　水位随上游水位变化曲线 (4 个月后)

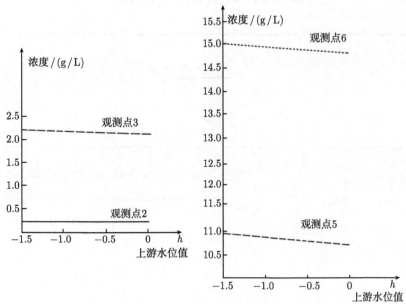

图 3.5.15　浓度随上游水位变化曲线 (2 个月后)

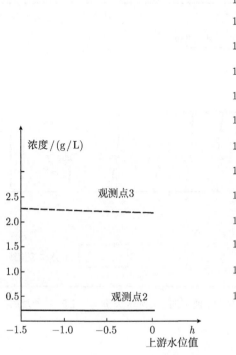

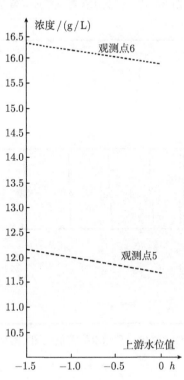

图 3.5.16　浓度随上游水位变化曲线

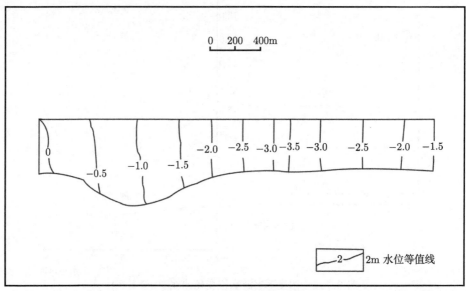

图 3.5.17　预测水头等值线图 (第 8 层, 纵剖面, 上游水头 $h = -1.5$, 1 个月后)

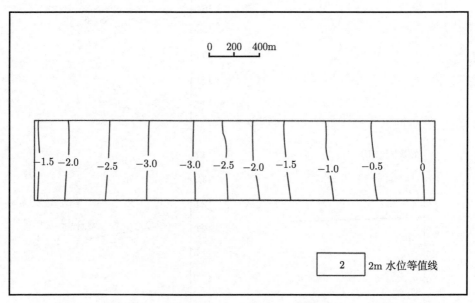

图 3.5.18　预测水头等值线图 (第 7 层, 横剖面, 上游水头 $h = -1.5$, 1 个月后)

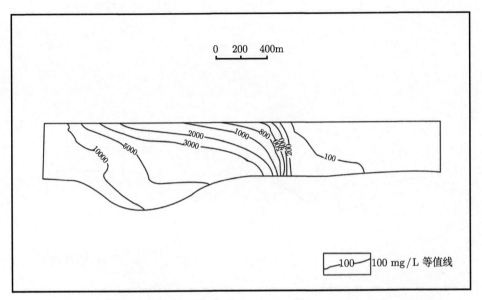

图 3.5.19 预测浓度等值线图 (第 8 层, 纵剖面, 上游水头 $h = -1.5$, 1 个月后)

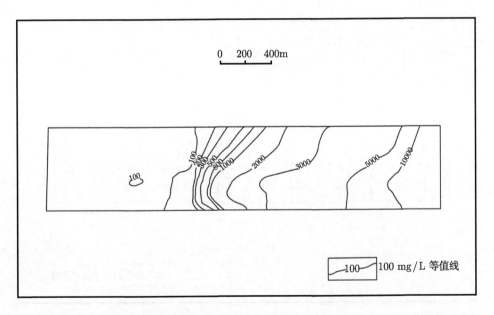

图 3.5.20 预测浓度等值线图 (第 7 层, 横剖面, 上游水头 $h = -1.5$, 1 个月后)

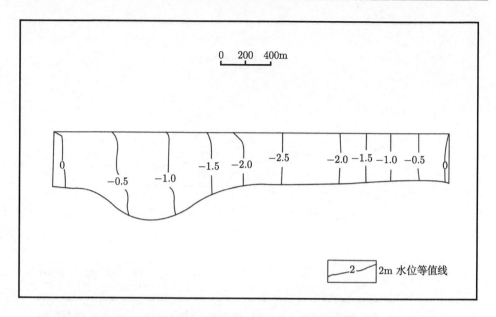

图 3.5.21　预测水头等值线图 (第 8 层, 纵剖面, 上游水头 $h = -1.5$, 1 个月后)

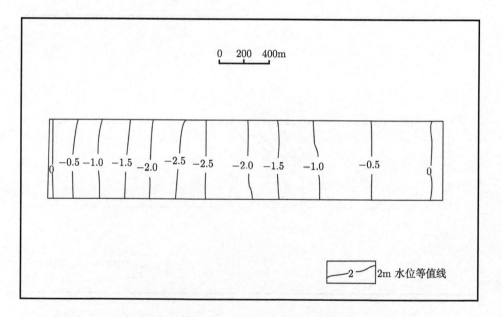

图 3.5.22　预测水头等值线图 (第 7 层, 横剖面, 上游水头 $h = 0$, 1 个月后)

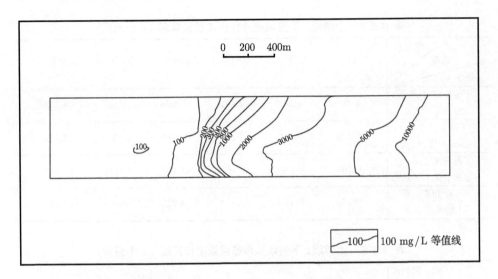

图 3.5.23 预测浓度等值线图 (第 7 层, 横剖面, 上游水头 $h = 0$, 1 个月后)

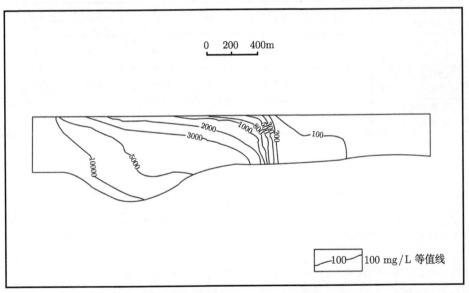

图 3.5.24 预测浓度等值线图 (第 8 层, 纵剖面, 上游水头 $h = 0$, 1 个月后)

3. 海水入侵区上游坝、下游坝对海水入侵的综合影响

本段预测海水入侵区上游坝和下游坝同时对海水入侵的作用效果, 计算区域仍选为上述计算区, 计算结果比较表如表 3.5.7, 表 3.5.8. 图 3.5.25, 图 3.5.26 为计算浓度比较曲线.

表 3.5.7　　上游坝、下游坝综合作用浓度计算表 (1 个月后)

条件　浓度　观测点	观测点 1	观测点 2	观测点 3	观测点 4	观测点 5	观测点 6
下游坝深 0 米 上游水位 −1.5 米	0.103	0.187	2.121	3.925	10.331	14.384
下游坝深 2 米 上游水位 −1 米	0.103	0.186	2.118	3.190	10.225	14.255
下游坝深 4 米 上游水位 −0.5 米	0.103	0.185	2.115	3.900	10.119	14.122
下游坝深 6 米 上游水位 0 米	0.103	0.184	2.114	3.915	10.054	14.038

表 3.5.8　　上游坝、下游坝综合作用浓度计算表 (2 个月后)

条件　浓度　观测点	观测点 1	观测点 2	观测点 3	观测点 4	观测点 5	观测点 6
下游坝深 0 米 上游水位 −1.5 米	0.103	0.186	2.148	4.019	10.900	15.046
下游坝深 2 米 上游水位 −1 米	0.103	0.184	2.142	3.999	10.678	14.800
下游坝深 4 米 上游水位 −0.5 米	0.103	0.182	2.136	3.987	10.460	14.531
下游坝深 6 米 上游水位 0 米	0.103	0.180	2.132	4.006	10.325	14.358

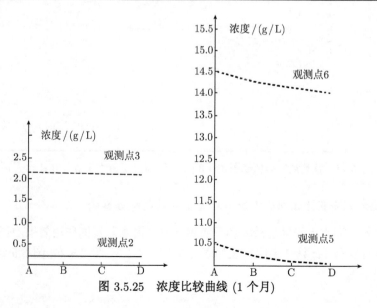

图 3.5.25　　浓度比较曲线 (1 个月)

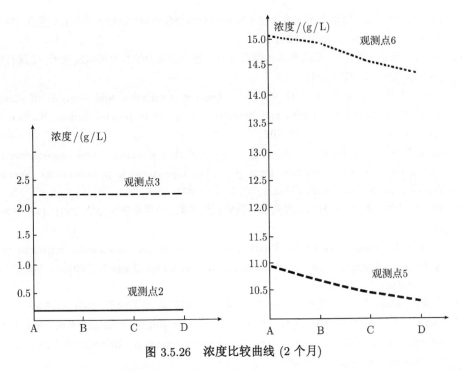

图 3.5.26 浓度比较曲线 (2 个月)

其中 A 代表下游坝深 0 米, 上游水位 −1.5 米, B 代表下游坝深 2 米, 上游水位 −1 米, C 代表下游坝深 4 米, 上游水位 −0.5 米, D 代表下游坝深 6 米, 上游水位 0 米.

3.5.4 结论

(1) 海水入侵区上下游坝对海水入侵有着显著的影响. 在同样的抽水条件下, 建坝后可以使海水入侵减轻.

(2) 对已有严重的海水入侵区, 利上下游坝及人工节水办法等综合作用, 可以使海水入侵地区海水入侵现象趋于缓解.

(3) 海岸坝 (即下游坝) 的深度和长度都直接反映减轻海水入侵的能力, 从计算可以看出, 其与深度成正比. 上游坝通过增加海水入侵区的上游水头, 有着更好的作用效果.

参 考 文 献

[1] 赵德三. 山东省莱州湾地区海水侵染综合治理规划. 北京: 海洋出版社, 1994.

[2] 赵德三. 山东沿海区域环境与灾害. 北京: 科学出版社, 1991.

[3] 中国灾害防御协会. 论沿海地区减灾与发展. 北京: 地震出版社, 1991.

[4] 赵德三. 海水入侵防治研究. 济南: 山东科技出版社, 1996.

[5]　山东大学数学系. 防治海水入侵主要工程后效与调控模式研究 (国家 "八五" 重点 (攻关项目)85–806–06–04). 济南, 1995.11.

[6]　袁益让, 梁栋, 芮洪兴. 三维海水入侵及防治工程的渗流力学数值模拟及分析. 中国科学 (G 辑), 2009, 2: 222~236.

Yuan Y R, Liang D, Rui H X. The numerical simulation and analysis of three-dimensional seawater intrusin and protection projects in porous media. Science in China (Series G), 2009, 1: 92~107.

[7]　Yuan Y R, Liang D, Rui H X, et al. The numerical simulation and consequence of protection project and modular form of project adjustment in porous media. Special Topics & Reriews in Porous Media, 2012, 3(4): 371~393.

[8]　袁益让, 梁栋, 芮洪兴. 海水入侵防沿工程的后效预测. 应用数学与力学, 2001, 11: 1163~1171.

Yuan Y R, Liang D, Rui H X. Predicting the consequences of seawater intrusion and protection projects. Appliad Mathematics & Mechanics (English Edition), 2001, 11: 1291~1300.

[9]　袁益让, 梁栋, 芮洪兴. 海水入侵及防治工程的数值模拟. 计算物理, 2001, 6: 556~562.

[10]　Yuan Y R, Liang D, Rui H X, et al. The theory and application of upwind finite difference fractional steps procedure for seawater intrusion. International Journal of Geosiences, 2012,5(A): 972~991.

第4章 线性规划与工程调控应用模式

在第 3 章我们介绍了主要工程的综合后效预测方法和预测结果, 这使得我们能够从全方位掌握工程实施后地下水以及盐分运移的全部动态. 这一问题解决后我们还应该用数值的方法获知如何使地下水的动态服从我们预期的目标. 如对供水来说, 如何将有限的地下水资源发挥最大的社会经济效益, 如何使地下水位降深控制在我们限定的范围, 而使供水量达到最大; 对资源保护来说, 如何控制污染物以限制地下水被污染, 使水质保持在卫生标准允许的范围内 [1~4]. 在这一章, 我们将最优化方法 (线性规划) 和数值方法相结合来解决这一问题.

最优化方法是现代数学方法的一个重要方面, 其主要内容是求一些复杂问题的极大值或极小值. 例如, 在某一区域内分布许多口井, 每一口井的抽水都会使地下水位下降, 如何使得抽水总量最大而水位下降不超过某一范围. 数学上称这类方法为数学规划, 其中最重要的是线性规划. 线性规划方法由美国人 Dantzig 于 1947 年提出, 之后在各行各业得到极广泛的应用, 并产生了极大的经济效益. 将线性规划引入地下水管理是美国人 Remson 于 1971 年开始的. 在此之前, 人们对地下水的评价和水质污染的研究, 多从力学角度考虑, 对整个地下水的合理控制很少涉及. 20 世纪 70 年代以来水资源供需失调的情况逐渐突出, 人们才开始想到利用数值方法结合线性规划对地下水进行管理 [5~7]. 4.1 节先简单地介绍一下线性规划问题.

本章共 4 节. 4.1 节为线性规划问题, 4.2 为有限差分与线性规划的结合, 4.3 节为工程调控应用模式研究, 4.4 节为结束语.

4.1 线性规划问题

4.1.1 线性规划简介

为了说明什么是线性规划问题, 先从一个例子谈起.

例 4.1 设 A、B 两口井, A 为深井, 水质很好, Fe^{2+} 含量为 $2 \times 10^{-3} g/m^3$, 但水位深, 提水所消耗的电能为 $4 \times 10^{-3} kW/m^3$; B 为浅井, 水质较好. Fe^{2+} 含量为 $4 \times 10^{-3} g/m^3$, 但水位较浅, 可使提水能耗减少到 $2 \times 10^{-3} kW/m^3$. 由于受配电盘容量的限制, 这两口井的最大用电量为 8kW. 同时由于水处理设备处理 Fe^{2+} 的能力为 192g/d. 在这些条件的限制下, 试求这两口井的最大开采量.

为解决上述问题, 记 A、B 两口井的最大开采率分别为 x_1、x_2, 其和为正, 则

上述问题要求的目标为

$$\max Z = x_1 + x_2 (\mathrm{m}^3/\mathrm{h}), \tag{4.1.1}$$

但 x_1、x_2 必须受下列条件制约:

$$\text{s.t.} \quad (2 \times 10^{-3} \mathrm{g/m}^3) x_1 + (4 \times 10^{-3} \mathrm{g/m}^3) x_2 \leqslant 8 \mathrm{g/h}, \tag{4.1.2}$$

$$(4 \times 10^{-3} \mathrm{kW/m}^3) x_1 + (2 \times 10^{-3} \mathrm{kW/m}^3) x_2 \leqslant 8 \mathrm{kW}, \tag{4.1.3}$$

$$x_1 \geqslant 0, \quad x_2 \geqslant 0. \tag{4.1.4}$$

式 (4.1.4) 表示开采率不可能是负的条件也应包括在本问题的约束条件内. 式 (4.1.1) 取最大值, 且使 x_1、x_2 满足不等式组 (4.1.2)~(4.1.4). 整个问题可以记为

$$\max Z = x_1 + x_2, \tag{4.1.5a}$$

$$\text{s.t.} \ 2x_1 + 4x_2 \leqslant 8000, \tag{4.1.5b}$$

$$4x_1 + 2x_2 \leqslant 8000, \tag{4.1.5c}$$

$$x_1 \geqslant 0, \quad x_2 \geqslant 0. \tag{4.1.5d}$$

式 (4.1.5a) 称目标函数, 左面的 max 表示这一目标函数取最大值; s.t. 是英文 subject to 的缩写. 它下面的一组不等式即约束条件. 式 (4.1.1)~(4.1.4) 是本例提出的实际问题的数学模型 (图 4.1.1). 这种满足约束条件并使目标函数达到极值问题, 也称数学规划问题. 由于本例中的目标函数和约束条件都是变量的线性函数, 故称为线性规划问题.

式 (4.1.1)~(4.1.4) 的求解可采用图解法, 将式 (4.1.2)~(4.1.4) 中的四个约束条件, 按等式在图 4.1.1 中画出四条直线, 即两条倾斜直线和 x_1、x_2 轴. 这四条直线围成如图 4.1.1 所示的阴影图形. 满足这约束条件式 (4.1.2)~(4.1.4) 的解必须落在这个阴影图形内. 因此, 凡属该图形内的任一点 (x_1, x_2) 都可能是问题的解. 但这些解中只有满足 z 是最大值的才是本问题的解. 看式 (4.1.1), 当目标函数 z 取任一常数值时, 可以画出一条斜率为 1 的直线 (如图 4.1.1 中的虚直线). 改变 z 值可得另一条与其平行的直线. 因此, 目标函数 (4.1.1) 代表图 4.1.1 中斜率 45° 的直线簇. 如在这簇直线 (也称可行解) 中找到一条 z 值最大的直线, 即所求的解.

由图 4.1.1 可知, z 的值是随可行解直线离原点越远就越大. 但它又必须至少保持一个点留在阴影区内, 否则就不满足约束条件, 而不是可行解. 由图 4.1.1 可知, 符合约束条件而又使 z 值最大的点, 只有一个, 即 $x_1 = 1333$, $x_2 = 1333$, 代入式 (4.1.1) 即得 $z = 2666$, 亦即两井最大开采率为 $2666 \mathrm{m}^3/\mathrm{h}$.

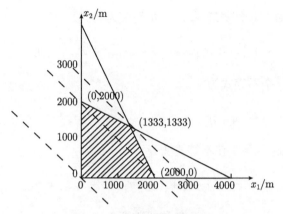

图 4.7.1 线性规划问题图解

从上例可知, 所谓线性规划问题就是服从一组等式或不等式构成的约束条件下求目标函数的极值 (极大或极小). 为了理想分析和实际计算方便, 须将不同内容和形式的问题统一到如下的标准形式:

$$\min \quad c_1 x_1 + c_2 x_2 + \cdots + c_n x_n, \tag{4.1.6a}$$

$$\text{s.t.} \begin{cases} a_{11} x_1 + a_{12} x_2 + \cdots + a_{1n} x_n = b_1, \\ a_{21} x_1 + a_{22} x_2 + \cdots + a_{2n} x_n = b_2, \\ \cdots \cdots \\ a_{m1} x_1 + a_{m2} x_2 + \cdots + a_{mn} x_n = b_n, \end{cases} \tag{4.1.6b}$$

$$x_1 \geqslant 0, \quad x_2 \geqslant 0, \cdots, x_n \geqslant 0, \tag{4.1.6c}$$

式中, min 系指使目标函数取极小; a_{ij}, b_j, c_j 为常数, 但 $b_j \geqslant 0$, $i = 1, 2, \cdots, m$; $j = 1, 2, \cdots, n$.

将实际问题转变如式 (4.1.6) 的标准形式, 一般来说须作如下处理:

(1) 由于标准形式 (4.1.6) 规定目标函数取极小, 但当具体问题要求目标函数取极大时, 如

$$\max \quad c_1 x_1 + c_2 x_2 + \cdots + c_n x_n,$$

则可改变系数符号而将其变为取极小, 如

$$\min \quad -c_1 x_1 - c_2 x_2 - \cdots - c_n x_n.$$

两者是等价的.

(2) 由于标准形式 (4.1.6) 要求约束条件取等式. 若遇到实际问题为不等式, 则可添加新变量, 将其转变为等式. 如约束条件的某个不等式为

$$a_{i1} x_1 + a_{i2} x_2 + \cdots + a_{in} x_n \leqslant b_i,$$

则可在上式左边加一非负变量 $x_{n+1} \geqslant 0$ 而变为等式

$$a_{i1}x_1 + a_{i2}x_2 + \cdots + a_{in}x_n + x_{n+1} = b_i.$$

如约束条件的另一个不等式为

$$a_{j1}x_1 + a_{j2}x_2 + \cdots + a_{jn}x_n \leqslant b_j,$$

则应加非负变量 $x_{n+2} \geqslant 0$ 使不等式变为

$$a_{j1}x_1 + a_{j2}x_2 + \cdots + a_{jn}x_n + x_{n+2} = b_j,$$

这些人为添加的变量 x_{n+1}、x_{n+2} 统称松弛变量.

(3) 标准形式 (4.1.6) 要求所有变量为非负的. 如某个变量 x_i 缺少这个限制, 则须引进两个新的非负变量 $u_i \geqslant 0, v_i \geqslant 0$, 并令

$$x_i = u_i - v_i,$$

于是, 一个无约束的变量 x_i 便被两个非负变量 u_i、v_i 的差所代替.

现将例 4.1 的式 (4.1.5) 变为标准形式:

(1) 将目标函数变为极小, 有

$$\min \quad z = -x_1 - x_2. \tag{4.1.7}$$

(2) 引入松弛变量 x_3、x_4 将约束条件由不等式变为等式

$$2x_1 + 4x_2 + x_3 = 8000, \tag{4.1.8}$$

$$4x_1 + 2x_2 + x_4 = 8000, \tag{4.1.9}$$

$$x_1 \geqslant 0, x_2 \geqslant 0, x_3 \geqslant 0, x_4 \geqslant 0. \tag{4.1.10}$$

(3) 这里假定式 (4.1.5d) 的非负约束已被取消, 即假定 x_1、x_2 为自由变量, 则需引入非负变量 $x_5 \geqslant 0$、$x_6 \geqslant 0$、$x_7 \geqslant 0$、$x_8 \geqslant 0$, 而令

$$x_1 = x_5 - x_6, \quad x_2 = x_7 - x_8,$$

代入式 (4.1.7)~(4.1.9) 而得例 4.1 的标准形式:

$$\min \quad z = -x_5 + x_6 - x_7 + x_8,$$

$$\text{s.t.} \quad x_3 + 2x_5 - 2x_6 + 4x_7 - 4x_8 = 8000,$$

$$x_4 + 4x_5 - 4x_6 + 2x_7 - 2x_8 = 8000,$$

$$x_3 \geqslant 0, x_4 \geqslant 0, x_5 \geqslant 0, x_6 \geqslant 0, x_7 \geqslant 0, x_8 \geqslant 0.$$

例 4.1 的线性规划问题只有两个变量 x_1、x_2, 它是一个二维问题. 因此, 可以利用平面直角坐标系中的作图法求解. 但实际的地下水线性规划模型中出现的变量往往多达几十个. 因此是属于多维空间的问题, 无法利用直观的几何作图法, 而需求解线性代数方程组.

从变为标准形式的例 4.1, 即式 (4.1.7)~(4.1.10) 可以看出, 在解线性规划问题中遇到的线性代数方程组与有限差分法的线性代数方程组的不同之处, 在于前者的未知量的个数大于方程的个数; 而后者的未知数与方程的个数相等, 故对于有限差分法可简单地用系数行列式是否等于零来判断是否有解. 如有解, 则用克拉默法则必可求得其唯一解, 而对于线性规划问题就复杂多了. 首先要确定它是否有解, 如有解, 有多少个, 用什么方法去求解. 单纯形法是能够解决如上问题的有效方法.

4.1.2 单纯形法

现对标准形式的线性规划问题的求解步骤简要地介绍如下:

试求

$$\min z = c_1 x_1 + c_2 x_2 + \cdots + c_n x_n,$$
$$\text{s.t.} \ a_{11} x_1 + a_{12} x_2 + \cdots + a_{1n} x_n = b_1,$$
$$a_{21} x_1 + a_{22} x_2 + \cdots + a_{2n} x_n = b_2, \tag{4.1.11}$$
$$\cdots \cdots$$

$$a_{m1} x_1 + a_{m2} x_2 + \cdots + a_{mn} x_n = b_m,$$
$$x_i \geqslant 0, \ i = 1, 2, \cdots, n.$$

根据 4.1.1 小节所阐明的思路将求解式 (4.1.11) 的步骤介绍如下:

(1) 把式 (4.1.11) 写成表格形式:

x_1	x_2	$\cdots$	x_m	x_{m+1}	x_{m+2}	$\cdots$	x_n	b	
$a_{1,1}$	$a_{1,2}$	$\cdots$	$a_{1,m}$	$a_{1,m+1}$	$a_{1,m+2}$	$\cdots$	$a_{1,n}$	b_1	
$a_{2,1}$	$a_{2,2}$	$\cdots$	$a_{2,m}$	$a_{2,m+1}$	$a_{2,m+2}$	$\cdots$	$a_{2,n}$	b_2	
$\vdots$	$\vdots$		$\vdots$	$\vdots$	$\vdots$		$\vdots$	$\vdots$	(4.1.12)
$a_{m,1}$	$a_{m,2}$	$\cdots$	$a_{m,m}$	$a_{m,m+1}$	$a_{m,m+2}$	$\cdots$	$a_{m,n}$	b_m	
c_1	c_2	$\cdots$	c_m	c_{m+1}	c_{m+2}	$\cdots$	c_n	0	

上式横线以上是约束条件的线性方程组的系数矩阵及右端项; 而横线以下是目标函数的系数, 其最后一列暂先充零, 待将来运算时存放目标函数值 z.

(2) 若存在 $x_{i_1} \geqslant 0$, $x_{i_2} \geqslant 0$, $\cdots$, $x_{i_m} \geqslant 0$ 使得

$$
\begin{aligned}
a_{1,i_1}x_{i_1} + a_{1,i_2}x_{i_2} + \cdots + a_{1,i_m}x_{i_m} &= b_1, \\
a_{2,i_1}x_{i_1} + a_{2,i_2}x_{i_2} + \cdots + a_{2,i_m}x_{i_m} &= b_2, \\
&\cdots\cdots \\
a_{m,i_1}x_{i_1} + a_{m,i_2}x_{i_2} + \cdots + a_{m,i_m}x_{i_m} &= b_m,
\end{aligned}
$$

则称 $x_{i_1}, x_{i_2}, \cdots, x_{i_m}$ 为一基可行解. 这一步就是要找出 (4.1.11) 的一组基可行解, 不妨设为 $x_1, x_2, \cdots, x_m$, 然后将其写成

$$
\left\{
\begin{aligned}
&x_1 + b_{1,m+1}x_{m+1} + b_{1,m+2}x_{m+2} + \cdots + b_{1,n}x_n = b_{1,0}, \\
&x_2 + b_{2,m+1}x_{m+1} + b_{2,m+2}x_{m+2} + \cdots + b_{2,n}x_n = b_{2,0}, \\
&\cdots\cdots \\
&x_m + b_{m,m+1}x_{m+1} + b_{m,m+2}x_{m+2} + \cdots + b_{m,n}x_n = b_{m,0},
\end{aligned}
\right. \tag{4.1.13}
$$

其中要求 $b_{i,0} \geqslant 0$, $i = 1, 2, \cdots, m$. 式 (4.1.13) 也称为式 (4.1.11) 的典式. 于是, 式 (4.1.12) 的表格可改写成

x_1	x_2	$\cdots$	x_m	x_{m+1}	x_{m+2}	$\cdots$	x_n	b
1	0	$\cdots$	0	$b_{1,m+1}$	$b_{1,m+2}$	$\cdots$	$b_{1,n}$	$b_{1,0}$
0	1	$\cdots$	0	$b_{2,m+1}$	$b_{2,m+2}$	$\cdots$	$b_{2,n}$	$b_{2,0}$
$\vdots$	$\vdots$		$\vdots$	$\vdots$	$\vdots$		$\vdots$	$\vdots$
0	0	$\cdots$	1	$b_{m,m+1}$	$b_{m,m+2}$	$\cdots$	$b_{m,n}$	$b_{m,0}$
c_1	c_2	$\cdots$	c_m	c_{m+1}	c_{m+2}	$\cdots$	c_n	0

$$\tag{4.1.14}$$

(3) 把式 (4.1.14) 的最后一行的 $c_1, c_2, \cdots, c_n$ 诸元素用初等行变换的方法改变为零, 得

x_1	x_2	$\cdots$	x_m	x_{m+1}	x_{m+2}	$\cdots$	x_n	b
1	0	$\cdots$	0	$b_{1,m+1}$	$b_{1,m+2}$	$\cdots$	$b_{1,n}$	$b_{1,0}$
0	1	$\cdots$	0	$b_{2,m+1}$	$b_{2,m+2}$	$\cdots$	$b_{2,n}$	$b_{2,0}$
$\vdots$	$\vdots$		$\vdots$	$\vdots$	$\vdots$		$\vdots$	$\vdots$
0	0	$\cdots$	1	$b_{m,m+1}$	$b_{m,m+2}$	$\cdots$	$b_{m,n}$	$b_{m,0}$
c_1	c_2	$\cdots$	c_m	r_{m+1}	r_{m+2}	$\cdots$	r_n	$-z_0$

$$\tag{4.1.15}$$

式 (4.1.15) 称初始单纯形表, 其中

$$
\begin{aligned}
r_{m+1} &= c_{m+1} - \sum_{i=1}^{m} c_i b_{i,m+1}, \\
r_{m+2} &= c_{m+2} - \sum_{i=1}^{m} c_i b_{i,m+2}, \\
&\cdots\cdots \\
r_n &= c_n - \sum_{i=1}^{m} c_i b_{i,n}, \\
-z_0 &= -\sum_{i=1}^{m} c_i b_{i,0},
\end{aligned}
\tag{4.1.16}
$$

式中, $r_j, j = m+1, m+2, \cdots, n$ 称为检验数; z_0 为对应此基可行解的目标函数的负值.

(4) 有了单纯形表继续按以下五个步骤求解: ① 判断式 (4.1.15) 的基可行解是否为最优解. 判断的标准则是所有的检验数 $r_j \geqslant 0$ 是否成立. 若是, 则是最优解, 计算结束. 否则, 不是最优解, 转入下一步; ② 选择 $r_j < 0$ 所对应的列为主列. 若存在多于一个的 $r_j < 0$, 则选最小 (绝对值最大) 的一个 $r_j < 0$ 对应的列为主列. 这样的选择可使目标函数下降得快些; ③ 若有主列的 $b_{ik} < 0$, 则目标函数值无界, 从而不存在最优值. 若存在 $b_{ik} > 0$, 则对于 $b_{ik} > 0$, 计算比值 b_{i0}/b_{ik}, 并选出其中最小的一个所对应的元素为主元. 若有两个以上的比值相等, 且同时为最小, 则选下标小的一个, 如 $q < p$, $b_{q0}/b_{qk} = b_{p0}/b_{pk}$, 则选 x_q 为主元; ④ 作 "取主转移" 运算. 将 x_k 取代 x_q 为基变量, 而此时 x_q 即变为非基变量, 得一新的单纯形表; ⑤ 从第④ 步算得的新单纯形表出发, 返回到第① 步, 重新计算.

可以证明, 上面的单纯形方法可以在有限步内判断出有无最优解, 若有则能求出.

注 若条件 $x_1 \geqslant 0, \cdots, x_m \geqslant 0$ 变为

$$
0 \leqslant x_1 \leqslant D_1, \quad 0 \leqslant x_2 \leqslant D_2, \quad \cdots, \quad 0 \leqslant x_m \leqslant D_m,
\tag{4.1.17}
$$

则选主元时的算法应做相应的修正.

为说明上述步骤, 兹举一算例求解如下:

$$
\begin{aligned}
\max \quad & 3x_1 + x_2 + 3x_3, \\
\text{s.t.} \quad & 2x_1 + x_2 + x_3 \leqslant 2, \\
& x_1 + 2x_2 + 3x_3 \leqslant 5, \\
& 2x_1 + 2x_2 + x_3 \leqslant 6, \\
& x_1 \geqslant 0, \ x_2 \geqslant 0, \ x_3 \geqslant 0.
\end{aligned}
\tag{4.1.18}
$$

将上式化成标准形求极小有

$$
\begin{aligned}
\min \quad & -3x_1 - x_2 - 3x_3, \\
\text{s.t.} \quad & 2x_1 + x_2 + x_3 + x_4 = 2, \\
& x_1 + 2x_2 + 3x_3 + x_5 = 5, \\
& 2x_1 + 2x_2 + x_3 + x_6 = 6. \\
& x_1 \geqslant 0, x_2 \geqslant 0, x_3 \geqslant 0, \cdots, x_6 \geqslant 0
\end{aligned}
\tag{4.1.19}
$$

如将 x_4、x_5、x_6 取作基变量, 则跳过式 (4.1.11) 到式 (4.1.15) 的步骤而直接从式 (4.1.19) 得到如式 (4.1.15) 的初始单纯形表:

x_1	x_2	x_3	x_4	x_5	x_6	b
2	1	1	1	0	0	2
1	2	3	0	1	0	5
2	2	1	0	0	1	6
−3	−1	−3	0	0	0	0

$$\tag{4.1.20}$$

按上文 (4) 中的步骤对式 (4.1.20) 求解如下: ① 因 $r_1 = -3, r_2 = -1, r_3 = -3$, 均小于零, 故式 (4.1.20) 的对应基可行解 $x_4 = 2, x_5 = 5, x_6 = 6$ 不是最优解; ② 选 $r_1 = -3$ 对应的第一列为主列; ③ 计算比值 $b_{i,0}/b_{i,1}$ 得 $2/2, 5/1, 6/2$. 因 $2/2$ 最小, 故选 $b_{11} = 2$ 对应的 x_1 为主元; ④ 作行变换, 将式 (4.1.20) 的第一行除 2 得

x_1	x_2	x_3	x_4	x_5	x_6	b
1	1/2	1/2	1/2	0	0	1
1	2	3	0	1	0	5
2	2	1	0	0	1	6
−3	−1	−3	0	0	0	0

$$\tag{4.1.21}$$

将式 (4.1.21) 的第一行各乘以 $(-1), (-2), (3)$ 分别加到第二、三、四行得

x_1	x_2	x_3	x_4	x_5	x_6	b
1	1/2	1/2	1/2	0	0	1
0	3/2	5/2	−1/2	1	0	4
0	1	0	−1	0	1	4
0	1/2	−2/3	3/2	0	0	3

$$\tag{4.1.22}$$

基可行解变为 x_1, x_5, x_6 对应的 $r_3 = -3/2 < 0$, 仍为非最优解, 故须从式 (4.1.22) 出发, 转到: ① 重新计算; ②选 r_3 对应的第 3 列为主列; ③计算比值 $b_{i,0}/b_{i,3}$, 知 $b_{2,0}/b_{2,3} = 8/5$ 为最小, 故取第 3 列的 $5/2$ 为主元; ④ 作行变换, 将式 (4.1.22) 的第 2 行除 $5/2$ 得

$$
\begin{array}{ccccccc}
x_1 & x_2 & x_3 & x_4 & x_5 & x_6 & b \\
1 & 1/2 & 1/2 & 1/2 & 0 & 0 & 1 \\
0 & 3/5 & 1 & -1/5 & 2/5 & 0 & 8/5 \\
0 & 1 & 0 & -1 & 0 & 1 & 4 \\
\hline
0 & 1/2 & -2/3 & 3/2 & 0 & 0 & 3
\end{array}
\tag{4.1.23}
$$

将式 (4.1.23) 的第二行各乘以 $-1/2$、$3/2$ 后分别加到第一、四行得

$$
\begin{array}{ccccccc}
x_1 & x_2 & x_3 & x_4 & x_5 & x_6 & b \\
1 & 1/5 & 0 & 3/5 & -1/5 & 0 & 1/5 \\
0 & 3/5 & 1 & -1/5 & 2/5 & 0 & 8/5 \\
0 & 1 & 0 & -1 & 0 & 1 & 4 \\
\hline
0 & 13/10 & 0 & 5/6 & 3/5 & 0 & 27/5
\end{array}
\tag{4.1.24}
$$

因上式所有 $r_i \geqslant 0$, 故对应的基可行解为

$$
\begin{cases}
x_1 = 1/5, \\
x_3 = 8/5, \\
x_6 = 4,
\end{cases}
$$

为最优解, 对应的目标函数最大值

$$
Z_0 = 27/5.
$$

4.2 有限差分法与线性规划的结合

线性规划在国内外已广泛用于地表水资源的最优分配, 但若想用于地下水就不那么容易. 其困难在于作为偏微分方程的待求函数的水位、流量等又常是构成线性规划问题的决策变量. 因此, 就要求线性规划问题的解满足微分方程, 也就是说, 微分方程的定解问题正是地下水的线性规划问题中必不可少的约束条件. 在一个线性规划问题的约束条件中, 如包含一个微分方程的定解问题, 求解就非常困难了. 地表水的水质污染问题因涉及弥散对流方程也会遇到同样困难.

但数值法的提出将微分方程的定解问题在空间和时间上, 近似地离散成一组线性代数方程组, 从而可以将这一方程组纳入线性规划问题的约束条件中去. 这样, 上述困难就迎刃而解了. 当然, 只有这一部分约束条件是不够的, 还须包括实际问题中提出的另外一些约束条件 [5~7].

将含于微分方程中的地下水的变量 (水位、流量、浓度等) 当作决策变量, 通过差分法变成线性代数方程组, 直接引进到线性规划模型中, 当作约束条件的方法. 在国外首先是由 Aguado 及 Remson[8] 提出的, 并用这种方法确定了场地开挖保持疏干状态以及矿坑排水补给含水层的最优规划 [9] 和指导含水层的勘探 [10] 等. Futagami 则将这一方法推广应用于地表水污染的管理 [11].

4.2.1   一维稳定流问题

图 4.2.1 表示一个西侧边界是常水头的一维承压含水层, 其中凿了三条等距的截槽. 在此系统中描述稳定流的微分方程为

$$\frac{\mathrm{d}^2 h}{\mathrm{d} x^2} = \frac{W}{T}, \quad 0 < x < L, \tag{4.2.1a}$$

式中, W 为补、排率 (正值为排泄, 负值为补给); T 为导水系数; L 为含水层宽度. 边界条件为

$$h(0) = h_0, \tag{4.2.1b}$$

$$h(L) = h_4. \tag{4.2.1c}$$

图 4.2.1 所示的 5 个节点的差分格式导致下列线性代数方程组:

$$-2h_1 + h_2 - \frac{(\Delta x)^2}{T} W_1 = -h_0, \tag{4.2.2a}$$

$$h_1 - 2h_2 + h_3 - \frac{(\Delta x)^2}{T} W_2 = 0, \tag{4.2.2b}$$

$$h_2 - 2h_3 - \frac{(\Delta x)^2}{T} W_3 = -h_4, \tag{4.2.2c}$$

式中, h_0、h_4 为已知常数. 如补、排率 W_1、W_2、W_3 为未知, 则方程组 (4.2.2) 包含了 6 个未知数 (h_1、h_2、h_3、W_1、W_2、W_3) 现要求抽水总量大于某一下限 m. 但地下水管理的目标却要求三个内节点的水头之和保持在一个最高水平 z, 并使水头从 0 号节点到 4 号节点保持单调增长, 即令 $h_0 \leqslant h_1 \leqslant h_2 \leqslant h_3 \leqslant h_4$.

为上述问题指定下列数据: $L = 40\mathrm{ft}$①、$\Delta x = 10\mathrm{ft}$、$T = 10000\mathrm{ft}^2/\mathrm{d}$、$h_0 = 100\mathrm{ft}$、$h_4 = 110\mathrm{ft}$, 以便计算. 于是本问题的数学模型可写成

$$\max \quad z = h_1 + h_2 + h_3, \tag{4.2.3a}$$

---

① 1ft=0.3048m.

$$\text{s.t.} \quad -2h_1 + h_2 - 0.001W_1 = -100, \tag{4.2.3b}$$

$$h_1 - 2h_2 + h_3 - 0.001W_2 = 0, \tag{4.2.3c}$$

$$h_2 - 2h_3 - 0.001W_3 = -100, \tag{4.2.3d}$$

$$W_1 + W_2 + W_3 \geqslant m, \tag{4.2.3e}$$

$$W_j \geqslant 0, \quad j = 1, 2, 3, \tag{4.2.3f}$$

$$h_1 \geqslant 100, \tag{4.2.3g}$$

$$h_2 - h_1 \geqslant 0, \tag{4.2.3h}$$

$$h_3 - h_2 \geqslant 0, \tag{4.2.3i}$$

$$h_3 \leqslant 110. \tag{4.2.3j}$$

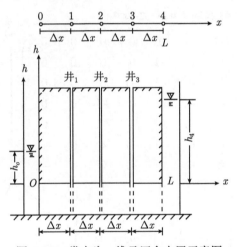

图 4.2.1 常水头一维承压含水层示意图

利用单纯形法可解得如表 4.2.1 所示的水头值. 该表指出, 抽水总量的下限 m 在 $10\text{ft}^3/\text{d}$ 至 $1000\text{ft}^3/\text{d}$ 之间获得最优水头值. 当 m 超过 $1000\text{ft}^3/\text{d}$ 时, 解变得不可用.

表 4.2.1 用单纯形法解得的水头

$W_1 + W_2 + W_3/(\text{ft}^3/\text{d})$	h_1/ft	h_2/ft	h_3/ft
0	102.50	105.00	107.50
10	102.48	104.95	107.43
100	102.25	104.50	106.75
200	102.00	104.00	106.00
500	101.25	102.50	103.75
1000	100.00	100.00	100.00

4.2.2　二维稳定流问题

图 4.2.2 表示一个二维承压含水层, 其四个边界都保持常水头. 导水性是不随坐标位置而变的常数, 故有微分方程及边界条件如下:

$$\frac{\partial^2 h}{\partial x^2} + \frac{\partial^2 h}{\partial y^2} = \frac{W}{T}, \quad 0 < x < L, 0 < y < B, \tag{4.2.4}$$

$$\begin{aligned}
h(0,y) &= h_{0,y}, \\
h(L,y) &= h_{L,y}, \\
h(x,0) &= h_{x,0}, \\
h(x,B) &= h_{x,B},
\end{aligned} \tag{4.2.5}$$

式中, B 为含水层长度. 将含水层划分成图 4.2.2 所示的差分格式, 并令 $\Delta x = \Delta y$. 于是可把方程 (4.2.4) 写成如下的差分格式:

$$\begin{pmatrix}
4 & -1 & -1 & 0 & 0 & 0 & 0 & 0 \\
-1 & 4 & 0 & -1 & 0 & 0 & 0 & 0 \\
-1 & 0 & 4 & -1 & -1 & 0 & 0 & 0 \\
0 & -1 & -1 & 4 & 0 & -1 & 0 & 0 \\
0 & 0 & -1 & 0 & 4 & -1 & -1 & 0 \\
0 & 0 & 0 & -1 & -1 & 4 & 0 & -1 \\
0 & 0 & 0 & 0 & -1 & 0 & 4 & -1 \\
0 & 0 & 0 & 0 & 0 & 1 & -1 & 4
\end{pmatrix}
\begin{pmatrix}
h_6 \\ h_7 \\ h_{10} \\ h_{11} \\ h_{14} \\ h_{15} \\ h_{18} \\ h_{19}
\end{pmatrix}$$

$$+ \frac{(\Delta x)^2}{T}
\begin{pmatrix}
W_6 \\ W_7 \\ W_{10} \\ W_{11} \\ W_{14} \\ W_{15} \\ W_{18} \\ W_{19}
\end{pmatrix}
=
\begin{pmatrix}
h_2 + h_5 \\ h_3 + h_8 \\ h_9 \\ h_{12} \\ h_{13} \\ h_{16} \\ h_{11} + h_{22} \\ h_{20} + h_{23}
\end{pmatrix}. \tag{4.2.6}$$

边界上的点 h_2、h_3、h_5、h_8、h_9、h_{12}、h_{13}、h_{16}、h_{17}、h_{20}、h_{22}、h_{23} 是已知值. 方程组 (4.2.6) 代表 8 个内节点上的 8 个方程, 但有 16 个 h 及 W 的未知数.

现欲求在此含水层布置 4 个井, 其中 3 个井固定在 6、7、11 号节点; 另 1 个井可在 10、14、15、18 或 19 号节点中任选一个位置, 以使区域水位之和保持最大. 这一线性规划问题可表达为

$$\max \quad Z = h_6 + h_7 + h_{10} + h_{11} + h_{14} + h_{15} + h_{18} + h_{19}, \tag{4.2.7a}$$

s.t. 式 (4.2.6),

$$W_{10} + W_{14} + W_{15} + W_{18} + W_{19} \geqslant Q, \tag{4.2.7b}$$

$$W_6 \geqslant Q, \tag{4.2.7c}$$

$$W_7 \geqslant Q, \tag{4.2.7d}$$

$$W_{11} \geqslant Q, \tag{4.2.7e}$$

$$h_p \geqslant 0, \quad p = 6, 7, 10, 11, 14, 15, 18, 19, \tag{4.2.7f}$$

$$W_p \geqslant 0, p = 10, 14, 15, 18, 19, \tag{4.2.7g}$$

其中, $m = 1/4$ 需水量 (下限). 取 $T = 10000\mathrm{ft}^2/\mathrm{d}$; $\Delta x = \Delta y = 1000\mathrm{ft}$; $h_p = 20\mathrm{ft}$ ($p = 2, 3, 5, 8, 9, 12, 13, 16, 17, 20, 22, 23$).

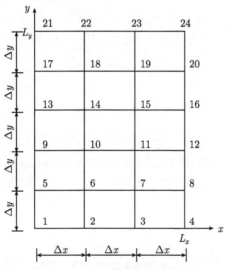

图 4.2.2　二维承压含水层示意图

解的结果总结于表 4.2.2. 在 5 个可能选择的 10、14、15、18、19 号节点中, 该模型是选择 18 或 19 号节点作为开采点. 所需的总开量为 $2\mathrm{ft}^3/\mathrm{d}$ 不可能得到, 受约束条件限制而获得的最大开采量为 $1.55\mathrm{ft}^3/\mathrm{d}$. 在 11 号节点井, 不能获得所需的 $0.5\mathrm{ft}^3/\mathrm{d}$, 最多只能生产 $0.05\mathrm{ft}^3/\mathrm{d}$.

4.2.3　一维非稳定流问题

图 4.2.1 所描述的含水层中一维非稳定流问题的偏微分方程为

$$T\frac{\partial^2 h}{\partial x^2} = S\frac{\partial h}{\partial t} + W, \quad 0 < x < L, \ t > 0, \tag{4.2.8a}$$

表 4.2.2　含水层内节点的水头与开采量

所需总开采量 /(ft³/d)	获得总开采量 /(ft³/d)	内节点开采量/(ft³/d)								内节点水头/ft							
		W_6	W_7	W_{11}	W_{10}	W_{14}	W_{15}	W_{18}	W_{19}	h_6	h_7	h_{11}	h_{10}	h_{14}	h_{15}	h_{18}	h_{19}
(1)	(2)	(3)	(4)	(5)	(6)	(7)	(8)	(9)	(10)	(11)	(12)	(13)	(14)	(15)	(16)	(17)	(18)
0	0	0	0	0	0	0	0	0	0	20	20	20	20	20	20	20	20
0.04	0.04	0.01	0.01	0.01	0	0	0	0	0.01	19.56	19.51	19.50	19.72	19.84	19.75	19.87	19.65
0.20	0.20	0.05	0.05	0.05	0	0	0	0	0.05	17.86	17.57	17.48	18.61	19.18	18.73	19.36	18.27
0.40	0.40	0.10	0.10	0.10	0	0	0	0	0.10	0.00	15.57	15.15	15.05	17.13	17.92	17.90	16.64 18.63
2.00	1.55	0.50	0.50	0.05	0	0	0	0	0.50	0.00	0.14	0.00	9.86	10.56	12.33	14.17	4.21 14.59

初始条件为

$$h(x,0) = f_1(x), \quad 0 \leqslant x \leqslant L, \tag{4.2.8b}$$

$$W(x,0) = f_2(x), \quad 0 \leqslant x \leqslant L, \tag{4.2.8c}$$

边界条件为

$$h(0,t) = h_0, \quad t > 0, \tag{4.2.8d}$$

$$h(L,t) = h_4, \quad t > 0. \tag{4.2.8e}$$

仍用图 4.2.1 所示的 5 个节点的差分格式及 Crank-Nicholson 法对式 (4.2.8) 计算两个时间步长, 即从 $k = 0$ 至 $k = 1$、从 $k = 1$ 至 $k = 2$, 可解得如下的 12 个未知数的 6 个方程:

$$\frac{h_{0,1} - 2h_{1,1} + h_{2,1}}{2(\Delta x)^2} + \frac{h_{0,0} - 2h_{1,0} + h_{2,0}}{2(\Delta x)^2} = \frac{S}{T}\frac{h_{1,1} - h_{1,0}}{\Delta t} + \frac{W_{1,1} + W_{1,0}}{2T} \tag{4.2.9a}$$

$$\frac{h_{0,2} - 2h_{1,2} + h_{2,2}}{2(\Delta x)^2} + \frac{h_{0,1} - h_{1,1} + h_{2,1}}{2(\Delta x)^2} = \frac{S}{T}\frac{h_{1,2} - h_{1,1}}{\Delta t} + \frac{W_{1,2} + W_{1,1}}{2T} \tag{4.2.9b}$$

$$\frac{h_{1,1} - 2h_{2,1} + h_{3,1}}{2(\Delta x)^2} + \frac{h_{1,0} - 2h_{2,0} + h_{3,0}}{2(\Delta x)^2} = \frac{S}{T}\frac{h_{2,1} - h_{2,0}}{\Delta t} + \frac{W_{2,1} + W_{2,0}}{2T} \tag{4.2.9c}$$

$$\frac{h_{1,2} - 2h_{2,2} + h_{3,2}}{2(\Delta x)^2} + \frac{h_{1,1} - 2h_{2,1} + h_{3,1}}{2(\Delta x)^2} = \frac{S}{T}\frac{h_{2,2} - h_{2,1}}{\Delta t} + \frac{W_{2,2} + W_{2,1}}{2T} \tag{4.2.9d}$$

$$\frac{h_{2,1} - 2h_{3,1} + h_{4,1}}{2(\Delta x)^2} + \frac{h_{2,0} - 2h_{3,0} + h_{4,0}}{2(\Delta x)^2} = \frac{S}{T}\frac{h_{3,1} - h_{3,0}}{\Delta t} + \frac{W_{3,1} + W_{3,0}}{2T} \tag{4.2.9e}$$

$$\frac{h_{2,2} - 2h_{3,2} + h_{4,2}}{2(\Delta x)^2} + \frac{h_{2,1} - 2h_{3,1} + h_{4,1}}{2(\Delta x)^2} = \frac{S}{T}\frac{h_{3,2} - h_{3,1}}{\Delta t} + \frac{W_{3,2} + W_{3,1}}{2T} \tag{4.2.9f}$$

这 12 个未知数是 $h_{1,1}$、$h_{2,1}$、$h_{3,1}$、$h_{1,2}$、$h_{2,2}$、$h_{3,2}$、$W_{1,1}$、$W_{2,1}$、$W_{3,1}$、$W_{1,2}$、$W_{2,2}$、$W_{3,2}$. 已知的初始值为 $h_{0,0}$、$h_{1,0}$、$h_{2,0}$、$h_{3,0}$、$h_{4,0}$、$W_{1,0}$、$W_{2,0}$、$W_{3,0}$. 已知的边界值为 $h_{0,1}$、$h_{0,2}$、$h_{4,1}$、$h_{4,2}$ 等.

方程组 (4.2.9) 成为线性规划模型的约束条件之一; 另一约束条件是位于 3 个内节点截槽开采量 (每个时间步长的) 即

$$W_{1,1} + W_{2,1} + W_{3,1} \geqslant m_1, \tag{4.2.10a}$$

$$W_{1,2} + W_{2,2} + W_{3,2} \geqslant m_2, \tag{4.2.10b}$$

式中, m_1 为 $k = 1$ 的开采量下限; m_2 为 $k = 2$ 时的开采量下限. 目标函数为第二个时间步长末的水头之和, 尽可能保持最高, 即

$$\max \quad z = h_{1,2} + h_{2,2} + h_{3,2}, \tag{4.2.10c}$$

作为算例. 指定: $L = 40\text{ft}; \Delta x = 10\text{ft}; \Delta t = 0.0001\text{d}; T = 10000\text{ft}^2/\text{d}; S = 0.001; h_{0,k} = 100\text{ft}(k = 0, 1, 2)$、$h_{4,k} = 140\text{ft}(k = 0, 1, 2)$, $h_{1,0} = 110\text{ft}$、$h_{2,0} = 120\text{ft}$、$h_{3,0} = 130\text{ft}; W_{1,0} = W_{2,0} = W_{3,0} = 0\text{ft}^3/\text{d}; m_1 = 150\text{ft/d}; m_2 = 100\text{ft/d}$. 于是线性规划问题变为

$$\max \quad z = h_{1,2} + h_{2,2} + h_{3,2}, \tag{4.2.11a}$$

s.t. 式 $(4.2.10a)$、$(4.2.10b)$ 及

$$\begin{pmatrix} 220 & -100 & 0 & 0 & 0 & 1 & 0 & 0 & 0 & 0 & 0 \\ 180 & -100 & 0 & 220 & -100 & 1 & 0 & 0 & 1 & 0 & 0 \\ -100 & 220 & -100 & 0 & 0 & 1 & 0 & 0 & 0 & 0 & 0 \\ -100 & 180 & -100 & -100 & 220 & 0 & 1 & 0 & 0 & 1 & 0 \\ 0 & -100 & 220 & 0 & 0 & 0 & 0 & 1 & 0 & 0 & 0 \\ 0 & -100 & 180 & 0 & -100 & 0 & 0 & 1 & 0 & 0 & 1 \\ 0 & 0 & 0 & 0 & 0 & 0 & 1 & 1 & 0 & 0 & 0 \\ 0 & 0 & 0 & 0 & 0 & 0 & 0 & 0 & 1 & 1 & 1 \end{pmatrix} \times \begin{Bmatrix} h_{1,1} \\ h_{2,1} \\ h_{3,1} \\ h_{1,2} \\ h_{2,2} \\ h_{3,2} \\ W_{1,1} \\ W_{2,1} \\ W_{3,1} \\ W_{1,2} \\ W_{2,2} \\ W_{3,2} \end{Bmatrix}$$

$$= \begin{Bmatrix} 12200 \\ 20000 \\ 2400 \\ 0 \\ 16600 \\ 28000 \\ 150 \\ 100 \end{Bmatrix}, \tag{4.2.11b}$$

$$h_{i,k} \geqslant 0, \quad i = 1, 2, 3, \quad k = 1, 2, \tag{4.2.11c}$$

$$W_{i,k} \geqslant 0, \quad i = 1, 2, 3, \quad k = 1, 2. \tag{4.2.11d}$$

式 (4.2.11) 的最优解是由允许开采量下限在第 1 个步长为 150ft/d、第 2 个步长为 100ft/d. 开采井位于 1 号节点, 其水头值见表 4.2.3.

表 4.2.3　用式 (4.2.11) 解得的水头值

时间步长	节点水头/ft		
	1	2	3
第 1 个步长末	109.08	119.47	129.76
第 2 个步长末	109.07	119.32	129.65

4.3　工程调控应用模式研究

4.3.1　数值方法与线性规划的结合

线性规划在国内外已广泛应用于地表水的分配, 但若要用于地下水就不那么容易, 特别是施加工程后及三维问题未见报道 [1~4]. 其困难在于偏微分方程的待解函数如水位等又常常构成线性规划问题的决策变量. 因此就要求线性规划问题的解满足微分方程, 也就是说, 微分方程的定解问题正是地下水的线性规划问题的必不可少的约束条件. 我们所用的方法是, 将含于微分方程中的地下水的变量 (水位、流量、浓度等) 作为决策变量, 通过差分法或有限元法变成线性代数方程组, 引进到线性规划模型中, 当作约束条件.

前面我们推导了海水入侵的数学模拟为

$$
\begin{cases}
\dfrac{\partial}{\partial x}\left(k_1(c)\dfrac{\partial H}{\partial x}\right) + \dfrac{\partial}{\partial y}\left(k_2(c)\dfrac{\partial H}{\partial y}\right) + \dfrac{\partial}{\partial z}\left(k_3(c)\dfrac{\partial H}{\partial z} - k_3(c)\eta c\right) \\
= S_s\dfrac{\partial H}{\partial t} + \displaystyle\sum_{j_1=1}^{M}\dfrac{\rho}{\rho_0}q_{j_1} - \varphi\eta\dfrac{\partial c}{\partial t}, \\
H_1|_{\Gamma_1} = h_0, & \text{定水头边界}, \\
\left.\dfrac{\partial H}{\partial n}\right|_{\Gamma_2} = 0, & \text{定流量边界}, \\
-\displaystyle\sum v_i\eta_i = \left(\omega - s_y\dfrac{\partial H^*}{\partial t}\right)n_3, H = z, & \text{潜水面 } \Gamma_3 \text{ 上},
\end{cases}
\tag{4.3.1}
$$

其中 $\displaystyle\sum_{j_1=1}^{M}\dfrac{\rho}{\rho_0}q_{j_1}$ 代表地面 M 个抽水井的流量分别为 $q_{j_1}, j_1 = 1, 2, \cdots, M$. 另取 M_1 个观测井, 现在我们希望在某一范围使得抽水量为最大. 换句话说, 在允许条件下

尽量多地满足工农业生产对地下水的需要, 从而减少节水工程以及引黄调水工程等的投资.

为了线性规划中约束条件的需要, 需将上述问题分解为如下两个问题:

$$
\begin{cases}
\dfrac{\partial}{\partial x}\left(k_1\dfrac{\partial H_1}{\partial x}\right) + \dfrac{\partial}{\partial y}\left(k_2\dfrac{\partial H_1}{\partial y}\right) + \dfrac{\partial}{\partial z}\left(k_3\dfrac{\partial H_1}{\partial z}\right) = S_s\dfrac{\partial H_1}{\partial t} + \dfrac{\partial}{\partial z}(k_3\eta c) - \varphi\eta\dfrac{\partial c}{\partial t}, \\[2mm]
H_1|_{\Gamma_1} = h_0, \\[2mm]
\dfrac{\partial H_1}{\partial n}\bigg|_{\Gamma_2} = 0, \\[2mm]
-\sum v_i n_i = \left(\omega - s_y\dfrac{\partial H_1^*}{\partial t}\right)n_3, H_1 = z, \quad \text{在 } \Gamma_3 \text{ 上}, \\[2mm]
H_1|_{t=0} = h_0,
\end{cases}
\tag{4.3.2}
$$

$$
\begin{cases}
\dfrac{\partial}{\partial x}\left(k_1\dfrac{\partial H_2}{\partial x}\right) + \dfrac{\partial}{\partial y}\left(k_2\dfrac{\partial H_2}{\partial y}\right) + \dfrac{\partial}{\partial z}\left(k_3\dfrac{\partial H_2}{\partial z}\right) = S_s\dfrac{\partial H_2}{\partial t} + \sum_{j_1=1}^{M}\dfrac{\rho}{\rho_0}q_{j_1}, \\[2mm]
H_2|_{\Gamma_1} = 0, \\[2mm]
\dfrac{\partial H_2}{\partial n}|_{\Gamma_2} = 0, \\[2mm]
-\sum v_i n_i = -s_y\dfrac{\partial H_2^*}{\partial t}n_3, H_2 = z, \quad \text{在 } \Gamma_3 \text{ 上}, \\[2mm]
H_2|_{t=0} = 0.
\end{cases}
\tag{4.3.3}
$$

目标函数为开采量最大, 可表达为

$$
\max Q = \max \sum_{j_1=1}^{M} Q_{j_1},
$$

$$
\text{s.t.} \sum_{j_1=1}^{M}\sum_{n_2=1}^{N_1} \beta(i, j_1, \Delta t_{n_2})Q_{j_1} \leqslant H_1^i - H_b^i, i = 1, 2, \cdots, M_1,
\tag{4.3.4}
$$

$$
\sum_{j_1=1}^{M} Q_{j_1} \leqslant D,
$$

$$
0 \leqslant Q_{j_1} \leqslant Q_0 \; (j_1 = 1, 2, \cdots, M),
$$

式中 Q_{j_1} 为 j_1 单元抽水量, D 为总开采量上限, Q_0 为单井开采量上限, H_b^i 为观测点之处引起的允许水头值, 该值的确定要考虑到具体项目区的要求.

$\beta(i, j_1, \Delta t_{n_2})$ 为技术函数. 其定义为: 对所研究的地下水系统, 在齐次初始及边界条件下, Δt_{n_2} 时刻, j_1 单元 (井) 施加单位抽水量, i 单元引起的降深即为

$\beta(i, j_1, \Delta t_{n_2}), 1 \leqslant i \leqslant M_1, 1 \leqslant j_1 \leqslant M, 1 \leqslant n_2 \leqslant N_2$, 求解技术函数的方法是前面介绍的数值法, 采用模型 (4.3.3) 求解, 其步骤为

第一步: 先调试初始场, 使其达到水量均衡 $(h(x, y, t)|_{t=0} = 0)$.

第二步: 用数值方法解 (4.3.3), 在第一时段 (Δt_1) 的一个特定井上施加一个单位抽水量, 在第一时段之后不施加抽水, 求得 Δt_1 时刻的技术函数

$$\begin{pmatrix} \beta(1, 1, \Delta t_1) & \beta(1, 2, \Delta t_1) & \cdots & \beta(1, j_1, \Delta t_1) \\ \beta(2, 1, \Delta t_1) & \beta(2, 2, \Delta t_1) & \cdots & \beta(2, j_1, \Delta t_1) \\ \vdots & \vdots & & \vdots \\ \beta(M_1, 1, \Delta t_1) & \beta(M_1, 2, \Delta t_1) & \cdots & \beta(M_1, j_1, \Delta t_1) \end{pmatrix}.$$

第三步, 方法同上, 在第二时段 (Δt_2) 一个特定井上分别施加一个单位抽水量, 在其他时段不施加抽水, 求得 (Δt_2) 时刻技术函数为

$$\begin{pmatrix} \beta(1, 1, \Delta t_2) & \beta(1, 2, \Delta t_2) & \cdots & \beta(1, j_1, \Delta t_2) \\ \beta(2, 1, \Delta t_2) & \beta(2, 2, \Delta t_2) & \cdots & \beta(2, j_1, \Delta t_2) \\ \vdots & \vdots & & \vdots \\ \beta(M_1, 1, \Delta t_2) & \beta(M_1, 2, \Delta t_2) & \cdots & \beta(M_1, j_1, \Delta t_2) \end{pmatrix}.$$

依次类推可确定 (Δt_{N_1}) 时刻的技术函数

$$\begin{pmatrix} \beta(1, 1, \Delta t_{N_1}) & \beta(1, 2, \Delta t_{N_1}) & \cdots & \beta(1, j_1, \Delta t_{N_1}) \\ \beta(2, 1, \Delta t_{N_1}) & \beta(2, 2, \Delta t_{N_1}) & \cdots & \beta(2, j_1, \Delta t_{N_1}) \\ \vdots & \vdots & & \vdots \\ \beta(M_1, 1, \Delta t_{N_1}) & \beta(M_1, 2, \Delta t_{N_1}) & \cdots & \beta(M_1, j_1, \Delta t_{N_1}) \end{pmatrix}.$$

第四步: 在整个开采期 $(N_1 \Delta t)$ 内的技术函数为

$$\begin{pmatrix} \sum\limits_{n_2=1}^{N_1} \beta(1, 1, \Delta t_{n_2}) & \sum\limits_{n_2=1}^{N_1} \beta(1, 2, \Delta t_{n_2}) & \cdots & \sum\limits_{n_2=1}^{N_1} \beta(1, j_1, \Delta t_{n_2}) \\ \sum\limits_{n_2=1}^{N_1} \beta(2, 1, \Delta t_{n_2}) & \sum\limits_{n_2=1}^{N_1} \beta(2, 2, \Delta t_{n_2}) & \cdots & \sum\limits_{n_2=1}^{N_1} \beta(2, j_1, \Delta t_{n_2}) \\ \vdots & \vdots & & \vdots \\ \sum\limits_{n_2=1}^{N_1} \beta(M_1, 1, \Delta t_{n_2}) & \sum\limits_{n_2=1}^{N_1} \beta(M_1, 2, \Delta t_{n_2}) & \cdots & \sum\limits_{n_2=1}^{N_1} \beta(M_1, j_1, \Delta t_{n_2}) \end{pmatrix}.$$

把式 (4.3.5) 代入式 (4.3.4) 后, 最优化开采模型即可建立, 该模型运用前面介绍的单纯形法, 编制程序计算.

4.3.2 调控应用模式计算

上面给出了将数值方法与线性规划结合来进行优化与模式调控的方法. 下面对一实际工程进行数值计算.

以前提到的计算区域作为数值调控应用模式研究区. 在该区内原有两口抽水井, 抽水量分别为 $4940\text{m}^3/\text{d}$, $4427\text{m}^3/\text{d}$. 利用该区内已有离抽水井较近的观测井 (井 2) 作为观测井, 运用前面介绍的方法对不同情况进行了优化与调控模式研究.

方案一 在冬季不降雨情况下, 取各井最大抽水量不超过 $5000\text{m}^3/\text{d}$, 分三种情况对各井的抽水量进行了优化调控计算: ①观测井水位不下降; ②观测井水位下降不超过 0.1m; ③观测井水位升高 0.1m 以上. 三种情况下的数值结果列于表 4.3.1.

表 4.3.1　节水工程调控模式 (抽水量)　　(单位: m^3/d)

水位	1 号井抽水量	2 号井抽水量	总抽水量
水位不下降	5000	1840	6840
水位升高 0.1m	5000	1620	6620
水位下降 0.1m	5000	2050	7050

在上述三种不同方案下对海水入侵情况得新预测, 结果列于表 4.3.2. 水位不下降时的盐分剖面图列于图 4.3.1.

表 4.3.2　不同情况下盐分浓度变化情况　　(单位: mg/L)

水头＼井点号	1-1	2-2	3-2	4-2	5-2	6-2
水位不下降	3875	3043	1494	101	98	100
水位升高 0.1m	3870	3042	1491	101	98	100
水位下降 0.1m	3924	3056	1526	101	98	99

4.3.3 结论

(1) 利用数值方法与线性规划方法相结合, 可以对防治海水入侵的各项主要工程进行调控模式优化计算.

(2) 由表可以看出, 对所选的观测点的水位来说, 抽水井 2 所造成的影响要远大于抽水井 1 的影响. 由此可以得出如下结论:

① 对上面给定的抽水井和观测井来说, 抽水井 1 可以按常规抽水, 而抽水井 2 的抽水量应严格限制, 在抽水井 2 附近应实施较强的节水措施.

② 引黄调水工程应首先考虑抽水井 2 的需要.

(3) 抽水井位置不同, 所选的观测点不同, 得到的调控模式也不一样.

(4) 随着生态环境监测工程的建立, 我们能够及时准确地取得海水入侵区的观测数据, 因此利用已建立的调控模型就可以对整个区域的各项工程进行整体调控应用模式计算.

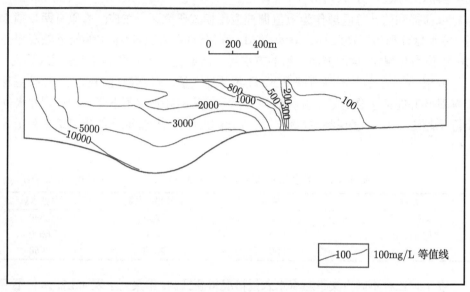

0   200   400m

图 4.3.1   水位下降时盐分浓度预测结果

4.4   结 束 语

(1) 由于工农业生产发展需要而超采地下水, 造成地下水位下降, 使含水层中淡水水头低于附近海水水头, 引起海水入侵. 给当地工农业生产、人民生活和生态环境带来极大危害. 必须迅速采取措施予以防治. 如任其发展, 则莱州湾地区大片平原其下部基岩面高程低于海平面的地区有可能最终都被海水侵染 [12~14].

(2) 我们研究了适合山东省莱州湾地区的海水入侵三维数学模型. 海水和淡水是可混溶的, 在莱州湾沿岸形成了宽广的过渡带. 我们建立的数学模型考虑了过渡带的存在, 海水淡水的相溶性, 密度不断变化对液体流动的影响以及各项防治工程的影响等因素. 能全面准确地描述工程实施及地下水开采条件下海水入侵、盐分浓度变化规律、地下水水位动态、工程措施的影响等 [3,4,15].

(3) 提出了解决对流占优问题的加权迎风格式, 大范围三维问题的算子分裂格式, 潜水面问题的分裂隐处理算法, 采用外推技术处理了高度非线性问题, 并将它们有机地结合起来. 提出了处理各项工程的算法及优化调控算法. 研制了相应的软件系统. 该工作是系统的、全面的, 有着自己的特色、先进性和创造性. 能有效地避免数值弥散和振动, 大大地节省计算机内存. 与国内外同类算法相比较, 我们的算法更稳定可靠, 适应性更好, 能够处理大范围长时间问题. 大量数值模拟计算表明, 计算结果与实测结果相一致. 该项研究的许多内容至今未见国内外有类似的研究报道及文献 [16,17].

(4) 对各项工程的后效进行了定量的数值模拟, 预测结果准确可靠, 与定性分析相一致, 大量计算表明: 节水工程、引黄调水工程、拦蓄补源工程、人工增雨工程等, 对海水入侵的治理效果是明显的. 由数值模拟结果比较可以看出, 在相同条件下, 防治工程的实施可以减慢地下水下降或加快地下水位回升, 可以延缓盐分浓度对淡水区的入侵. 使我们能够预知各种情况下的海水入侵实况, 对于各项工程的实施和领导决策具有指导意义 [18,19].

(5) 海水入侵区建上、下游坝对海水入侵有着显著的影响. 在同样的抽水条件下, 建坝后可以使海水入侵减轻, 对严重的海水入侵区, 利用上、下游坝及人工增雨等办法, 可以使海水入侵现象趋于缓解. 从计算可以看出, 下游坝的深度和长度都直接反映了减轻海水入侵的能力. 上游坝通过增加海水入侵区的上游水头有着更好的效果.

(6) 综合治理措施的效果优于单项工程的效果. 采取综合防治措施, 在不增加工程强度的条件下可以明显提高防治海水入侵的效果. 因此在项目治理区, 应根据具体情况采取综合防治措施来加大防治海水入侵的力度 [2~4].

(7) 建立了工程调控优化模式的数值模型, 并给出了数值计算实例. 生态环境监测工程的建立使我们能够得到观测点的水头、盐分浓度等数据. 利用已建立的数值模型, 就可以对各项工程措施进行调控优化计算 [2,4].

参 考 文 献

[1] 袁益让, 梁栋, 芮洪兴. 海水入侵防治工程的预测模拟. 赵德三主编, 海水入侵灾害防治研究, 198~204. 济南: 山东科技出版社, 1996.

[2] 山东大学数学系. 防治海水入侵主要工程后效与调控模式研究 (国家 "八五" 重点 (攻关项目)85-806-06-04), 济南, 1995, 11.

[3] 袁益让, 梁栋, 芮洪兴. 三维海水入侵及防治工程的渗流力学数值模拟及分析. 中国科学 (G 辑), 2009, 2: 222~236.
Yuan Y R, Liang D, Rui H X. The numerical simulation and analysis of three-domensional seawater intrusion and protection projects in porous media. Science in China (Series G),2009,1:92~107.

[4] Yuan Y R, Liang D, Rui H X, et al. The numerical simulation and consequence of protection project and modular form of project adjustment in porous media. Special Topics & Reviews in Porous Media, 2012,3(4):371~393.

[5] 罗焕炎, 陈雨孙. 地下水运动的数值模拟 (第 8 章线性规划及其与有限单元法相结合的原

理与应用). 北京: 中国建筑工业出版社, 1988.

[6]　管梅谷, 郑汉鼎. 线性规划. 济南: 山东科技出版社, 1985.

[7]　中国环境问题研究会. 水资源系统分析 (内部交流资料)

[8]　Aguado E, Remson I. Ground hydraulics in quifer management. J. Hydraulic Div., ASCE, 1973,100(HYI).

[9]　Alley W M, Aguado E, Remson I. Aquifer management under transient and steady-state conditions. Water Resources Bulletin, 1976, 12(5).

[10]　Aguado E, Sitar N, Remson I. Sensitivity analysis in aquifer studies. Water Resources Res., 1977,13(4).

[11]　Futagami T, Tamai N, Yatsuzuka M. FEM coupled with LP for pollution control. J. Hydraulic Div., ASCE, 1976, July.

[12]　赵德三. 山东省莱州湾地区海水侵染综合治理规划. 北京: 海洋出版社, 1994.

[13]　赵德三. 山东沿海区域环境与灾害. 北京: 科学出版社, 1991.

[14]　赵德三. 海水入侵灾害防治研究. 济南: 山东科技出版社, 1996.

[15]　袁益让, 梁栋, 芮洪兴. 海水入侵防治工程的后效预测数学模型. 山东省高等数学研讨会文集 (姜福德主编), 1~5, 青岛: 青岛海洋大学出版社, 1995.1.

[16]　Yuan Y R, Liang D, Rui H X. The modified method of upwind with finite difference fractional steps procedure for the numerical simulation and analysis of seawater intrusion. Progress in Natural Science, 2006,11:1127~1140.

[17]　Yuan Y R, Rui H X, Liang D, et al. The theory and application of upwind finite difference fractional steps procedure for seawater intrusion. International Journal of Geosiences, 2012,3(5A):972~991.

[18]　袁益让, 梁栋, 芮洪兴. 海水入侵工程的后效预测. 应用数学和力学.2001, 11: 1163~1171. Yuan Y R, Liang D, Rui H X. Predicting the consequences of seawater intrusion and protection projects. Applied Mathematics & Mechanics (English Edition),2001,11:1291~1300.

[19]　袁益让, 梁栋, 芮洪兴. 海水入侵及防治工程的数值模拟. 计算物理, 2001, 6: 556~562.

第5章 海水入侵数值模拟的有限元方法与潜水面问题

关于海水入侵数值模拟的有限元方法. 最早有 Segol 等 [1] 讨论了二维剖面问题的 Galerkin 有限元方法, Huyakorn 等 [2] 和 Gupta 等 [3] 探讨了三维海水入侵问题的有限元数值解法. 但他们的研究均属理论上的探讨, 将三维模型简化为六面体, 对海水入侵用的仅是对流–弥散模型, 忽略了盐分浓度对流速的影响, 显然这样的模型是不能正确反映海水入侵的. 薛禹群等 [4] 研究了随盐分变化的三维模型, 但对防治海水入侵的各类工程的数值预测及数值理论分析, 均未给出任何研究. 本章第一部分在第 1、第 2 章的基础上, 提出一类海水入侵数值模拟的有限元程序, 并应用微分方程先验估计的理论和技巧, 得到特征有限元方法的收敛性和误差估计 [5,6]. 本章第二部分, 讨论带自由潜水面地下渗流分裂–隐处理方法和水质污染自由边界问题的数值方法 [7,8]. 最后介绍间断有限元求解海水入侵问题.

本章共 6 节, 5.1 节为有限元内插函数. 5.2 节为海水入侵数值模拟的有限元程序. 5.3 节为特征有限元方法的数值分析. 5.4 节为带自由潜水面地下渗流分裂–隐处理方法. 5.5 节为水质污染自由边界问题的数值方法. 5.6 节为间断有限元方法求解海水入侵问题.

5.1 有限元内插函数

内插函数与单元的坐标相关, 故也称形状函数. 用它来联系单元内未知变量与节点未知变量的关系. 这是有限元法的基本特点. 下面将针对单元的类型叙述它们的内插函数. 一般用多项式表达这种内插函数, 这是因为多项式的微分、积分相当简易, 且阶次任意, 便于建立近似解 [9,10].

5.1.1 一维单元

据图 5.1.1, $\phi(x)$ 的近似解可写为

$$\phi(x) = a_1 + a_2 x + a_3 x^2 + \cdots + a_{n+1} x^n, \tag{5.1.1}$$

式中的 a 为常数.

如果只取一项, 那么 $\phi(x) = a_1$; 若以线性关系表达, 则 $\phi(x) = a_1 + a_2 x$; 倘使用二次式来逼近的话, $\phi(x) = a_1 + a_2 x + a_3 x^2$. 取的项数越多, 近似解越接近真解.

最常用一次函数

$$\phi(x) = a_1 + a_2 x \tag{5.1.2}$$

来表达; 为求常数 a_1、a_2, 只需把线单元两端点, 即 x_i 和 x_{i+1} 处的 ϕ 值: $\phi(x_i) = \phi_i$、$\phi(x_{i+1}) = \phi_{i+1}$ 代入上式, 得

$$\phi(x_i) = \phi_i = a_1 + a_2 x_i,$$

$$\phi(x_{i+1}) = \phi_{i+1} = a_1 + a_2 x_{i+1},$$

写成矩阵的形式为

$$\left\{ \begin{array}{c} \phi_i \\ \phi_{i+1} \end{array} \right\} = \left[\begin{array}{cc} 1 & x_i \\ 1 & x_{i+1} \end{array} \right] \left\{ \begin{array}{c} a_1 \\ a_2 \end{array} \right\}$$

或

$$\left\{ \begin{array}{c} a_1 \\ a_2 \end{array} \right\} = \frac{1}{x_{i+1} - x_i} \left[\begin{array}{cc} x_{i+1} & -x_i \\ -1 & 1 \end{array} \right] \left\{ \begin{array}{c} \phi_i \\ \phi_{i+1} \end{array} \right\}.$$

把上式代入式 (5.1.2) 得

$$\phi = \frac{x_{i+1}\phi_i - x_i\phi_{i+1}}{x_{i+1} - x_i} + \frac{\phi_{i+1} - \phi_i}{x_{i+1} - x_i} x,$$

$$\phi = \left(\frac{x_{i+1} - x}{x_{i+1} - x_i} \right)\phi_i + \left(\frac{x - x_i}{x_{i+1} - x_i} \right)\phi_{i+1} = N_i\phi_i + N_{i+1}\phi_{i+1}$$

$$= [N_i, N_{i+1}] \left\{ \begin{array}{c} \phi_i \\ \phi_{i+1} \end{array} \right\}. \tag{5.1.3}$$

上式说明了单元内的 ϕ 值与节点上的 ϕ_n 值之间的关系, N_n 是内插函数. 从上式可看出, 当 $x = x_{i+1}$ 时, $\phi = \phi_{i+1}$; 当 $x = x_i$ 时, $\phi = \phi_i$. 图 5.1.1 的几何关系表明了 N 随 n 线性变化的规律, 即在节点 i 处, $N_i = 1$、$N_{i+1} = 0$; 在节点 $i + 1$ 处, $N_i = 0$、$N_{i+1} = 1$.

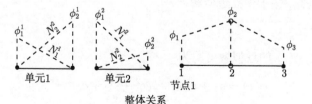

图 5.1.1　一维单元 ϕ 值与内插函数随坐标的变化

5.1.2 二维单一型一次单元

三角形单元就是所谓的二维单一型单元. 因 ϕ 是 x、y 的函数, 取

$$\phi(x, y) = a_1 + a_2 x + a_3 y. \tag{5.1.4}$$

在节点 i、j、k 处的 ϕ 值, 以相应的坐标值 x_n、y_n $(n = i, j, k)$ 来表示, 即

$$\phi_i = a_1 + a_2 x_i + a_3 y_i,$$

$$\phi_j = a_1 + a_2 x_j + a_3 y_j,$$

$$\phi_k = a_1 + a_2 x_k + a_3 y_k.$$

从上式联立解出常数 a_1、a_2、a_3 的值后, 再代入式 (5.1.4) 得

$$\phi = -\frac{1}{2A}[(a_i + b_i x + c_i y)\phi_i + (a_j + b_j x + c_j y)\phi_j + (a_k + b_k x + c_k y)\phi_k], \tag{5.1.5}$$

式中

$$\begin{aligned}
a_i &= x_j y_k - x_k y_j, & b_i &= y_j - y_k, & c_i &= x_k - x_j, \\
a_j &= x_k y_i - x_i y_k, & b_j &= y_k - y_i, & c_j &= x_i - x_k, \\
a_k &= x_i y_j - x_j y_i, & b_k &= y_i - y_j, & c_k &= x_j - x_i.
\end{aligned} \tag{5.1.6}$$

三角形面积:

$$A = \frac{1}{2} \begin{vmatrix} 1 & x_i & y_i \\ 1 & x_j & y_j \\ 1 & x_k & y_k \end{vmatrix}. \tag{5.1.7}$$

若令

$$\begin{aligned}
N_i &= (1/2A)(a_i + b_i x + c_i y), \\
N_j &= (1/2A)(a_j + b_j x + c_j y), \\
N_k &= (1/2A)(a_k + b_k x + c_k y),
\end{aligned} \tag{5.1.8}$$

则式 (5.1.5) 可写成矩阵的形式为

$$\phi = (N_i, N_j, N_k) \left\{ \begin{array}{c} \phi_i \\ \phi_j \\ \phi_k \end{array} \right\} = [N]\{\phi_n\}, \tag{5.1.9}$$

式中, $[N]$ 为内插函数或形状函数, 把节点坐标代入式 (5.1.5) 或 (5.1.9), 同一维单元一样, 得到 $\phi(x_i, y_i) = \phi_i$, 这是因为 $N_i(x_i, y_i) = 1$, 而 $N_i(x_j, y_j) = N_i(x_k, y_k) = 0$, 或 $N_j(x_i, y_i) = N_k(x_i, y_i) = 0$.

由式 (5.1.5) 或 (5.1.9) 所得到的 ϕ 值是连续的, 是指两个相邻单元在它们的接触线上有共同的 ϕ 值. 相邻单元的共同节点处的 ϕ 值相同, 且 ϕ 在接触线上的分布是直线. 两条直线的端点既然是共点, 那么这两条直线重合, 保证了 ϕ 的连续性.

由式 (5.1.5) 对 x、y 求偏导数, 得

$$\frac{\partial \phi}{\partial x} = \frac{1}{2A}[b_i \phi_i + b_j \phi_j + b_k \phi_k],$$

$$\frac{\partial \phi}{\partial y} = \frac{1}{2A}[c_i \phi_i + c_j \phi_j + c_k \phi_k]$$

或

$$\left\{ \begin{array}{c} \dfrac{\partial \phi}{\partial x} \\[2mm] \dfrac{\partial \phi}{\partial y} \end{array} \right\} = \frac{1}{2A} \left(\begin{array}{ccc} b_i & b_j & b_k \\[2mm] c_i & c_j & c_k \end{array} \right) \left(\begin{array}{c} \phi_i \\ \phi_j \\ \phi_k \end{array} \right) = [G]\{\phi_n\}. \tag{5.1.10}$$

上式说明, 在单元内, ϕ 的导数只与单元面积 A、节点值 ϕ_n、节点坐标 (x_i, y_i) 有关. 也就是说, 在单元内的任一点处的梯度相同. 但不同单元会有不同的梯度值.

5.1.3　三维单一型单元

四面体就是所谓的三维单一型单元. 取

$$\phi = \alpha_1 + \alpha_2 x + \alpha_3 y + \alpha_4 z$$

$$= [1, x, y, z] \left\{ \begin{array}{c} \alpha_1 \\ \alpha_2 \\ \alpha_3 \\ \alpha_4 \end{array} \right\} = [B]\{\alpha\}. \tag{5.1.11}$$

和前两节一样, 在节点 i、j、m、p 上的函数值为

$$\phi_i = \alpha_1 + \alpha_2 x_i + \alpha_3 y_i + \alpha_4 z_i,$$

$$\phi_j = \alpha_1 + \alpha_2 x_j + \alpha_3 y_j + \alpha_4 z_j,$$

$$\phi_m = \alpha_1 + \alpha_2 x_m + \alpha_3 y_m + \alpha_4 z_m,$$

$$\phi_p = \alpha_1 + \alpha_2 x_p + \alpha_3 y_p + \alpha_4 z_p.$$

写成矩阵形式为

$$\{\phi_n\} = \left\{ \begin{array}{c} \phi_i \\ \phi_j \\ \phi_m \\ \phi_p \end{array} \right\} = \left\{ \begin{array}{cccc} 1 & x_i & y_i & z_i \\ 1 & x_j & y_j & z_j \\ 1 & x_m & y_m & z_m \\ 1 & x_p & y_p & z_p \end{array} \right\} \left\{ \begin{array}{c} \alpha_1 \\ \alpha_2 \\ \alpha_3 \\ \alpha_4 \end{array} \right\} = [A]\{\alpha\}, \tag{5.1.12}$$

式中, $x_n, y_n, z_n \ (n = i, j, m, p)$ 分别为各节点的坐标值. 由上式解得 $\{\alpha\}$ 后, 代入式 (5.1.11), 得单元函数值 ϕ 与节点函数值 ϕ_n 的关系式为

$$\phi = [B][A]^{-1}\{\phi_n\}, \tag{5.1.13}$$

式中

$$[A]^{-1} = \frac{1}{6V}\begin{pmatrix} a_i & a_j & a_m & a_p \\ b_i & b_j & b_m & b_p \\ c_i & c_j & c_m & c_p \\ d_i & d_j & d_m & d_p \end{pmatrix}, \tag{5.1.14}$$

式中, V 为四面锥体的体积, 其行列式的表达式为

$$V = \frac{1}{6}\begin{vmatrix} 1 & x_i & y_i & z_i \\ 1 & x_j & y_j & z_j \\ 1 & x_m & y_m & z_m \\ 1 & x_p & y_p & z_p \end{vmatrix}, \tag{5.1.15}$$

$$a_i = \begin{vmatrix} x_j & y_j & z_j \\ x_m & y_m & z_m \\ x_p & y_p & z_p \end{vmatrix}, \quad b_i = -\begin{vmatrix} 1 & y_j & z_j \\ 1 & y_m & z_m \\ 1 & y_p & z_p \end{vmatrix},$$

$$c_i = -\begin{vmatrix} x_j & 1 & z_j \\ x_m & 1 & z_m \\ x_p & 1 & z_p \end{vmatrix}, \quad d_i = -\begin{vmatrix} x_i & y_i & 1 \\ x_m & y_m & 1 \\ x_p & y_p & 1 \end{vmatrix}. \tag{5.1.16}$$

其他各节点的 a、b、c、d 值, 按 i、j、m、p 的这种顺序改换下标, 便可得类似的行列式的表达式. 若令

$$\begin{aligned} N_i &= (a_i + b_i x + c_i y + d_i z)/(6V), \\ N_j &= (a_j + b_j x + c_j y + d_j z)/(6V), \\ N_m &= (a_m + b_m x + c_m y + d_m z)/(6V), \\ N_p &= (a_p + b_p x + c_p y + d_p z)/(6V), \end{aligned} \tag{5.1.17}$$

则式 (5.1.13) 可写为

$$\phi = [N_i, N_j, N_m, N_p]\{\phi_n\} = [N]\{\phi_n\}, \tag{5.1.18}$$

式中, $[N]$ 为四面锥体的内插函数. 若把 ϕ 分别对 x、y、z 进行偏微分, 便可得

$$\left\{\begin{array}{c} \dfrac{\partial\phi}{\partial x} \\[2mm] \dfrac{\partial\phi}{\partial y} \\[2mm] \dfrac{\partial\phi}{\partial z} \end{array}\right\} = \dfrac{1}{6V}\left(\begin{array}{cccc} b_i & b_j & b_m & b_p \\ c_i & c_j & c_m & c_p \\ d_i & d_j & d_m & d_p \end{array}\right)\left\{\begin{array}{c} \phi_i \\ \phi_j \\ \phi_m \\ \phi_p \end{array}\right\} = [G]\{\phi_n\}. \tag{5.1.19}$$

5.1.4　等参数单元

所谓等参数单元就是坐标的内插函数与待求量的内插函数相同, 且单元局部 (自然) 坐标平行单元的各边. 线性等参数单元的边是直线; 而二阶和高阶单元的边可以是直线或曲线. 这对于模拟曲线边界问题特别有用.

等参数单元的坐标是自然坐标系的一种类型. 在单元内任何一点是以一组不大于 1 的无量纲数来规定的.

1. 一维直线单元的自然坐标

如图 5.1.2 所示, 两个坐标 L_1、L_2 用来定一点的位置. 它们与 x、y 坐标关系为

$$\left\{\begin{array}{c} 1 \\ x \end{array}\right\} = \left[\begin{array}{cc} 1 & 1 \\ x_1 & x_2 \end{array}\right]\left\{\begin{array}{c} L_1 \\ L_2 \end{array}\right\}, \tag{5.1.20}$$

式中

$$L_1 = l_1/l, \quad L_2 = l_2,/l, \tag{5.1.21}$$

因为 $L_1 + L_2 = 1$. 在两个自然坐标中, 只有一个是独立的. 式 (5.1.20) 的逆是

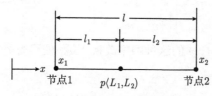

图 5.1.2　一维直线单元的自然坐标

$$\left\{\begin{array}{c} L_1 \\ L_2 \end{array}\right\} = \dfrac{1}{l}\left[\begin{array}{cc} x_2 & -1 \\ -x_1 & 1 \end{array}\right]\left\{\begin{array}{c} 1 \\ x \end{array}\right\}. \tag{5.1.22}$$

上式, 当 $x = x_1$ 时, $L_1 = (x_2 - x_1)/l = 1$, $L_2 = 0$; 当 $x = x_2$ 时, $L_1 = 0$、$L_2 = 1$.

2. 二维三角形单元的自然坐标

如图 5.1.3 所示, 三个坐标 L_1、L_2、L_3 用来定一点的位置, 它们与 x、y 坐标的关系为

$$\left\{\begin{array}{c} 1 \\ x \\ y \end{array}\right\} = \left[\begin{array}{ccc} 1 & 1 & 1 \\ x_1 & x_2 & x_3 \\ y_1 & y_2 & y_3 \end{array}\right]\left\{\begin{array}{c} L_1 \\ L_2 \\ L_3 \end{array}\right\}. \tag{5.1.23}$$

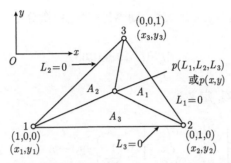

图 5.1.3 三角形单元的自然坐标 (L_1, L_2, L_3) 与直角坐标 (x, y)

若 A 为三角形的总面积, A_1、A_2、A_3 为小三角形面积, 则三角形坐标可考虑为面积坐标, 即

$$L_1 = A_1/A, \quad L_2 = A_2/A, \quad L_3 = A_3/A. \tag{5.1.24}$$

由式 (5.1.23) 的第一项, $L_1 + L_2 + L_3 = 1$, 这就构成只有两个坐标是独立的. 令 A_{ij} 是以节点 i, j 及 x, y 坐标系的原点为顶点的三角形面积, 并令

$$\begin{aligned}
c_1 &= x_3 - x_2, \quad b_1 = y_2 - y_3, \\
c_2 &= x_1 - x_3, \quad b_2 = y_3 - y_1, \\
c_3 &= x_2 - x_1, \quad b_3 = y_1 - y_2,
\end{aligned} \tag{5.1.25}$$

利用这些定义, 则式 (5.1.23) 的逆, 可写成

$$\begin{Bmatrix} L_1 \\ L_2 \\ L_3 \end{Bmatrix} = \frac{1}{2A} \begin{bmatrix} 2A_{23} & b_1 & c_1 \\ 2A_{31} & b_2 & c_2 \\ 2A_{12} & b_3 & c_3 \end{bmatrix} \begin{Bmatrix} 1 \\ x \\ y \end{Bmatrix}, \tag{5.1.26}$$

式中

$$\begin{aligned}
2A &= c_3 b_2 - c_2 b_3 = c_1 b_3 - c_3 b_1 = c_2 b_1 - c_1 b_2, \\
2A_{23} &= x_2 y_3 - x_3 y_2, \\
2A_{31} &= x_3 y_1 - x_1 y_3, \\
2A_{12} &= x_1 y_2 - x_2 y_1.
\end{aligned}$$

式 (5.1.26) 与 (5.1.8) 对比说明, L_1、L_2、L_3 相当于形状函数 N_i、N_j、N_k. 它们具有相同的特性, 即如果各节点坐标分别代入式 (5.1.26), 则在节点 1 处, $L_1 = 1$、$L_2 = L_3 = 0$; 在节点 2、3 处, $L_1 = 0$, 相当于 L_1 在节点 2、3 的那个边上会等于零.

自然会问为什么要这样说明面积坐标是三角形单元的合适内插函数, 这是因为在面积坐标中的函数最容易积分. 例如积分式为

$$\int_A f(N_i, N_j, N_k) \mathrm{d}A = \int_A f(L_i, L_j, L_k) \mathrm{d}A.$$

若 $\mathrm{d}A$ 以局部坐标 (L_i, L_j, L_k) 表达, 则容易积分, 由微分

$$\mathrm{d}L_i\mathrm{d}L_j = \det[J]\mathrm{d}A,$$

其中, $[J]$ 为雅可比矩阵, 定义为

$$[J] = \begin{bmatrix} \dfrac{\partial L_i}{\partial x} & \dfrac{\partial L_j}{\partial x} \\ \dfrac{\partial L_i}{\partial y} & \dfrac{\partial L_j}{\partial y} \end{bmatrix} = \dfrac{1}{2A} \begin{bmatrix} y_j - y_k & y_k - y_i \\ x_k - x_j & x_i - x_k \end{bmatrix},$$

$$\det[J] = \dfrac{1}{4A^2}[(y_j - y_k)(x_i - x_k) - (x_k - x_j)(y_k - y_i)] = \dfrac{1}{2A}.$$

于是, 由整体坐标转换到局部坐标的积分微元的转换式为

$$\mathrm{d}A = 2A\mathrm{d}L_i\mathrm{d}L_j. \tag{5.1.27}$$

注意, 只有两个面积坐标出现在雅可比矩阵中, 这是因为三个面积之和等于 1. 如知道其中的两个, 便可知道另一个. 在确定 $[J]$ 的过程中, 可任选坐标而不致影响关系的形式.

把典型积分式写为

$$\int_A f(N_i, N_j)\mathrm{d}A = \int_{L_i}\int_{L_j} f(N_i, N_j)2A\mathrm{d}L_i\mathrm{d}L_j$$
$$= 2A\int_{L_j=0}^{L_j=1}\left(\int_{L_i=0}^{L_i=(1-L_j)} f(L_i, L_j)\mathrm{d}L_i\right)\mathrm{d}L_j.$$

事实上, 在二维单元面积坐标中的任何多项式, 可用下面的简单关系式来积分, 即

$$\int_A L_1^p L_2^q L_3^r \mathrm{d}A = \dfrac{p!q!r!}{(p + q + r + 2)!}2A. \tag{5.1.28}$$

3. 二维四边形单元的自然坐标

由图 5.1.4, 这种正方形单元是线性的. 所要的多项式为

$$\phi = \alpha_1 + \alpha_2\xi + \alpha_3\eta + \alpha_4\xi\eta, \tag{5.1.29}$$

式中的无量纲坐标 ξ、η 的表达式为

$$\xi = (x - x_0)/a, \quad \eta = (y - y_0)/b, \tag{5.1.30}$$

式中, x_0、y_0 是图 5.1.4 中的 O 点的坐标. 由该图可见:

$$\begin{aligned}
\xi = \eta = -1, & \quad \text{当 } x = x_1、y = y_1 \text{ 时;} \\
\xi = 1、\eta = -1, & \quad \text{当 } x = x_2、y = y_2 \text{ 时;} \\
\xi = \eta = 1, & \quad \text{当 } x = x_3、y = y_3 \text{ 时;} \\
\xi = -1、\eta = 1, & \quad \text{当 } x = x_4、y = y_4 \text{ 时,}
\end{aligned}$$

式中, x_1、x_2、x_3、x_4 和 y_1、y_2、y_3、y_4 分别为节点 1、2、3、4 的坐标值.

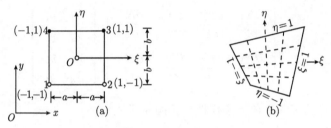

图 5.1.4　线性四边形单元

(a) 为正方形单元; (b) 为等参数单元, 单元内的虚线为等分四边形的两簇直线

由式 (5.1.30)、式 (5.1.29)、式 (5.1.27), 以 ξ、η 表达的导数为

$$\begin{aligned}
\frac{\partial \phi}{\partial x} &= \frac{1}{a}\frac{\partial \phi}{\partial \xi} = \alpha_2 + \alpha_4 \eta, \\
\frac{\partial \phi}{\partial y} &= \frac{1}{b}\frac{\partial \phi}{\partial \eta} = \alpha_3 + \alpha_4 \xi
\end{aligned} \tag{5.1.31}$$

上式说明, 单元内的函数梯度不是常量, 而是线性变化的. 所以比三角形单元更能反映实际情况. 由式 (5.1.27), 两种系统的面积分关系为

$$\iint_A f(x,y)\mathrm{d}A = 4ab \int_{-1}^{+1}\int_{-1}^{+1} f(\xi,\eta)\mathrm{d}\xi\mathrm{d}\eta. \tag{5.1.32}$$

为了在节点处计算 ϕ 值, 和以前一样, 把节点坐标代入式 (5.1.29), 并求解 α, 得

$$\phi = N_1\phi_1 + N_2\phi_2 + N_3\phi_3 + N_4\phi_4 = \sum_{i=1}^{4} N_i\phi_i,$$

其中内插函数为

$$\begin{aligned}
N_1 &= (1-\xi)(1-\eta)/4, \\
N_2 &= (1+\xi)(1-\eta)/4, \\
N_3 &= (1+\xi)(1+\eta)/4, \\
N_4 &= (1-\xi)(1+\eta)/4.
\end{aligned} \tag{5.1.33}$$

为了对等参数单元积分, 利用复合函数微分法, 两个坐标系之间的导数关系为

$$\left\{\begin{array}{c}\dfrac{\partial N_i}{\partial \xi} \\[2mm] \dfrac{\partial N_i}{\partial \eta}\end{array}\right\} = \left[\begin{array}{cc}\dfrac{\partial x}{\partial \xi} & \dfrac{\partial y}{\partial \xi} \\[2mm] \dfrac{\partial x}{\partial \eta} & \dfrac{\partial y}{\partial \eta}\end{array}\right]\left\{\begin{array}{c}\dfrac{\partial N_i}{\partial x} \\[2mm] \dfrac{\partial N_i}{\partial y}\end{array}\right\} = [J]\left\{\begin{array}{c}\dfrac{\partial N_i}{\partial x} \\[2mm] \dfrac{\partial N_i}{\partial y}\end{array}\right\}, \tag{5.1.34}$$

式中, $[J]$ 为雅可比矩阵.

$$[J] = \left[\begin{array}{cccc}\dfrac{\partial N_1}{\partial \xi} & \dfrac{\partial N_2}{\partial \xi} & \dfrac{\partial N_3}{\partial \xi} & \dfrac{\partial N_4}{\partial \xi} \\[2mm] \dfrac{\partial N_1}{\partial \eta} & \dfrac{\partial N_2}{\partial \eta} & \dfrac{\partial N_3}{\partial \eta} & \dfrac{\partial N_4}{\partial \eta}\end{array}\right]\left\{\begin{array}{cc}x_1 & y_1 \\ x_2 & y_2 \\ x_3 & y_3 \\ x_4 & y_4\end{array}\right\}. \tag{5.1.35}$$

而且, 还要同前面三角形单元那样把单元面积变成

$$\mathrm{d}x\mathrm{d}y = \det[J]\mathrm{d}\xi\mathrm{d}\eta,$$

其中, $\det[J]$ 系指 $[J]$ 的行列式. 每一单元的积分界限由 -1 到 $+1$, 即

$$\iint f(x,y)\mathrm{d}x\mathrm{d}y = \int_{-1}^{1}\int_{-1}^{1}f(\xi,\eta)\det[J]\mathrm{d}\xi\mathrm{d}\eta. \tag{5.1.36}$$

由于雅可比矩阵是坐标的函数, 它的系数是多项式, $[J]^{-1}$ 不能显式地确定, 必须采用数值法近似积分.

4. 三维六面体单元

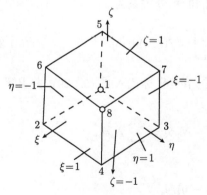

图 5.1.5　8 节点立方体单元

对于图 5.1.5 那样的 8 节点立方形基本单元, 可以照样处理, 把待求量模式和坐标变换记为

$$\phi = \alpha_1 + \alpha_2\xi + \alpha_3\eta + \alpha_4\zeta + \alpha_5\xi\eta + \alpha_6\eta\zeta + \alpha_7\zeta\xi + \alpha_8\xi\eta\zeta,$$

在节点处为

$$\phi = \sum_{i=1}^{8}N_i\phi_i, \tag{5.1.37}$$

$$x = \sum_{i=1}^{8}N_ix_i, \quad y = \sum_{i=1}^{8}N_iy_i, \quad z = \sum_{i=1}^{8}N_iz_i,$$

其中

$$N_i = (1 + \xi_i\xi)(1 + \eta_i\eta)(1 + \zeta_i\zeta)/8 = (1 + \xi_0)(1 + \eta_0)(1 + \zeta_0)/8.$$

变换后, 将得出的 8 节点的直棱、曲面的六面体单元.

5. 小结

(1) 一维插值见表 5.1.1.

表 5.1.1

插值名称	连续性	单元自由度	总自由度	逼近度 $|\pi f - f|_{s,\Omega} \leqslant M h^{k+1-s} |f|_{k+1,\Omega}$
一次 (L 型)	$C_{[a,b]}$	2	Np	$k = 1, 0 \leqslant s \leqslant 1$

(2) 二维插值见表 5.1.2.

表 5.1.2

单元形式	插值名称	连续性	单元自由度	总自由度	逼近度 $|\pi f - f|_{s,\Omega} \leqslant M h^{k+1-s} |f|_{k+1,\Omega}$
三角形	一次 (L 型)	$C(\bar{\Omega})$	3	Np	$k = 1, 0 \leqslant s \leqslant 1$
矩形	双线性 (L 型)	$C(\bar{\Omega})$	4	Np	$k = 1, 0 \leqslant s \leqslant 1$

(3) 三维插值见表 5.1.3.

表 5.1.3

单元形式	插值名称	连续性	单元自由度	总自由度	逼近度 $|\pi f - f|_{s,\Omega} \leqslant M h^{k+1-s} |f|_{k+1,\Omega}$
四面体	线性 (L 型)	$C(\bar{\Omega})$	4	Np	$k = 1, 0 \leqslant s \leqslant 1$
六面体	8 节点等参	$C(\bar{\Omega})$	8	Np	$k = 1, 0 \leqslant s \leqslant 1$

5.2 海水入侵数值模拟的有限元程序

5.2.1 数学模型

基于第 1 章的讨论, 海水入侵的三维数学模型必须用两个偏微分方程来描述. 第一个方程用来描述密度不断改变的液体 (淡水和海水的混合物) 的流动方程. 第二个方程用来描述溶解盐分的运移浓度方程.

对于流动方程有下述形式:

$$\frac{\partial}{\partial x_1}\left(K^1(c)\frac{\partial H}{\partial x_1}\right) + \frac{\partial}{\partial x_2}\left(K^2(c)\frac{\partial H}{\partial x_2}\right) + \frac{\partial}{\partial x_3}\left(K^3(c)\left(\frac{\partial H}{\partial x_3} - \eta c\right)\right) = S_s\frac{\partial H}{\partial t} + \varphi\eta\frac{\partial c}{\partial t} - \frac{\rho}{\rho_0}q,$$

$$(5.2.1)$$

式中: K^i 为渗透系数 $(i = 1, 2, 3)$, H 为对淡水而言的参考水头 (淡水水头), $x_i(i = 1, 2, 3)$ 为笛卡儿坐标系, 其他记号如 1.2 节.

方程 (5.2.1) 的初始条件和边界条件为

$$H(x_1, x_2, x_3, 0) = H_0(x_1, x_2, x_3), \tag{5.2.2}$$

$$H(x_1, x_2, x_3, t)_{\Gamma_1} = H_1(x_1, x_2, x_3, t), \tag{5.2.3a}$$

$$U \cdot n \mid_{\Gamma_2} = 0, \tag{5.2.3b}$$

$$-U \cdot n = \left(W - S_y \frac{\partial H^*}{\partial t} \right)_{\Gamma_3}, \tag{5.2.3c}$$

$$H^*(x_1, x_2, x_3 t) \mid_{\Gamma_3} = x_3, \tag{5.2.3d}$$

式中: H_0 为初始水头, H_1 为边界 Γ_1 上给定水头, n 为边界 Γ_2 和 Γ_3 上的外法向单位矢量, W 为潜水面 Γ_3 上的降水入渗补给量, S_y 为给水度, $H^*(x_1, x_2, x_3, t)$ 为潜水面 Γ_3 上各点的水头, x_3 为潜水面 Γ_3 上某点的高程, U 为地下水渗流速度.

描述盐分运移的浓度方程则采用下述对流–扩散方程:

$$\frac{\partial}{\partial x_1} \left(D^{11}(H) \frac{\partial c}{\partial x_1} \right) + \frac{\partial}{\partial x_2} \left(D^{22}(H) \frac{\partial c}{\partial x_2} \right)$$

$$+ \frac{\partial}{\partial x_3} \left(D^{33}(H) \frac{\partial c}{\partial x_3} \right) - U \cdot \nabla C = \beta \frac{\partial c}{\partial t} + g(H, c), \tag{5.2.4}$$

式中: $\beta = \varphi \dfrac{\rho_0}{\rho}, g(H, c) = -\left[q(c^* - c) + 2 \dfrac{\partial}{\partial x_1} \left(D^{12}(H) \dfrac{\partial c}{\partial x_2} \right) + 2 \dfrac{\partial}{\partial x_1} \left(D^{13}(H) \dfrac{\partial c}{\partial x_3} \right) + 2 \dfrac{\partial}{\partial x_2} \left(D^{23}(H) \dfrac{\partial c}{\partial x_3} \right) \right]$, $D^{11}(H)$、$D^{22}(H)$、$D^{33}(H)$ 为扩散矩阵 D 的对角元, $D^{12}(H)$、$D^{13}(H)$、$D^{23}(H)$ 为扩散矩阵 D 的非对角元.

方程 (5.2.4) 的初始条件和边界条件为

$$c(x_1, x_2, x_3, 0) = c_0(x_1, x_2, x_3), \tag{5.2.5}$$

$$c(x_1, x_2, x_3, t)|_{\Gamma_1} = c_1(x_1, x_2, x_3, t), \tag{5.2.6a}$$

$$(D\nabla c \cdot n)|_{\Gamma_2} = 0, \tag{5.2.6b}$$

$$(D\nabla c \cdot n)|_{\Gamma_3} = r(c - c'), \tag{5.2.6c}$$

式中 Γ_1, Γ_2 为浓度给定边界和隔水边界, r 为交换系数, 与入渗补给量和介质特征有关, n 为边界 Γ_2 和 Γ_3 上的法向单位矢量.

相应的渗流达西速度:

$$U = -\frac{\rho_0 g}{\mu} K(\nabla H - \eta e e_3) \tag{5.2.7}$$

上述两个方程 (5.2.1) 和 (5.2.4) 和相应的初始条件和边界条件 (5.2.3)、(5.2.4)、(5.2.5)、(5.2.6) 构成一个描述海水入侵含水层的完整数学模型, 其中方程 (5.2.1) 和 (5.2.4) 是通过达西速度 U (5.2.7) 耦合的.

5.2.2 有限元方法程序

这流动实际上沿着带有迁移 $\beta\dfrac{\partial c}{\partial t} + U \cdot \nabla c$ 的特征方向, 用特征线法处理方程 (5.2.4) 的一阶双曲部分具有很高的精确度 [11~13]. 记 $\psi = [\beta^2 + |U|^2]^{\frac{1}{2}}$, 则有

$$\frac{\partial}{\partial \tau} = \psi^{-1}\left\{\beta\frac{\partial c}{\partial t} + U \cdot \nabla\right\}, \tag{5.2.8}$$

则可将 (5.2.4) 改写为下述形式:

$$\psi\frac{\partial c}{\partial \tau} = \frac{\partial}{\partial x_1}\left(D^{11}(H)\frac{\partial c}{\partial x_1}\right) + \frac{\partial}{\partial x_2}\left(D^{22}(H)\frac{\partial c}{\partial x_2}\right) + \frac{\partial}{\partial x_3}\left(D^{33}(H)\frac{\partial c}{\partial x_3}\right) - g(H, c), \tag{5.2.9}$$

应用有限元方法于 (5.2.1), 有

$$\int_\Omega \left\{\frac{\partial}{\partial x_1}\left(K^1(c)\frac{\partial H}{\partial x_1}\right) + \frac{\partial}{\partial x_2}\left(K^2(c)\frac{\partial H}{\partial x_2}\right)\right.$$
$$\left. + \frac{\partial}{\partial x_3}\left(K^3(c)\left(\frac{\partial H}{\partial x_3} - \eta c\right)\right)\right\}N_I \mathrm{d}x_1\mathrm{d}x_2\mathrm{d}x_3$$
$$= \int_\Omega \left\{S_s\frac{\partial H}{\partial t} + \varphi\eta\frac{\partial c}{\partial t} - \frac{\rho}{\rho_0}q\right\}N_I\mathrm{d}x_1\mathrm{d}x_2\mathrm{d}x_3, \quad I = 1, 2, \cdots, n, \tag{5.2.10}$$

式中 N_I 为基函数, $N_I(X_J) = \begin{cases} 1, & J = I, \\ 0, & J \neq I, \end{cases}$ n 为水头未知的节点总数, Ω 为计算区域.

由格林公式, 从 (5.2.10) 可得

$$\int_\Omega \left\{K^1(c)\frac{\partial N_I}{\partial x_1}\frac{\partial H}{\partial x_1} + K^2(c)\frac{\partial N_I}{\partial x_2}\frac{\partial H}{\partial x_2} + K^3(c)\frac{\partial N_I}{\partial x_3}\frac{\partial H}{\partial x_3}\right\}\mathrm{d}x_1\mathrm{d}x_2\mathrm{d}x_3$$
$$+ \int_\Omega S_s\frac{\partial H}{\partial t}N_I\mathrm{d}x_1\mathrm{d}x_2\mathrm{d}x_3$$
$$= \int_{\Gamma_3}\left(W - S_y\frac{\partial H^*}{\partial t}\right)N_I\mathrm{d}x_1\mathrm{d}x_2 + \int_\Omega \frac{\partial H_I}{\partial x_3}K^3(c)\eta c\mathrm{d}x_1\mathrm{d}x_2\mathrm{d}x_3$$
$$- \int_\Omega \left(\varphi\eta\frac{\partial c}{\partial t} - \frac{\rho}{\rho_0}q\right)N_I\mathrm{d}x_1\mathrm{d}x_2\mathrm{d}x_3, \quad I = 1, 2, \cdots, n. \tag{5.2.11}$$

水头函数 H 近似地表示为

$$H \approx \tilde{H} = \sum_{J=1}^N H_J N_J. \tag{5.2.12}$$

将式 (5.2.12) 代入式 (5.2.11), 应用隐式差分格式可求得用矩阵表示的代数方程组:

$$\left[\bar{D} + \frac{\bar{P}}{\Delta t}\right]H^{k+1} = \bar{F} + \frac{\bar{P}}{\Delta t}H^k, \tag{5.2.13}$$

式中:

N_J 为基函数, n 为有限元节点总数.

$\bar{D}$ 为对称正定 n 阶矩阵, 其元素为

$$d_{IJ}=\int_{\Omega}\left\{K^1(C^k)\frac{\partial N_I}{\partial x_1}\frac{\partial N_J}{\partial x_1}+K^2(C^k)\frac{\partial N_I}{\partial x_2}\frac{\partial N_J}{\partial x_2}+K^3(C^k)\frac{\partial N_I}{\partial x_3}\frac{\partial N_J}{\partial x_3}\right\}\mathrm{d}x_1\mathrm{d}x_2\mathrm{d}x_3. \tag{5.2.14}$$

$\bar{P}$ 为对称正定 n 阶矩阵, 其元素为

$$P_{IJ}=\int_{\Omega}S_s N_I N_J \mathrm{d}x_1\mathrm{d}x_2\mathrm{d}x_3. \tag{5.2.15}$$

$\bar{F}$ 为 n 维矢量, 其元素为

$$f_I=\int_{\Gamma_3}\left(W-S_y\frac{\partial H^*}{\partial t}\right)N_I\mathrm{d}x_1\mathrm{d}x_2+\int_{\Omega}K^3(C^k)\frac{\partial N_I}{\partial x_3}\eta C^k\mathrm{d}x_1\mathrm{d}x_2\mathrm{d}x_3$$

$$-\int_{\Omega}\left(\varphi\eta\frac{\partial C^k}{\partial t}-\frac{\rho^k}{\rho_0}q\right)N_I\mathrm{d}x_1\mathrm{d}x_2\mathrm{d}x_3, \tag{5.2.16}$$

此处 k 表示计算时间步数, Δt 为时间步长. 解代数方程组 (5.2.13) 即可由 k 时刻水头 H^k 和浓度 C^k 求出下一时刻 $k+1$ 的水头 H^{k+1}.

应用有限元法于式 (5.2.9), 有

$$\int_{\Omega}\left\{\frac{\partial}{\partial x_1}\left(D^{11}(H)\frac{\partial c}{\partial x_1}\right)+\frac{\partial}{\partial x_2}\left(D^{22}(H)\frac{\partial c}{\partial x_2}\right)\right.$$

$$\left.+\frac{\partial}{\partial x_3}\left(D^{33}(H)\frac{\partial c}{\partial x_3}\right)\right\}N_I\mathrm{d}x_1\mathrm{d}x_2\mathrm{d}x_3$$

$$=\int_{\Omega}\psi\frac{\partial c}{\partial \tau}N_I\mathrm{d}x_1\mathrm{d}x_2\mathrm{d}x_3-\int_{\Omega}g(H,c)N_I\mathrm{d}x_1\mathrm{d}x_2\mathrm{d}x_3,\quad I=1,2,\cdots,n, \tag{5.2.17}$$

式中 n 为浓度未知的节点总数.

应用格式公式由上式可得

$$\int_{\Omega}\left\{D^{11}(H)\frac{\partial N_I}{\partial x_1}\frac{\partial c}{\partial x_1}+D^{22}(H)\frac{\partial N_I}{\partial x_2}\frac{\partial c}{\partial x_2}+D^{33}(H)\frac{\partial N_I}{\partial x_3}\frac{\partial c}{\partial x_3}\right\}\mathrm{d}x_1\mathrm{d}x_2\mathrm{d}x_3$$

$$+\int_{\Omega}\psi\frac{\partial c}{\partial \tau}N_I\mathrm{d}x_1\mathrm{d}x_2\mathrm{d}x_3$$

$$=\int_{\Gamma_3}r(c-c')N_I\mathrm{d}x_1\mathrm{d}x_2-\int_{\Omega}g(H,c)N_I\mathrm{d}x_1\mathrm{d}x_2\mathrm{d}x_3\quad I=1,2,\cdots,n. \tag{5.2.18}$$

函数 c 近似地表示为

$$c(x_1, x_2, x_3, t) \approx \tilde{C}(x_1, x_2, x_3, t) = \sum_{J=1}^{n} C_J(t) N_J(X). \tag{5.2.19}$$

将式 (5.2.19) 代入式 (5.2.18), 应用隐式差分格式可得下列代数方程组:

$$AC^{k+1} + B \frac{C^{k+1} - \bar{C}^k}{\Delta t} = F, \tag{5.2.20}$$

式中:

A 为 n 阶对称正定矩阵, 其元素为

$$a_{IJ} = \int_{\Omega} \left\{ D^{11}(H^k) \frac{\partial N_I}{\partial x_1} \frac{\partial N_J}{\partial x_1} + D^{22}(H^k) \frac{\partial N_I}{\partial x_2} \frac{\partial N_J}{\partial x_2} + D^{33}(H^k) \frac{\partial N_I}{\partial x_3} \frac{\partial N_J}{\partial x_3} \right\} dx_1 dx_2 dx_3, \tag{5.2.21}$$

B 为 n 阶对称正定矩阵, 其元素为

$$b_{IJ} = \int_{\Omega} \beta(C^k) N_I N_J dx_1 dx_2 dx_3, \tag{5.2.22}$$

F 为 n 维矢量, 其元素为

$$f_i = \int_{\Gamma_3} r(C^k - C'^k) N_I dx_1 dx_2 - \int_{\Omega} g(H^k, C^k) N_I dx_1 dx_2 dx_3. \tag{5.2.23}$$

对式 (5.2.9) 中的左端顶 $\psi \dfrac{\partial c}{\partial \tau}$. 首先沿特征线方向取差分. 设动点 p 在 t_{k+1} 时刻的位置为 X_p^{k+1}, 若 X_p^{k+1} 的位置就是节点 $p(X_p)$, 则动点 p 在 t_k 时刻的位置可由特征方程 (5.2.8) 求得:

$$X_p^k = X_p^{k+1} - \beta^{-1}(C^k) U^k \Delta t. \tag{5.2.24}$$

算出的 X_p^k 不一定恰好落在节点上, 其浓度 $C(X_p^k)$ 可由相邻节点在 t_k 时刻的浓度插值求得

$$C(X_p^k, t_k) = \sum_{m=0}^{n} C_m(t_k) N_m(X_p^k). \tag{5.2.25}$$

于是有 $\bar{C}^k = C(X_p^k, t_k)$, 将其代入式 (5.2.20), 解此代数方程组, 即可由 k 时刻的浓度 C^k 求得 $k+1$ 时刻各节点的浓度 C^{k+1}.

整个计算过程的程序是: 当已知 t_k 时刻的 $\{C^k, H^k\}$, 由方程 (5.2.13) 和方程 (5.2.20) 求解时刻 $t = t_{k+1}$ 的解 $\{C^{k+1}, H^{k+1}\}$. 我们将有关方程 (5.2.13) 和方程 (5.2.20) 的有关系数及右端, 作线性化处理, 即退后一个时刻 $t = t_k$, 这样即可近似求出 $\{C^{k+1}, H^{k+1}\}$. 若需要提高精确度, 可进行迭代, 或进行预估–校正处理.

5.3　特征有限元方法的数值分析

海水入侵是现代社会上具有特色的资源与环境问题. 其数学模型是一类三维关于参考水头 $H(x,t)$ 和浓度 $c(x,t)$ 的非线性抛物型偏微分方程组初、边值问题. 当水的密度 $\rho \equiv$ 常数 ρ_0 时, 即为均质液体时, 方程组简化为

$$\nabla \cdot (a\nabla H) = S_s \frac{\partial H}{\partial t} - q, \quad x = (x_1, x_2, x_3)^{\mathrm{T}} \in \Omega, t \in J = (0, T], \tag{5.3.1}$$

$$\nabla(\psi D \nabla c) - U \cdot \nabla c = \psi \frac{\partial c}{\partial t} + \psi S_s c \frac{\partial H}{\partial t} - q(c^* - c), \quad x \in \Omega, \ t \in J, \tag{5.3.2}$$

此处 $a = \dfrac{\rho_0 g \kappa(c)}{\mu(c)}, \psi = \psi(x), q = q(x,t), c^*(x,t)$ 是已知浓度函数.

初始条件:

$$H(x, 0) = H_0(x), c(x, 0) = c_0(x), \quad x = (x_1, x_2, x_3)^{\mathrm{T}} \in \Omega, t \in J. \tag{5.3.3}$$

边界条件:

$$\nabla H \cdot r = 0, x \in \partial\Omega, t \in J, \tag{5.3.4a}$$

$$D\nabla c \cdot r = 0, x \in \partial\Omega, t \in J. \tag{5.3.4b}$$

此处 r 是 $\partial\Omega$ 的外法向矢量.

这里仅讨论分子扩散的情况, 即 $D = d_m I$.

5.3.1　特征有限元格式

问题式 (5.3.1)~(5.3.4) 的有限元方法基于下述弱形式:

$$\left(S_s \frac{\partial H}{\partial t}, v\right) + (a\nabla H, \nabla v) = (q, v), \quad \forall v \in H^1(\Omega), \quad t \in J, \tag{5.3.5}$$

$$\left(\psi \frac{\partial c}{\partial t}, z\right) + (U \cdot \nabla c, z) + (\psi D \nabla c, \nabla z) + \left(\psi S_s c \frac{\partial H}{\partial t}, z\right) = (q(c^* - c), z), \quad \forall z \in H^1(\Omega), t \in J. \tag{5.3.6}$$

设 $h = (h_p, h_c)$, 此处 h_p, h_c 分别为压力头和浓度的剖分参数. 记 $N_h = N_{h_p}$ 和 $M_h = M_{h_c}$ 是属于 $W^{1,\infty}(\Omega)$ 的有限元子空间分别逼近压力头和浓度. 如果 N_h 是一个指数为 k 拟正则部分的分片多项式空间, 其逼近性:

$$\inf_{\nu_h \in N_h} \|v - V_h\|_{1,q} \leqslant M \|v\|_{\kappa+1,q} h_p^\kappa, \quad 1 \leqslant q \leqslant \infty. \tag{5.3.7}$$

类似的, 如果 M_h 是一个指数为 l 的分片多项式空间, 其逼近性和方程 (5.3.7) 类似, 只要将那里的 k 换为 l.

这流动实际上沿着带有迁移 $\psi\dfrac{\partial c}{\partial t} + U \cdot \nabla c$ 特征方向的, 用特征线法处理方程 (5.3.2) 的一阶双曲部分将具有很高的精确度. 记 $\varphi = [\psi^2 + |U|^2]^{1/2}$, $\dfrac{\partial}{\partial \tau} = \varphi^{-1}\Big\{\psi\dfrac{\partial c}{\partial t} + U \cdot \nabla\Big\}$, 则浓度方程能写为下述形式:

$$\varphi\frac{\partial c}{\partial \tau} - \nabla \cdot (\psi D\nabla c) + \psi S_s c\frac{\partial H}{\partial t} = q(c^* - c), \quad x \in \Omega, \ t \in J. \tag{5.3.8}$$

沿 τ 方向的向后差商逼近, $\dfrac{\partial c}{\partial \tau}(x, t^n)$,

$$\frac{\partial c''}{\partial \tau} \approx \frac{c^n(x) - c^{n-1}(x - \psi^{-1}(x)U^n(x)\Delta t)}{\Delta t(1 + \psi^{-2}(x)|U^n(x)|^2)^{1/2}}. \tag{5.3.9}$$

让 $\tilde{x}^n = x - \psi^{-1}(x)U^n(x)\Delta t, \tilde{f}(x) = f(\tilde{x})$, 则

$$\varphi\frac{\partial c}{\partial \tau}(x, t^n) = \psi\frac{c^n(x) - c^{n-1}(\tilde{x}^n)}{\Delta t} + O\Big(\Big|\frac{\partial^2 c}{\partial \tau^2}\Big|\Delta t\Big). \tag{5.3.10}$$

特征有限元格式: 当 $t = t^{n-1}$ 如果逼近解 $\{H_h^{n-1}, C_h^{n-1}\} \in N_h \times M_h$ 是已知的, 寻求逼近解 $\{H_h^n, C_h^n\} \in N_h \times M_h$ 在 $t = t^n$:

$$\Big(S_s\frac{H_h^n - H_h^{n-1}}{\Delta t}, v\Big) + (a(C_h^{n-1})\nabla H_h^n, \nabla v) = (q^n, v), \quad \forall v \in N_h, \tag{5.3.11a}$$

$$U_h^{n-1} = -a(C_h^{n-1})\nabla H_h^{n-1} = -\frac{\rho_0 g k(C_h^{n-1})\nabla H_h^{n-1}}{\mu(C_h^{n-1})}, \tag{5.3.11b}$$

$$\Big(\psi\frac{C_h^n - \hat{C}_h^{n-1}}{\Delta t}, z\Big) + (\psi D\nabla C_h^n, \nabla z) + \Big(\psi S_s C_h^{n-1}\frac{H_h^n - H_h^{n-1}}{\Delta t}, z\Big)$$
$$= (q(c^* - C_h^{n-1}), z), \quad \forall z \in M_h. \tag{5.3.12}$$

特别地, 初始逼近 H_h^0, C_h^0 必须给定.

这有限元程序 (5.3.11), (5.3.12) 计算如下: 从 (5.3.11a) 得到 H_h^n, 从 (5.3.11b) 得到 U^{n-1}. 最后从 (5.3.12) 得到 C_h^n, 此处

$$\hat{C}_h^{n-1} = C_h^{n-1}(\hat{X}^n), \quad \hat{X}^n = x - \psi^{-1}(x)U_h^{n-1}(x)\Delta t. \tag{5.3.13}$$

如果 $\hat{X}^n$ 在 Ω 之外, 能连接 $\hat{X}^n$ 和 $Y \in \partial\Omega$, 使得 $(\hat{X}^n - Y)/|\hat{X}^n - Y|$ 是边界曲面 $\partial\Omega$ 在点 Y 的外法向矢量, 取 $x^* \in \Omega$, 使得 $Y - x^* = \hat{X}^n - Y$. 现在定义 $\hat{C}_h^{n-1}(\hat{X}^n) = C_h^{n-1}(X^*)$. 注意到边界条件 $\dfrac{\partial C}{\partial r}\Big|_{\partial\Omega} = 0$, 这样的选取是合理的.

5.3.2 收敛性分析

为了研究格式 (5.3.11), (5.3.12) 的收敛性, 引入某些辅助的椭圆投影, 此处常数 λ 和 μ 是选定的, 使得双线性形式是强制的.

设 $\tilde{C} = \tilde{C}_h : J \to M_h$ 由下述关系式确定:

$$(\psi D(c - \tilde{C}), \nabla z) + \lambda(c - \tilde{C}, z) = 0, \ \ z \in M_n, \ t \in J. \tag{5.3.14}$$

设 $\tilde{H} = \tilde{H}_h : J \to N_h$ 由下述关系确定:

$$(a(c)\nabla(H - \tilde{H}), \nabla \nu) + \mu(H - \tilde{H}, \nu) = 0, \ \ \nu \in N_h, \ t \in J. \tag{5.3.15}$$

特别, 取定初始值: $C_h^0 = \tilde{C}(0), H_h^0 = \tilde{H}(0)$.

记 $\zeta = c - \tilde{C}, \xi = \tilde{C} - C_h, \eta = H - \tilde{H}, \pi = \tilde{H} - H_h$. 应用椭圆问题 Galerkin 方法的标准分析, 能得下述结果:

$$\|\zeta\|_0 + h_c \|\zeta\|_1 \leqslant M \|c\|_{l+1} h_c^{l+1}, \tag{5.3.16a}$$

$$\|\eta\|_0 + h_p \|\eta\|_1 \leqslant M \|H\|_{k+1} h_p^{k+1}, \tag{5.3.16b}$$

$$\left\|\frac{\partial \varsigma}{\partial t}\right\|_0 + h_c \left\|\frac{\partial \varsigma}{\partial t}\right\|_1 \leqslant M\{\|c\|_{l+1} + \left\|\frac{\partial c}{\partial t}\right\|_{l+1}\}h_c^{l+1}, \tag{5.3.16c}$$

$$\left\|\frac{\partial \eta}{\partial t}\right\|_0 + h_p \left\|\frac{\partial \eta}{\partial t}\right\|_1 \leqslant M\{\|H\|_{k+1} + \left\|\frac{\partial H}{\partial t}\right\|_{k+1}\}h_p^{k+1}, \ \ t \in J. \tag{5.3.16d}$$

我们估计 $H^n - H_h^n$ 和 $c^n - C_h^n$, 考虑流动方程. 由 (5.3.11a) 和 (5.3.15)$(t = t^n)$ 相减, 可导出下述误差方程:

$$(S_s d_t \pi^{n-1}, v) + (a(C_h^{n-1})\nabla \pi^n, \nabla v)$$
$$= ([a(C_h^{n-1}) - a(c^n)]\nabla \tilde{H}^n, \nabla v) - (S_s d_t \eta^n, v)$$
$$+ \left(S_s\left[d_t H^{n-1} - \frac{\partial H^n}{\partial t}\right], d_t \pi^{n-1}\right) + \mu(\eta^n, d_t \pi^{n-1}), \ \ v \in N_n, \tag{5.3.17}$$

此处 $d_t \pi^{n-1} = (\pi^n - \pi^{n-1})/\Delta t, \cdots$. 取检验函数 $v = d_t \pi^{n-1}$, 则有

$$d_t(a(C_h^{n-2})\nabla \pi^{n-1}, \nabla \pi^{n-1})$$
$$= 2(a(C_h^{n-1})\nabla \pi^n, \nabla d_t \pi^n) + \frac{1}{\Delta t}([a(C_h^{n-1}) - a(C_h^{n-2})]\nabla \pi^{n-1}, \nabla \pi^{n-1})$$
$$- (a(C_h^{n-1})\nabla d_t \pi^{n-1}, \nabla d_t \pi^{n-1})\Delta t. \tag{5.3.18}$$

由式 (5.3.17) 和式 (5.3.18) 可得

$$(S_s d_t \pi^{n-1}, d_t \pi^{n-1}) + \frac{1}{2}d_t(a(C_h^{n-2})\nabla \pi^{n-1}, \nabla \pi^{n-1})$$

$$
\begin{aligned}
= & ([a(C_h^{n-1}) - a(c^n)]\nabla\tilde{H}^n, \nabla d_t\pi^{n-1}) - (S_s d_t\eta^n, d_t\pi^{n-1}) \\
& + \left(S_s\left[d_t H^{n-1} - \frac{\partial H^n}{\partial t}\right], d_t\pi^{n-1}\right) \\
& + \mu(\eta^n, d_t\pi^{n-1}) + \frac{1}{2\Delta t}([a(C_h^{n-1}) - a(C_h^{n-2})]\nabla\pi^{n-1}, \nabla\pi^{n-1}) \\
& - \frac{1}{2}(a(C_h^{n-1})\nabla d_t\pi^{n-1}, \nabla d_t\pi^{n-1})\Delta t.
\end{aligned}
\tag{5.3.19}
$$

对正常数 M_1, 作归纳法假定 [11,13]

$$
\sup_{0 \leqslant n \leqslant m-1} \|\nabla\pi^n\|_{0,\infty} \leqslant M_1.
\tag{5.3.20}
$$

注意到 $\frac{1}{2}(a(C_h^{n-1})\nabla d_t\pi^{n-1}, \nabla d_t\pi^{n-1})\Delta t \geqslant 0$, 由式 (5.3.16), 式 (5.3.19) 和式 (5.3.20) 能得

$$
\begin{aligned}
& \frac{S_s}{2}\|d_t\pi^{n-1}\|_0^2 + \frac{1}{2}d_t(a(C_h^{n-2})\nabla\pi^{n-1}, \nabla\pi^{n-1}) \\
& \leqslant M\left\{\|\nabla\pi^{n-1}\|_0^2 + \|\xi^{n-1}\|_0^2 + h_p^{2(k+1)} + h_c^{2(l+1)} + (\Delta t)^2\right\} \\
& \quad + \varepsilon\|d_t\xi^{n-2}\|_0^2 + ([a(C_h^{n-1}) - a((c^n))]\nabla\tilde{H}^n, \nabla d_t\pi^{n-1}).
\end{aligned}
\tag{5.3.21}
$$

用 Δt 乘关系式 (5.3.21), 并关于时间求和 $(1 \leqslant n \leqslant m)$ 有

$$
\begin{aligned}
& \frac{S_s}{2}\sum_{n=1}^m\|d_t\pi^{n-1}\|_0^2\Delta t + \frac{1}{2}(a(C_h^{m-1})\nabla\pi^m, \nabla\pi^m) \\
& \leqslant M\left\{\sum_{n=1}^m[\|\nabla\pi^{n-1}\|_0^2 + \|\xi^{n-1}\|_0^2]\Delta t + h_p^{2(k+1)} + h_c^{2(l+1)} + (\Delta t)^2\right\} \\
& \quad + \varepsilon\sum_{n=2}^m\|d_t\xi^{n-2}\|_0^2\Delta t + \sum_{n=1}^m([a(C_h^{n-1}) - a(c^n)]\nabla\tilde{H}^n, \nabla d_t\pi^{n-1})\Delta t.
\end{aligned}
\tag{5.3.22}
$$

对最后一项, 分部求和得

$$
\begin{aligned}
& \sum_{n=1}^m([a(C_h^{n-1}) - a(C_h^n)]\nabla\tilde{H}^n, \nabla d_t\pi^{n-1})\Delta t \\
& \leqslant \varepsilon\sum_{n=1}^m\|d_t\xi^{n-1}\|_0^2\Delta t + \varepsilon\|\nabla\pi^m\|_0^2 + M\left\{\sum_{n=1}^m[\|\nabla\pi^{n-1}\|_0^2 + \|\xi^{n-1}\|_0^2]\Delta t\right. \\
& \quad \left. + \|\xi^m\|_0^2 + h_c^{2(l+1)} + (\Delta t)^2\right\}.
\end{aligned}
\tag{5.3.23}
$$

应用不等式

$$
\|\pi^m\|_0^2 \leqslant \varepsilon\sum_{n=1}^m\|d_t\pi^{n-1}\|_0^2\Delta t + M\sum_{n=1}^m\|\pi^{n-1}\|_0^2\Delta t,
\tag{5.3.24}
$$

因此由式 (5.3.22) 和式 (5.3.24) 得

$$\sum_{n=1}^{m} \left\| d_t \pi^{n-1} \right\|_0^2 \Delta t + \left\| \nabla \pi^m \right\|_0^2$$

$$\leqslant M \left\{ \sum_{n=1}^{m-1} [\|\nabla \pi^n\|_0^2 + \|\xi^n\|_0^2] \Delta t + h_p^{2(k+1)} + h_c^{2(l+1)} + (\Delta t)^2 \right\}$$

$$+ \varepsilon \sum_{n=1}^{m} \|d_t \xi^n\|_0^2 \Delta t. \tag{5.3.25}$$

现在回到浓度方程关于 ξ 的误差估计. 由式 (5.3.14)$(t = t^n)$ 和式 (5.3.12) 可以推得

$$\left(\psi \frac{\xi^n - \hat{\xi}^{n-1}}{\Delta t}, z \right) + (\psi D \nabla \xi^n, \nabla z)$$

$$= \left(\psi \frac{\tilde{C}^n - \hat{\tilde{C}}^{n-1}}{\Delta t}, z \right) + (\psi D \nabla \tilde{C}^n, \nabla z)$$

$$+ \left(\psi S_s C_h^{n-1} \frac{H_h^n - H_h^{n-1}}{\Delta t}, z \right) - (q(c^{*n-1} - C_h^{n-1}), z), \tag{5.3.26}$$

$$(\psi D \nabla \tilde{C}^n, \nabla z) = (\psi D \nabla c^n, \nabla z) + \lambda(\varsigma^n, z)$$

$$= - \left(\psi \frac{\partial c^n}{\partial t}, z \right) - (U^n \cdot \nabla c^n, z) - \left(S_s \psi c^n \frac{\partial H^n}{\partial t}, z \right)$$

$$+ (q(c^{*n} - c^n), z) + \lambda(\varsigma^n, z). \tag{5.3.27}$$

则有

$$\left(\psi \frac{\xi^n - \hat{\xi}^{n-1}}{\Delta t}, z \right) + (\psi D \nabla \xi^n, \nabla z)$$

$$= - \left(\left[\psi \frac{\partial c^n}{\partial t} + U^n \cdot \nabla c^n - \psi \frac{\tilde{C} - \hat{\tilde{C}}^{n-1}}{\Delta t} \right], z \right) + \lambda(\varsigma^n, z)$$

$$+ (q(c^{*n} - c^{*n-1}) - q(c^n - C_h^{n-1}), z)$$

$$+ \left(\psi S_s \left[C_h^{n-1} \frac{H_h^n - H_h^{n-1}}{\Delta t} - c^n \frac{\partial H^n}{\partial t} \right], z \right)$$

$$= - \left(\left[\psi \frac{\partial c^n}{\partial t} + U_h^{n-1} \cdot \nabla c^n - \psi \frac{c^n - \hat{c}^{n-1}}{\Delta t} \right], z \right) - \left(\psi \frac{\varsigma^n - \hat{\varsigma}^{n-1}}{\Delta t}, z \right)$$

$$+ \lambda(\varsigma^n, z) + (q(c^{*n} - c^{*n-1}) - q(c^n - c^{n-1}) - q(\zeta^{n-1} + \xi^{n-1}), z)$$

$$+ \left(\psi S_s \left[C_h^{n-1} \frac{H_h^n - H_h^{n-1}}{\Delta t} - c^n \frac{\partial H^n}{\partial t} \right], z \right) + ((U_h^{n-1} - U^n) \cdot \nabla c^n, z),$$

此处 $\hat{\xi}^{n-1} = \xi^{n-1}(\hat{x}^{n-1}), \hat{\varsigma}^{n-1} = \varsigma^{n-1}(\hat{x}^{n-1}), \hat{x}^{n-1} = x - U_h^{n-1} \Delta t / \psi$. 能够写上式为

$$\left(\psi \frac{\xi^n - \xi^{n-1}}{\Delta t}, z \right) + (\psi D \nabla \xi^n, \nabla z)$$

$$= -\left(\left[\psi \frac{\partial c^n}{\partial t} + U_h^{n-1} \cdot \nabla c^n - \psi \frac{c^n - \hat{c}^{n-1}}{\Delta t} \right], z \right)$$

$$+ \left(\psi \frac{\hat{\xi}^{n-1} - \xi^{n-1}}{\Delta t}, z \right) + \left(\psi \frac{\hat{\xi}^{n-1} - \varsigma^n}{\Delta t}, z \right)$$

$$+ \lambda(\varsigma^n, z) + (q[(c^{*n} - c^{*n-1}) - (c^n - c^{n-1}) - (\varsigma^{n-1} + \xi^{n-1})], z)$$

$$+ ((U_h^{n-1} - U^n) \cdot \nabla c^n, z) + \left(\psi S_s \left[C_h^{n-1} \frac{H_h^n - H_h^{n-1}}{\Delta t} - c^n \frac{\partial H^n}{\partial t} \right], z \right). \quad (5.3.28)$$

选取检验函数 $z = \xi^n - \xi^{n-1} = d_t \xi^{n-1} \Delta t$. 关于时间求和 $(1 \leqslant n \leqslant m)$ 并用 $T_1, T_2, \cdots, T_6$ 表示式 (5.3.28) 右端诸项. 不等式 $a(a-b) \geqslant \frac{1}{2}(a^2 - b^2)$ 指出

$$\sum_{n=1}^m (\psi d_t \xi^{n-1}, d_t \xi^{n-1}) \Delta t + \frac{1}{2} (\psi D \nabla \xi^m, \nabla \xi^m) - \frac{1}{2} (\psi D \nabla \xi^0, \nabla \xi^0) \leqslant \sum_{i=1}^6 T_i, \quad (5.3.29)$$

此处

$$T_1 = -\sum_{n=1}^m \left(\left[\psi \frac{\partial c^n}{\partial t} + U_n^{n-1} \cdot \nabla c^n - \psi \frac{c^n - \hat{c}^{n-1}}{\Delta t} \right], d_t \xi^{n-1} \right) \Delta t,$$

$$T_2 = \sum_{n=1}^m \left\{ \left(\psi \frac{\hat{\xi}^{n-1} - \xi^{n-1}}{\Delta t}, d_t \xi^{n-1} \right) + \left(\psi \frac{\hat{\varsigma}^{n-1} - \varsigma^{n-1}}{\Delta t}, d_t \xi^{n-1} \right) \right\} \Delta t,$$

$$T_3 = \sum_{n=1}^m (\lambda \varsigma^n, d_t \xi^{n-1}) \Delta t,$$

$$T_4 = \sum_{n=1}^m (q[(c^{*n} - c^{*n-1}) - (c^n - c^{n-1}) - (\varsigma^{n-1} + \xi^{n-1})], d_t \xi^{n-1}) \Delta t,$$

$$T_5 = \sum_{n=1}^m ([U_h^{n-1} - U^n] \cdot c^n, d_t \xi^{n-1}) \Delta t,$$

$$T_6 = \sum_{n=1}^m \left(\psi S_s \left[C_h^{n-1} \frac{H_h^n - H_h^{n-1}}{\Delta t} - c^n \frac{\partial H^n}{\partial t} \right], d_t \xi^{n-1} \right) \Delta t.$$

现在依次估计 $T_1 \sim T_6$, 并应用 Gronwall 引理可以证明此误差估计定理. 在文献 [11,14] 中对周期边界条件的情况, Russell 完整地估计了 T_1 项. 注意到假设 $c(x) \in C^2(\Omega)$, $\left. \frac{\partial c}{\partial \gamma} \right|_{\partial \Omega} = 0$, 则函数 $c(x)$ 可作对称延拓, 则可得 $c(x) \in C^2(\Omega_\varepsilon)$, 此处 Ω_ε 是一个关于 Ω 的 ε 邻域 $(\tilde{\Omega} \subset \Omega_\varepsilon)$.

对 T_1 有

$$|T_1| \leqslant M \sum_{n=1}^{m} \left\| \psi \frac{\partial c^n}{\partial t} + U_h^{n-1} \cdot \nabla c^n - \psi \frac{c^n - \hat{c}^{n-1}}{\Delta t} \right\|^2 \Delta t + \varepsilon \sum_{n=1}^{m} \left\| d_t \xi^{n-1} \right\|^2 \Delta t.$$

(5.3.30)

注意到 $\psi \dfrac{\partial c^n}{\partial t} + U_h^{n-1} \cdot \nabla c^n = \varphi(x, U_h^{n-1}) \dfrac{\partial c^n}{\partial \tau(x,t)}$, 此处 $\varphi(x,t) = (\psi^2(x) + |U_h^{n-1}|^2)^{1/2}$,

τ 逼近单位特征矢量.

为了处理 T_1, 估计 $\left\| U_h^{n-1} \right\|_\infty$,

$$\begin{aligned}
\left\| U_h^{n-1} \right\|_\infty &= \left\| a(C_h^{n-1}) \nabla H_h^{n-1} \right\|_\infty \\
&\leqslant \left\| a(C_h^{n-1}) \nabla (H_h^{n-1} - \tilde{H}^{n-1}) \right\|_\infty + \left\| a(C_h^{n-1}) \nabla \tilde{H}^{n-1} \right\|_\infty \\
&\leqslant a^* \left\{ \left\| \nabla \pi^{n-1} \right\|_\infty + \left\| \nabla \tilde{H}^{n-1} \right\|_\infty \right\},
\end{aligned}$$

(5.3.31)

此处 $0 \leqslant a(C_h^{n-1}) \leqslant a^*$. 记 $\sup\limits_{n \Delta t \leqslant T} \left\| \nabla \tilde{H}^n \right\|_\infty = R_1$. 由归纳法假定式 (5.3.20) 能得

$$\sup_{n \leqslant m-1} \left\| U_h^n \right\|_\infty \leqslant a^*(M + R_1) = Q_1,$$

(5.3.32)

则有

$$\begin{aligned}
&\left\| \psi \frac{\partial c^n}{\partial t} + U_h^{n-1} \cdot \nabla c^n - \psi \frac{c^n - \hat{c}^{n-1}}{\Delta t} \right\|^2 \\
&\leqslant \int_\Omega \left(\frac{\psi}{\Delta t} \right)^2 \left(\frac{\varphi \Delta t}{\psi} \right)^2 \left| \int_{(\hat{x}, t^{n-1})}^{(x,t)} \frac{\partial^2 c}{\partial \tau^2} \mathrm{d}\tau \right|^2 \mathrm{d}x \\
&\leqslant \Delta t \left\| \frac{\phi^3}{\psi} \right\|_\infty \int_\Omega \int_{(\hat{x}, t^{n-1})}^{(x, t^n)} \left| \frac{\partial^2 c}{\partial \tau^2} \right|^2 \mathrm{d}\tau \mathrm{d}x \\
&\leqslant \Delta t \left\| \frac{\phi^3}{\psi} \right\|_\infty \int_{\Omega_\varepsilon} \int_{t^{n-1}}^{t^n} \left| \frac{\partial^2 c}{\partial \tau^2} \right|^2 \mathrm{d}t \mathrm{d}x.
\end{aligned}$$

(5.3.33)

由式 (5.3.32), φ 是有界的. 对 Δt 充分小, 能够假定 $\hat{x} \in \Omega_\varepsilon$(对全部 $x \in \Omega$). 因为函数 $c(x)$ 按对称延拓和 $c(x) \in C^2(\Omega_\varepsilon)$, 有

$$\left\| \psi \frac{\partial c^n}{\partial t} + U_h^{n-1} \cdot \nabla c^n - \psi \frac{c^n - \hat{c}^{n-1}}{\Delta t} \right\|^2 \leqslant M \Delta t \int_\Omega \int_{t^{n-1}}^{t^n} \left| \frac{\partial^2 c}{\partial \tau^2} \right|^2 \mathrm{d}t \mathrm{d}x.$$

最后可得

$$|T_1| \leqslant M (\Delta t)^2 \left\| \frac{\partial^2 c}{\partial \tau^2} \right\|_{L^2(J; L^2(\Omega))}^2 + \varepsilon \sum_{n=1}^{m} \left\| d_t \xi^{n-1} \right\|^2 \Delta t.$$

(5.3.34)

对 T_2 有

$$T_2 = \sum_{n=1}^{m} \left(\psi \frac{\hat{\xi}^{n-1} - \xi^{n-1}}{\Delta t}, d_t \xi^{n-1} \right) \Delta t + \sum_{n=1}^{m} \left(\psi \frac{\hat{\varsigma}^{n-1} - \varsigma^{n-1}}{\Delta t}, d_t \xi^{n-1} \right) \Delta t.$$

(5.3.35)

对第 1 项

$$\left|\sum_{n=1}^{m}\left(\psi\frac{\hat{\xi}^{n-1}-\xi^{n-1}}{\Delta t}, d_t\xi^{n-1}\right)\right| \leqslant M\sum_{n=1}^{m}\left\|\frac{\hat{\xi}^{n-1}-\xi^{n-1}}{\Delta t}\right\|\Delta t + \varepsilon\sum_{n=1}^{m}\left\|d_t\xi^{n-1}\right\|^2\Delta t$$

$$\leqslant M\sum_{n=1}^{m}\sum_{F}\left\|\frac{\hat{\xi}^{n-1}-\xi^{n-1}}{\Delta t}\right\|_{L^2(F)}^2\Delta t + \varepsilon\sum_{n=1}^{m}\left\|d_t\xi^{n-1}\right\|^2\Delta t, \tag{5.3.36a}$$

此处 F 是关于域 Ω 关于压力特殊剖分单元. 对每一 F 用估计 $\left\|(\hat{\xi}^{n-1}, \xi^{n-1})/\Delta t\right\|_{L^2(F)}^2$ 界定 T_2.

由式 (5.3.32) 有

$$\left\|\frac{\hat{\xi}^{n-1}-\xi^{n-1}}{\Delta t}\right\|_{L^2(F)}^2 \leqslant (\Delta t)^{-2}\int_F\left[\int_0^1\left|\frac{\partial\xi^{n-1}}{\partial z}\left(x-\frac{U_h^{n-1}\Delta t\bar{z}}{\psi(x)}\right)\right|\left|\frac{U_h^{n-1}}{\psi(x)}\right|\Delta t d\bar{z}\right]^2 dx$$

$$\leqslant (\Delta t)^{-2}\int_F\left(\frac{|U_h^{n-1}|\Delta t}{\psi(x)}\right)^2\int_0^1\left|\frac{\partial\xi^{n-1}}{\partial z}\left(x-\frac{U_h^{n-1}\Delta t\bar{z}}{\psi(x)}\right)\right|^2 d\bar{z}dx$$

$$\leqslant M\int_0^1\int_F\left|\nabla\xi^{n-1}\left(x-\frac{U_h^{n-1}\Delta t\bar{z}}{\psi(x)}\right)\right|^2 dxd\bar{z}. \tag{5.3.36b}$$

对固定 $\bar{z}$, 考虑变换

$$Y = f_{\bar{z}}(x) = x - \frac{U_h^{n-1}}{\psi(x)}\Delta t\bar{z}, \quad x \in F. \tag{5.3.36c}$$

假设行列式 $\det(Df_{\bar{z}}) \geqslant \delta_0 > 0$, 下面指明

$$\left\|\frac{\hat{\xi}^{n-1}-\xi^{n-1}}{\Delta t}\right\|_{L^2(F)}^2 \leqslant M\int_0^1\int_{f_{\bar{z}}(F)}\left|\nabla\xi^{n-1}(y)\right|^2\delta_0^{-1}dyd\bar{z},$$

$$\sum_F\left\|\frac{\hat{\xi}^{n-1}-\xi^{n-1}}{\Delta t}\right\|_{L^2(F)}^2 \leqslant M\int_0^1\int_{f_{\bar{z}}(\Omega)}\left|\nabla\xi^{n-1}(y)\right|^2\delta_0^{-1}dxd\bar{z}$$

$$\leqslant M\int_0^1\int_{\Omega_\varepsilon}|\nabla\xi^{n-1}|^2dyd\bar{z} \leqslant M\|\nabla\xi^{n-1}\|^2. \tag{5.3.36d}$$

因为 $f_{\bar{z}}$ 是一个局部同胚映射和 $f_{\bar{z}}(\Omega)$ 对 Δt 充分小是包含在 Ω_ε 中. 事实上, 对充分小的 Δt, $f_{\bar{z}}(\Omega)$ 是包含在任何一个 $\bar{\Omega}$ 的开邻域中.

为了估计 $Df_{\bar{z}}$, 注意到当 $x \in F$ 这雅可比行列式是

$$
\begin{bmatrix}
1 - \dfrac{\partial}{\partial x_1}\left(\dfrac{U_h^{n-1}}{\psi(x)}\right)_1 \Delta t \bar{z} & -\dfrac{\partial}{\partial x_2}\left(\dfrac{U_h^{n-1}}{\psi(x)}\right)_1 \Delta t \bar{z} & -\dfrac{\partial}{\partial x_3}\left(\dfrac{U_h^{n-1}}{\psi(x)}\right)_1 \Delta t \bar{z} \\[3mm]
-\dfrac{\partial}{\partial x_1}\left(\dfrac{U_h^{n-1}}{\psi(x)}\right)_2 \Delta t \bar{z} & 1 - \dfrac{\partial}{\partial x_2}\left(\dfrac{U_h^{n-1}}{\psi(x)}\right)_2 \Delta t \bar{z} & -\dfrac{\partial}{\partial x_3}\left(\dfrac{U_h^{n-1}}{\psi(x)}\right)_2 \Delta t \bar{z} \\[3mm]
-\dfrac{\partial}{\partial x_1}\left(\dfrac{U_h^{n-1}}{\psi(x)}\right)_3 \Delta t \bar{z} & \dfrac{\partial}{\partial x_2}\left(\dfrac{U_h^{n-1}}{\psi(x)}\right)_3 \Delta t \bar{z} & 1 - \dfrac{\partial}{\partial x_3}\left(\dfrac{U_h^{n-1}}{\psi(x)}\right)_3 \Delta t \bar{z}
\end{bmatrix}.
$$

因为 $\left|\dfrac{\partial \psi}{\partial x_i}\right|$ 有界, 并且

$$
\frac{\partial}{\partial x_1} U_{h,1}^{n-1} = -\frac{\partial a}{\partial c}(C_h^{n-1})\frac{\partial C_h^{n-1}}{\partial x_1}(\nabla H_h^n)_1 - a(C_h^{n-1})\frac{\partial}{\partial x_1}(\nabla H_h^n)_1, \tag{5.3.36e}
$$

注意到

$$
\left\| C_h^{n-1} \right\|_{W^{1,\infty}} \leqslant \left\| \tilde{C}_h^{n-1} \right\|_{W^{1,\infty}} + \left\| \xi^{n-1} \right\|_{\omega^{1,\infty}} \leqslant R_2 + M h^{-3/2} \left\| \xi^{n-1} \right\|_1,
$$

此处 $R_2 = \sup\limits_{n\Delta t \leqslant T} \left\| \tilde{C}^n \right\|_{W^{1,\infty}}$, 则有

$$
\sup_{n \leqslant m-1} \left\| C_h^n \right\|_{W^{1,\infty}} \leqslant R_2 + M h_c^{-3/2} \sup_{n \leqslant m-1} \left\| \xi^n \right\|_1 = Q_2.
$$

为了处理 Q_2, 需要一个归纳法假定. 假定

$$
Q_2 \leqslant h^{-3/2} \tag{3.5.36f}
$$

当 h_c 充分小.

对 $\dfrac{\partial}{\partial x_i}(\nabla H_h^{n-1})_i$, 由式 (5.3.32) 能得

$$
\left\| \frac{\partial}{\partial x_i}(\nabla H_h^{n-1})_j \right\|_\infty \leqslant M h_p^{-3/2} \left\| U_h^{n-1} \right\|_\infty \leqslant M_2 h_p^{-3/2},
$$

此处常数 M_2 依赖于 Q_1, 则有

$$
\left| \frac{\partial}{\partial x_i}\left(\frac{U_h^{n-1}}{\psi(x)}\right)_j \Delta t \bar{z} \right| \leqslant M_3\{h_p^{-3/2} + h_c^{-3/2}\}\Delta t. \tag{5.3.36g}
$$

假定空间和时间步长满足关系式:

$$
\Delta t = o(h_c^{3/2}) = o(h_p^{3/2}), \tag{5.3.37}
$$

则行列式 $\det(Df_{\bar{z}}) \geqslant \delta_0 > 0$ 对 (h_c, h_p) 充分小. 推出

$$\left\| \sum_{n=1}^{m} \left(\psi \frac{\hat{\xi}^{n-1} - \xi^{n-1}}{\Delta t}, d_t \xi^{n-1} \right) \Delta t \right\| \leqslant \varepsilon \sum_{n=1}^{m} \left\| d_t \xi^{n-1} \right\|_0^2 \Delta t + M \sum_{n=1}^{m} \left\| \nabla \xi^{n-1} \right\|_0^2 \Delta t,$$

$$(5.3.38)$$

$$\left\| \sum_{n=1}^{m} \left(\psi \frac{\xi^{n-1} - \varsigma^{n-1}}{\Delta t}, d_t \xi^{n-1} \right) \Delta t \right\| \leqslant \varepsilon \sum_{n=1}^{m} \left\| d_t \xi^{n-1} \right\|_0^2 \Delta t + M h_c^{2l}. \qquad (5.3.39)$$

由式 (5.3.35)~(5.3.39) 能得

$$|T_2| \leqslant \varepsilon \sum_{n=1}^{m} \left\| d_t \xi^{n-1} \right\|_0^2 \Delta t + M \left\{ h_c^{2l} + \sum_{n=1}^{m} \left\| \nabla \xi^{n-1} \right\|_0^2 \Delta t \right\}. \qquad (5.3.40)$$

对 $T_3 \sim T_5$ 有

$$|T_3| \leqslant \varepsilon \sum_{n=1}^{m} \left\| d_t \xi^{n-1} \right\|_0^2 \Delta t + M h_c^{2(l+1)}, \qquad (5.3.41)$$

$$|T_4| \leqslant \varepsilon \sum_{n=1}^{m} \left\| d_t \xi^{n-1} \right\|_0^2 \Delta t + M \left\{ (\Delta t)^2 + h_c^{2(l+1)} + \sum_{n=1}^{m} \left\| \xi^{n-1} \right\|_0^2 \Delta t \right\}, \qquad (5.3.42)$$

$$|T_5| \leqslant \varepsilon \sum_{n=1}^{m} \left\| d_t \xi^{n-1} \right\|_0^2 \Delta t + \varepsilon \left\| \xi^m \right\|_1^2 + M \left\{ (\Delta t)^2 + h_c^{2l} + h_p^{2(k+1)} \right.$$

$$\left. + \sum_{n=1}^{m} \left\| \nabla \pi^n \right\|_0^2 \Delta t + \sum_{n=1}^{m} \left\| \xi^{n-1} \right\|_1^2 \Delta t \right\}, \qquad (5.3.43)$$

$$|T_6| \leqslant \varepsilon \sum_{n=1}^{m} \left\| d_t \xi^{n-1} \right\|_0^2 \Delta t + M \left\{ (\Delta t)^2 + h_p^{2(k+1)} + h_c^{2(l+1)} \right.$$

$$\left. + \sum_{n=1}^{m} \left\| \xi^{n-1} \right\|_0^2 \Delta t + \sum_{n=1}^{m} \left\| d_t \pi^{n-1} \right\|_0^2 \Delta t \right\}. \qquad (5.3.44)$$

组合式 (5.3.29), 式 (5.3.34), 式 (5.3.40)~(5.3.44), 有

$$\sum_{n=1}^{m} (\psi d_t \xi^{n-1}, d_t \xi^{n-1}) \Delta t + \frac{1}{2} (\psi D \nabla \xi^m, \nabla \xi^m)$$

$$\leqslant \varepsilon \left\| \xi^m \right\|_1^2 + \varepsilon \sum_{n=1}^{m} \left\| d_t \xi^{n-1} \right\|_0^2 \Delta t + M \sum_{n=1}^{m} \left\| \xi^{n-1} \right\|_0^2 \Delta t$$

$$+ M \left\{ (\Delta t)^2 + h_c^{2l} + h_p^{2(k+1)} + \sum_{n=1}^{m} \left\| \nabla \pi^n \right\|_0^2 \Delta t \right.$$

$$\left. + \sum_{n=1}^{m} \left\| d_t \pi^{n-1} \right\|_0^2 \Delta t + \sum_{n=1}^{m} \left\| \xi^{n-1} \right\|_1^2 \Delta t \right\}. \qquad (5.3.45)$$

应用不等式 $\|\xi^m\|^2 \leqslant \varepsilon \sum_{n=1}^{m} \|d_t\xi^{n-1}\|_0^2 \Delta t + M \sum_{n=1}^{m} \|\xi^{n-1}\|_0^2 \Delta t$ 能得

$$\sum_{n=1}^{m} \|d_t\xi^{n-1}\|_0^2 \Delta t + \|\xi^m\|_1^2$$

$$\leqslant M\left\{\sum_{n=1}^{m}\left[\|\xi^{n-1}\|_1^2 + \|d_t\pi^{n-1}\|_0^2 + \|\nabla\pi\|_0^2\right]\Delta t + h_c^{2l} + h_p^{2(k+1)}\right\}. \quad (5.3.46)$$

类似地, 对式 (5.3.25) 有

$$\sum_{n=1}^{m} \|d_t\pi^{n-1}\|_0^2 \Delta t + \|\pi^m\|_1^2$$

$$\leqslant M\left\{\sum_{n=0}^{m-1}[\|\nabla\pi^n\|_0^2 + \|\xi^n\|_0^2]\Delta t + h_p^{2(k+1)} + h_c^{2(l+1)} + (\Delta t)^2\right\} + \varepsilon\sum_{n=1}^{m}\|d_t\xi^{n-1}\|_0^2\Delta t.$$

$$(5.3.47)$$

组合 (5.3.46) 和 (5.3.47) 有

$$\sum_{n=1}^{m}\{\|d_t\pi^{n-1}\|_0^2 + \|d_t\xi^{n-1}\|_0^2\}\Delta t + \|\pi^m\|_1^2 + \|\xi^m\|_1^2$$

$$\leqslant M\left\{\sum_{n=1}^{m}[\|\pi^n\|_1^2 + \|\xi^n\|_1^2]\Delta t + (\Delta t)^2 + h_c^{2l} + h_p^{2(k+1)}\right\}. \quad (5.3.48)$$

应用 Gronwall 引理可得

$$\|\xi\|_{\tilde{L}_\infty(J;H^1(\Omega))} + \|d_t\xi\|_{\tilde{L}_2(J;L^2(\Omega))} + \|\pi\|_{\tilde{L}_\infty(J;H^1(\Omega))} + \|d_t\pi\|_{\tilde{L}_2(J;L^2(\Omega))}$$

$$\leqslant M^*\{h_c^l + h_p^{k+1} + \Delta t\}, \quad (5.3.49)$$

此处 $\|\xi\|_{\tilde{L}_\infty(J;H^1(\Omega))} = \sup_{m\Delta t < T} \|\xi^m\|_1$, $\|d_t\xi\|_{\tilde{L}_2(J;L^2(\Omega))} = \sup_{m\Delta t \leqslant T}\left\{\sum_{n=1}^{m}\|d_t\xi^{n-1}\|_0^2\Delta t\right\}^{1/2}$,
$\cdots$.

余下需要检验归纳法假定 [11,13]. 首先, 对 (5.3.20) 假定 $k \geqslant 1$ 且空间和时间步长满足关系式:

$$h_c^l = o(h_p^{3/2}), \quad \Delta t = o(h_p^{3/2}). \quad (5.3.50)$$

由式 (5.3.49) 有

$$\sup_{n\leqslant m} \|\nabla\pi^n\|_\infty \leqslant M\{h_c^l h_p^{-3/2} + h_p^{k-1/2} + \Delta t h_p^{-3/2}\}, \quad (5.3.51)$$

则 (5.3.20) 成立. 对 (5.3.36f), 要求 $l \geqslant 2$ 且假定空间的时间步长满足关系式:

$$h_p^{k+1} = o(h_c^{3/2}), \quad \Delta t = o(h_c^{3/2}). \tag{5.3.52}$$

由式 (5.3.49) 有

$$Q_2 \leqslant R_2 + Mh_c^{-3/2}\{h_c^l + h_p^{k+1} + \Delta t\} \leqslant 2R_2 \leqslant h_c^{-3/2}$$

对 h_c 充分小, (5.3.36f) 成立.

定理 5.3.1 若问题 (5.3.1)~ 问题 (5.3.4) 的精确解足够光滑, 和假定 $k \geqslant 1, l \geqslant 2$, 空间和时间剖分步长满足关系式:

$$\Delta t = o(h_p^{3/2}) = o(h_c^{3/2}), \quad h_c^l = o(h_p^{3/2}), \quad h_p^{k+1} = o(h_c^{3/2}), \tag{5.3.53}$$

则对格式 (5.3.11)、(5.3.12), 下述误差估计成立:

$$\begin{aligned}
&\|c - C_h\|_{\tilde{L}_\infty(J;H^1(\Omega))} + \|d_t(c - C_h)\|_{\tilde{L}_2(J;L^2(\Omega))} + \|H - H_h\|_{\tilde{L}_\infty(J;L^2(\Omega))} \\
&+ h_p \|H - H_h\|_{\tilde{L}_\infty(j;H^1(\Omega))} + \|d_t(H - H_h)\|_{\tilde{L}_2(J;L^2(\Omega))} \\
&\leqslant M\{h_c^l + h_p^{k+1} + \Delta t\},
\end{aligned} \tag{5.3.54}$$

此处常数 M 依赖于 $H, C, \dfrac{\partial H}{\partial t}$ 和 $\dfrac{\partial C}{\partial t}$.

限制 $h_p^{k+1} = o(h_c^{3/2}), h_c^l = o(h_p^{3/2})$ 是合理的. 注意到误差估计 (5.3.54), 自然要选定 h_p 和 h_c 之间的关系式, 使得 h^{k+1} 和 h_c^l 是同一尺寸. 要求存在正常数 M_4 和 M_5 使得

$$0 < M_4 \leqslant h_p^{k+1} h_c^{-l} \leqslant M_5, \tag{5.3.55}$$

则 $h_p^{k+1} h_c^{-3/2} \leqslant Mh_p^{(k+1)(l-3/2)l} \to 0, h_c^l h_p^{-3/2} \leqslant Mh_c^{l(l-1)(k+1)} \to 0$ 成立.

5.4 带自由潜水面地下渗流分裂–隐处理方法

地下水是一种极其重要的资源, 也是人类赖以生存的环境, 不仅水资源的开发利用情况直接关系到国民经济的发展, 而且水资源的保护也是保护人类生存环境的重要组成部分. 在地下水渗流过程中, 自由潜水面、自由交界面问题的计算一直是非常困难的问题 [15,16]. 本节讨论多孔介质饱和带中均质地下水渗流自由边界问题的一类数值方法: 分裂–隐处理方法, 对一维入渗补给问题给出严格的理论分析, 证明了最优阶误差估计.

5.4.1　数学模型

研究地下渗流问题的方法通常采用 Euler 方法 [15]. 取体积元 $\Delta V = \Delta x \Delta y \Delta z$, 在该体积元内流体满足质量守恒定律

$$-\nabla(\rho v \Delta x \Delta y \Delta z) + \rho q \Delta x \Delta y \Delta z = \frac{\partial}{\partial t}(\rho \varphi \Delta x \Delta y \Delta z), \tag{5.4.1}$$

其中 φ 为孔隙度, ρ 为密度, q 为单位体积内源 (汇) 的流量, v 为达西速度, 对各向同性介质由达西定律

$$v = -\frac{k}{\mu}(\nabla p + \rho g \nabla Z), \tag{5.4.2}$$

p 为压力, μ 为黏度, k 为渗透率, g 为重力加速度, Z 为含水层高度.

设多孔介质是可压缩的, $\varphi = \varphi(p), \alpha$ 为其压缩系数. 由于水的压缩性很小, 假设水是不可压缩的, 即 ρ 为常数,

$$\frac{\partial}{\partial t}(\rho \varphi \Delta x \Delta y \Delta z) = \rho \varphi \frac{\partial(\Delta x \Delta y \Delta z)}{\partial t} + \rho \Delta x \Delta y \Delta z \frac{\partial \varphi}{\partial p} \cdot \frac{\partial p}{\partial t}.$$

注意到 $\mathrm{d}(\Delta x \Delta y \Delta z) = \alpha(\Delta x \Delta y \Delta z)\mathrm{d}p$ 及 $\dfrac{\partial \varphi}{\partial p} = (1 - \varphi)\alpha$,

$$\frac{\partial}{\partial t}(\rho \varphi \Delta x \Delta y \Delta z) = \alpha \rho \frac{\partial p}{\partial t} \Delta x \Delta y \Delta z.$$

把式 (5.4.2) 及上式代入式 (5.4.1), 推出

$$\nabla \cdot \left(\frac{k}{\mu}(\nabla p + \rho g \nabla Z) \right) = \alpha \frac{\partial p}{\partial t} - q. \tag{5.4.3}$$

引入水头

$$H = \frac{p}{\rho g} + Z, \tag{5.4.4}$$

则 (5.4.2) 化为

$$v = -\frac{k \rho g}{\mu} \nabla H. \tag{5.4.5}$$

式 (5.4.3) 为

$$\nabla \cdot \left(\frac{k \rho g}{\mu} \nabla H \right) = \alpha \rho g \frac{\partial H}{\partial t} - q. \tag{5.4.6}$$

初始条件

$$H(x, y, z, 0) = H_0(x, y, z), \quad (x, y, z) \in \Omega, \tag{5.4.7}$$

Ω 为三维流动区域, H_0 为已知初始水头. 边界条件 $(\partial \Omega = \partial \Omega_1 + \partial \Omega_2 + \partial \Omega_3)$, 第一类边界条件

$$H|_{\partial \Omega_1} = H_1(x, y, z, t), \tag{5.4.8}$$

第二类边界条件 (不渗透边界条件)

$$\left.\frac{\partial H}{\partial n}\right|_{\partial \Omega_2} = 0, \tag{5.4.9}$$

潜水面 (自由面) 边界条件, 在潜水面上压力 $p = 0$, 故 $H(x,y,z,t) = Z$. 因此, 描述潜水面几何形状 $\partial \Omega_3$ 的方程为

$$F(x,y,z,t) = H(x,y,z,t) - Z = 0. \tag{5.4.10}$$

设单位时间单位面积的入渗矢量 W, 比流量矢量为 v, 则在外法向上, 单位时间单位面积的流量为 $(v - W) \cdot n$, 记 u 为潜水面的平均运动速度, 由水量平衡原理, 得

$$(v - W) \cdot n = \gamma u \cdot n, \tag{5.4.11}$$

其中 γ 为给水度. 从跟踪原质点运动的观察者的角度来看, 该物质面是相对不动的, 从 Lagrange 方法, 其水动力导数等于零, 即

$$\frac{DF}{Dt} = \frac{\partial F}{\partial t} + u \cdot \nabla F = 0,$$

故, 注意到 $n = -\nabla F / |\nabla F|$,

$$\frac{\partial F}{\partial t} - \frac{1}{\gamma}(v - W) \cdot \nabla F = 0 \tag{5.4.12}$$

和入渗补给矢量方向垂直, 即 $W = (0,0,w)$, 从式 (5.4.5), 式 (5.4.10) 得到 (忽略高阶项)

$$\frac{\partial F}{\partial t} + \frac{1}{\gamma}\left(\frac{k\rho g}{\mu} + w\right)\frac{\partial H}{\partial z} = \frac{1}{\gamma}w, \tag{5.4.13}$$

$(x,y,z) \in \partial \Omega_3$. $F(x,y,z,0) = F_0(x,y,z)$ 为初始自由面函数.

5.4.2 分裂–隐处理方法

设渗流区域如图 5.4.1 所示, 区域底、侧面为固定平面, 边界条件为第一类边界条件, 区域上部为自由潜水面 $\partial \Omega_3$.

分别以步长 h_1, h_2, h_3 等分 $(0,a)$、$(0,b)$、$(0,c)$, 等分个数分别为 N_1+1、N_2+1、N_3+1. 设 Δt 为时间步长, $t_n = n\Delta t$. 设第 n 层的值 H^n 已求出, 在 (t_n, t_{n+1}) 上把问题 (5.4.6)、(5.4.7)、(5.4.8)、(5.4.10)、(5.4.13) 分裂下述多步求 H^{n+1} 的值.

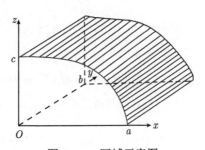

图 5.4.1 区域示意图

第一步　对 $i = 1, 2, \cdots, N_1, j = 1, 2, \cdots, N_2$, 在 $(t_n, t_{n+1}]$ 上求解 (对 $x = ih_1, y = jh_2$, 自由界面变为自由界点 $z = s_{ij}(t)$)

$$\alpha\rho g \frac{\partial H^{n+\frac{1}{3}}}{\partial t} - \frac{\partial}{\partial z}\left(\frac{k\rho g}{\mu}\frac{\partial H^{n+\frac{1}{3}}}{\partial z}\right) = q, \quad x = ih_1, \quad y = jh_2, \quad z \in (0, s_{ij}(t)),$$

$$H^{n+\frac{1}{3}}(ih_1, jh_2, z, t_n) = H^n(ih_1, jh_2, z),$$

$$H^{n+\frac{1}{3}}(ih_1, jh_2, 0, t) = H_1(ih_1, jh_2, 0, t), \tag{5.4.14}$$

$$H^{n+\frac{1}{3}}(ih_1, jh_2, s_{ij}(t), t) = s_{ij}(t),$$

$$\frac{\mathrm{d}s_{ij}(t)}{\mathrm{d}t} + \frac{1}{\gamma}\left(\frac{k\rho g}{\mu} + w\right)\frac{\partial H^{n+\frac{1}{3}}}{\partial z} = \frac{1}{\gamma}w, \quad x = ih_1, \quad y = jh_2, \quad z = s_{ij}(t),$$

$$s_{ij}(t_n) = s_{ij}^n, \quad t \in (t_n, t_{n+1}],$$

其中 s_{ij}^n 为在 t_n 时刻自由面上 $x = ih_1, y = jh_2$ 的 z 坐标.

由 $H^{n+\frac{1}{3}}(ih_1, jh_2, z, t_{n+1})$ 和 $s_{ij}(t_{n+1}), i = 0, 1, \cdots, N_1+1, j = 0, 1, \cdots, N_2+1$, 适当插值得到第 t_{n+1} 层的自由面近似方程 $z = s^{n+1}(x, y)$ 和 $H(x, y, z, t_{n+1})$ 的第一步近似值 $H^{n+\frac{1}{3}}$.

第二步　对 $j = 1, 2, \cdots, N_2; l = 1, 2, \cdots, N_3$, 在 $t \in (t_n, t_{n+1}]$ 求解

$$\alpha\rho g \frac{\partial H^{n+\frac{2}{3}}}{\partial t} - \frac{\partial}{\partial x}\left(\frac{k\rho g}{\mu}\frac{\partial H^{n+\frac{2}{3}}}{\partial x}\right) = 0, \quad (x, jh_2, lh_3) \in \Omega(t_{n+1}),$$

$$H^{n+\frac{2}{3}}(x, jh_2, lh_3, t_n) = H^{n+\frac{2}{3}}(x, jh_2, lh_3), \tag{5.4.15}$$

$$H^{n+\frac{2}{3}}(s^{n+1}(0, jh_2), jh_2, lh_3, t) = s^{n+1}(0, jh_2),$$

$$H^{n+\frac{2}{3}}(0, jh_2, lh_3, t) = H_1(0, jh_2, lh_3, t).$$

由 $H^{n+\frac{2}{3}}(x, jh_2, lh_3, t_{n+1})$ 适当插值得第 t_{n+1} 层 $H(x, y, z, t_{n+1})$ 第二步近似值.

第三步　对 $i = 1, 2, \cdots, N_1; l = 1, 2, \cdots, N_3$, 在 $t \in (t_n, t_{n+1}]$ 上求解

$$\alpha\rho g \frac{\partial H^{n+1}}{\partial t} - \frac{\partial}{\partial y}\left(\frac{k\rho g}{\mu}\frac{\partial H^{n+1}}{\partial y}\right) = 0, \quad (ih_1, y, lh_2) \in \Omega(t_{n+1}),$$

$$H^{n+1}(ih_1, y, lh_3, t_n) = H^{n+\frac{2}{3}}(ih_1, y, lh_3), \tag{5.4.16}$$

$$H^{n+1}(ih_1, 0, lh_3, t) = H_1(ih_1, 0, lh_3, t),$$

$$H^{n+1}(ih_1, s^{n+1}(ih_1, 0), lh_3, t) = s^{n+1}(ih_1, 0).$$

由 $H^{n+1}(ih_1, y, lh_3, t_{n+1})$ 适当插值得第 t_{n+1} 层 $H(x, y, z, t_{n+1})$ 的第三步近似值.

上述三步中, 第一步为一维自由边界问题, 二、三步为一维问题的初边值问题. 在下一段中我们着重研究一维自由边界问题的隐处理方法. 为使逼近更加精确, 在前三步预算的基础上, 再进行第四步校正, 这里不再列出.

5.4.3 隐处理有限元格式

考虑 (5.4.14) 的隐处理有限元格式. 为叙述简单, 考虑无汇 (无源) 的一维渗流问题

$$
\begin{cases}
S_s \dfrac{\partial H}{\partial t} - \dfrac{\partial}{\partial z}\left(K \dfrac{\partial H}{\partial z}\right) = 0, & z \in (0, s(t)), t \in (0, T], \\[2mm]
H(z, 0) = H_0(z), & \\[2mm]
H(0, t) = H(s(t), t) = 0, & t \in (0, T].
\end{cases}
\tag{5.4.17}
$$

自由边界 $z = s(t)$ 满足

$$
\begin{cases}
\dfrac{\mathrm{d}s}{\mathrm{d}t} + \dfrac{1}{\gamma}(K + W)\dfrac{\partial H}{\partial z} = \dfrac{1}{\gamma}W, & z = s(t), t \in (0, T], \\[2mm]
s(0) = 1,
\end{cases}
\tag{5.4.18}
$$

其中 S_s 为储水率常数, K 为渗透系数, W 为入渗常量, γ 为给水度常数.

定义变换 $(z, t) \to (x, \tau)$,

$$
x = s^{-1}(t)z, \quad \tau = \int_0^t s^{-2}(\theta)\mathrm{d}\theta.
\tag{5.4.19}
$$

记 $p(x, \tau) \equiv H(z, t)$, $q(\tau) = s(t)$, 经计算推导, 并代入式 (5.4.17)、(5.4.18), $p(x, \tau), q(\tau)$ 满足

$$
\begin{cases}
S_s \dfrac{\partial p}{\partial \tau} - \dfrac{\partial}{\partial x}\left(K \dfrac{\partial p}{\partial x}\right) = -\dfrac{S_s}{\gamma}(K + W)p_x(1)xp_x + S_sWqxp_x, \\[2mm]
p(x, 0) = H_0(x), \quad x \in (0, 1), \ \tau \in (0, T_0], \\[2mm]
p(0, \tau) = p(1, \tau) = 0, \quad \tau > 0,
\end{cases}
\tag{5.4.20}
$$

$$
\begin{cases}
\dfrac{\mathrm{d}q}{\mathrm{d}\tau} = -\dfrac{1}{\gamma}(K + W)p_x(1)q + Wq^2, \quad \tau > 0, \\[2mm]
q(0) = 1.
\end{cases}
\tag{5.4.21}
$$

相应的 t 与 τ 的关系

$$
\frac{\mathrm{d}t}{\mathrm{d}\tau} = q^2(\tau), \quad \tau > 0, t(0) = 0,
\tag{5.4.22}
$$

这里 $t = T$ 对应 $\tau = T_0$. 经变换 (5.4.19), 入渗补给自由边界问题 (5.4.17)、(5.4.18) 化为定区域 $I \equiv (0, 1)$ 上非线性抛物问题 (5.4.20) 和非线性常微问题 (5.4.21) 的耦合问题.

用 $-v_{xx}$ 乘方程 (5.4.20) 两边, 弱形式为

$$
\begin{cases}
(S_s p_{\tau x}, v_x) + \left(\dfrac{\partial}{\partial x} \left(K \dfrac{\partial p}{\partial x} \right), v_{xx} \right) \\[2mm]
= \left(\left(\dfrac{1}{\gamma} S_s (K + W) p_x(1) - S_s W q(\tau) \right) x p_x, v_{xx} \right), \\[2mm]
p(0) = H_0(x), v \in H^2(I) \cap H_0^1(I),
\end{cases}
\tag{5.4.23}
$$

让 V_h^0 表示 $H^2(I) \cap H_0^1(I)$ 的有限维子空间, 满足

(1) 对 $v \in H^m(I) \cap H_0^1(I)$,

$$
\inf_{\chi \in V_h} \| v - \chi \|_j \leqslant K_1 h^{m-j} \| v \|_m, \quad j = 0, 1, 2, \ 2 \leqslant m \leqslant r + 1;
$$

(2) $\| \chi \|_{L^\infty(I)} \leqslant K_2 h^{-\frac{1}{2}} \| \chi \|_{L^2(I)}, \forall \chi \in V_h^0$;

(3) $\| \chi \|_2 \leqslant K_3 h^{-1} \| \chi \|_1, \forall \chi \in V_h^0$.

设 p^h 表示 p 的近似值, q^h 为 q 的近似值, 相应的半离散格式为, 求 $p^h \in V_h^0$ 和 q^h 满足

$$
\begin{cases}
(S_s p_{\tau x}^h, v_x) + \left(\dfrac{\partial}{\partial x} \left(K \dfrac{\partial p^h}{\partial x} \right), v_{xx} \right) \\[2mm]
= \left(\left(\dfrac{1}{\gamma} S_s (K + W) p_x^h(1) - S_s W q^h \right) x p_x^h, v_{xx} \right), v \in V_h^0, \\[2mm]
p^h(0) = \theta_h H_0(x),
\end{cases}
\tag{5.4.24}
$$

$$
\begin{cases}
\dfrac{\mathrm{d} q^h}{\mathrm{d}\tau} = -\dfrac{1}{\gamma} (K + W) p_x^h(1) q^h + W(q^h)^2, \\[2mm]
q^h(0) = 1,
\end{cases}
\tag{5.4.25}
$$

这里 θ_h 为往 V_h^0 的适当投影. 当 q^h 已知, 可求出 t 的近似值 t_h,

$$
\frac{\mathrm{d} t_h}{\mathrm{d}\tau} = (q^h)^2, \quad \tau > 0, \ t_h(0) = 0.
\tag{5.4.26}
$$

全离散格式, 设时间步长为 $\Delta\tau > 0, N = T_0 / \Delta\tau, \tau^n = n\Delta\tau, n = 0, 1, 2, \cdots, N$, 记 $\varphi^n = \varphi(x, \tau^n), d_\tau \varphi^{n+1} = (\varphi^{n+1} - \varphi^n)/\Delta\tau$, 记 P 为 p 的近似值, Q 为 q 的近似值, 那么定义

$$
(S_s d_\tau P_x^{n+1}, v_x) + \left(\frac{\partial}{\partial x} \left(K \frac{\partial P^{n+1}}{\partial x} \right), v_{xx} \right)
$$

$$= \left(\left(\frac{1}{\gamma} S_s (K+W) P_x^n(1) - S_s W Q^n \right) x P^{n+1}, v_{xx} \right), \tag{5.4.27}$$

$$d_\tau Q^{n+1} = -\frac{1}{\gamma}(K+W)P_x^n(1)Q^n + W(Q^n)^2 \tag{5.4.28}$$

和 $P^0 = Q_h H_0, Q^0 = 1$.

格式 (5.4.27)、(5.4.28) 是线性化格式, 从 Q^n、P^n 到 P^{n+1}、Q^{n+1} 当 $\Delta\tau$ 适当小, 唯一可解性是显然的.

5.4.4 一维隐处理格式的理论分析

一维自由边界问题的隐处理格式, 由 Landau 和 Nitsche[17,18] 提出和研究, Nitsche 分析了一类特殊线性模型的收敛性和误差估计, Pani 和 Das[19,20] 研究了一类非线性模型问题的误差分析, 由于考虑的问题无入渗补给, (5.4.20)、(5.4.21) 为相互独立问题 (解不再依赖自由面). 我们研究入渗补给问题 (5.4.17)、(5.4.18), 经 Landau 变换后, (5.4.20)、(5.4.21) 为非线性抛物问题和非线性常微问题的耦合问题, 给出隐处理有限元格式 (5.4.24)、(5.4.25) 和全离散格式 (5.4.27)、(5.4.28) 严格的理论分析, 证明了最优阶误差估计, 详细的分析可参阅文献 [7].

5.5 水质污染自由边界问题的数值方法

地下水资源是一种极其重要的资源, 也是人类赖以生存的环境, 不仅水资源的开发利用情况直接关系到国民经济的发展, 而且水资源的保护也是保护人类生存环境的重要组成部分. 目前, 地下水污染问题在我国也是十分突出的, 许多地区地下水面临各种点状或面状污染的危害. 水质污染问题的数值模拟是预测地下水污染发展趋势, 以便采取合理的防范措施和选择最佳的治理方案的行之有效的新技术.

在地下水水质污染问题的预测计算中, 自由潜水面、自由交界面问题的计算一直是非常困难的. 由于预测区域通常是大范围的三维问题, 预测软件必须在大量节点情况下, 具有高速、高效的功能, 预测周期长, 又要对大时间步长计算稳定可靠. 我们讨论多孔介质中地下水污染自由边界问题的一类数值方法: 分裂–隐处理方法, 对一维问题证明了格式的最优误差估计.

5.5.1 问题的数学模型

研究地下渗流问题的方法通常采用 Euler 方法, 只研究在宏观上表现出来的平均情况, 而不研究多孔介质中的流体运动的微观世界. 取体积 $\Delta V = \Delta x \Delta y \Delta z$, 由质量守恒定律

$$\frac{\partial}{\partial t}(\rho\varphi\Delta x\Delta y\Delta z) = -\nabla \cdot (\rho v\Delta x\Delta y\Delta z) + \rho g\Delta x\Delta y\Delta z, \tag{5.5.1}$$

其中 φ 为孔隙度, ρ 为密度, q 为单位体积内源 (汇) 的流量, $q \geqslant 0$ 表示源, $q < 0$ 表示汇; v 为达西速度

$$v = -\frac{k}{\mu}(\nabla p + \rho g \nabla Z), \tag{5.5.2}$$

p 为压力, μ 为黏度, k 为渗透率, g 为重力加速度, Z 为含水层高度.

　　由于水的压缩性很小, 假设水是不可压缩的, 即 ρ 为常数. 设多孔介质是可压缩的, 压缩系数为 α, 注意到

$$\mathrm{d}(\Delta x \Delta y \Delta z) = \alpha(\Delta x \Delta y \Delta z)\mathrm{d}p, \quad \frac{\partial \varphi}{\partial p} = (1 - \varphi)\alpha,$$

故从 (5.5.1) 得到

$$\nabla \cdot \left(\frac{k}{\mu}\nabla p\right) = \alpha\frac{\partial p}{\partial t} - q. \tag{5.5.3}$$

引入水头

$$H = \frac{p}{\rho g} + z, \tag{5.5.4}$$

记 $K = \dfrac{k\rho g}{\mu}$, 则 (5.5.2) 化为

$$v = -K\nabla H. \tag{5.5.5}$$

记 $S_0 = \alpha\rho g$, 式 (5.5.3) 化为

$$\nabla \cdot (K\nabla H) = S_0\frac{\partial H}{\partial t} - q. \tag{5.5.6}$$

　　污染物混溶入流体中, 在多孔介质的输运过程中, 会发生对流、扩散现象 (忽略机械弥散影响).

　　水在含水层中运动, 携带着污染物, 在这种溶质随着地下水的运动称为溶质的对流, 随之携带的溶质对流通量密度 J_C 正比于溶质浓度 C,

$$J_C = vC. \tag{5.5.7a}$$

　　污染物的分子扩散, 由于溶质在整个溶液中的不均匀分布, 即使没有流动, 流质也会从高密度处扩散到低密度处, 由 Fick 定律知扩散通量

$$J_d = -\varphi d_m \nabla C, \tag{5.5.7b}$$

其中 d_m 为分子扩散系数.

　　由质量守恒定律, 控制体 ΔV 内污染物浓度 C 满足

$$\frac{\partial}{\partial t}(\varphi C \Delta x \Delta y \Delta z) = -\nabla \cdot (J_d + J_c)\Delta x \Delta y \Delta z + qC^* \Delta x \Delta y \Delta z, \tag{5.5.8}$$

其中 C^* 为源 (汇) 点的污染浓度, $C^* = \tilde{C}$, 当 $q \geqslant 0$ 时; $C^* = C$, 当 $q < 0$ 时, 类似前面推导, 并利用式 (5.5.6)

$$\nabla \cdot (\varphi d_m \nabla C) - v \cdot \nabla C = \varphi \frac{\partial C}{\partial t} + (C - C^*)q. \tag{5.5.9}$$

初始条件

$$H(x, y, z, 0) = H_0(x, y, z), \quad (x, y, z) \in \Omega,$$

$$C(x, y, z, 0) = C_0(x, y, z), \quad (x, y, z) \in \Omega,$$

其中 Ω 为三维渗流区域, H_0 和 C_0 为已知初始水头.

边界条件, $\partial\Omega = \partial\Omega_1 + \partial\Omega_2 + \partial\Omega_3$. 第一类边界条件

$$\begin{aligned} H|_{\partial\Omega_1} &= H_1(x, y, z, t), \\ C|_{\partial\Omega_2} &= C_1(x, y, z, t). \end{aligned} \tag{5.5.10}$$

第二类边界条件 (不渗透边界条件)

$$\left.\frac{\partial H}{\partial n}\right|_{\partial\Omega_2} = 0, \quad \left.\frac{\partial C}{\partial n}\right|_{\partial\Omega_2} = 0. \tag{5.5.11}$$

潜水面 (自由面) 边界条件, 在潜水面上压力 $p = 0$, 故 $H(x, y, z, t) = z$. 因此, 描述潜水面几何形状 $\partial\Omega_3$ 的方程为

$$F(x, y, z, t) = H(x, y, z, t) - z = 0. \tag{5.5.12}$$

考虑无入渗补给的情况, 记 u 为潜水面的平均运动速度, 由在自由面上水量平衡原理得

$$v \cdot n = \gamma u \cdot n, \tag{5.5.13}$$

其中 γ 为给水度, 从跟踪质点运动的观察者的角度看, 该物质面是相对不动的, 从 Lagrange 方法, 其水动力导数等于零, 即

$$\frac{DF}{Dt} = \frac{\partial F}{\partial t} + u \cdot \nabla F = 0. \tag{5.5.14}$$

注意到 $n = -\nabla F/|\nabla F|$,

$$\frac{\partial F}{\partial t} - \frac{1}{\gamma} v \cdot \nabla F = 0. \tag{5.5.15}$$

忽略高阶项

$$\frac{\partial F}{\partial t} + \frac{K}{\gamma} \frac{\partial H}{\partial z} = 0, \tag{5.5.16}$$

$(x, y, z) \in \partial\Omega_3, F(x, y, z, 0) = F_0(x, y, z)$ 为初始自由面函数.

在潜水面上, 由浓度平衡方程, 得

$$(\varphi d_m \nabla C - vC) \cdot n = -\gamma C' u \cdot n, \tag{5.5.17}$$

这里, C' 为潜水面上的溶质浓度, 无入渗时 $C' = C$, 有入渗时 C' 为入渗液溶质浓度, 即 (从 (5.5.13))

$$\varphi d_m \nabla C \cdot n = 0,$$

即

$$\frac{\partial C}{\partial n} = 0, \quad (x, y, z) \in \partial \Omega_3. \tag{5.5.18}$$

上述模型 (5.5.6)、(5.5.9)、(5.5.10)、(5.5.11)、(5.5.12)、(5.5.16)、(5.5.18) 为地下水水质污染自由潜水面数学模型.

5.5.2　问题的分裂方法

设渗流区域如图 5.5.1 所示, 区域底面 $\partial \Omega_2$ 为不渗透边界条件, 侧面 $\partial \Omega_1$ 为第一边界条件, 区域上部为自由潜水面 $\partial \Omega_3$.

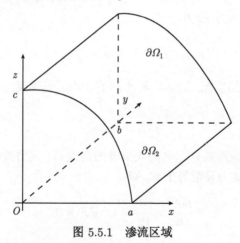

图 5.5.1　渗流区域

分别以步长 h_1、h_2、h_3 等分 $(0, a)$、$(0, b)$、$(0, c)$, 等分个数分别为 $N_1 + 1$、$N_2 + 1$、$N_3 + 1$. 设 Δt 为时间步长, $t_n = n\Delta t$. 设第 n 层的值 H^n 和 C^n 已求出, 在 $(t_n, t_{n+1}]$ 上把问题 (5.5.6)~(5.5.18) 分裂为下述多步法求 H^{n+1} 和 C^{n+1} 的值.

第一步　对 $i = 1, 2, \cdots, N_1, j = 1, 2, \cdots, N_2$ 在 $(t_n, t_{n+1}]$ 上求解 (对 $x = ih_1, y = jh_2$), 自由界面变为自由界点 $z = s_{ij}(t)$,

$$
\begin{cases}
\dfrac{\partial}{\partial z}\left(K\dfrac{\partial H^{n+\frac{1}{3}}}{\partial z}\right) = S_0\dfrac{\partial H^{n+\frac{1}{3}}}{\partial t} - q, \quad x = ih_1, y = jh_2, z \in (0, s_{ij}(t)), \\[2mm]
\dfrac{\partial}{\partial z}\left(\varphi d_m\dfrac{\partial C^{n+\frac{1}{3}}}{\partial z}\right) - v_3\dfrac{\partial C^{n+\frac{1}{3}}}{\partial z} = \varphi\dfrac{\partial C^{n+\frac{1}{3}}}{\partial t} + g(C^{n+\frac{1}{3}}), \\[2mm]
H^{n+\frac{1}{3}}(ih_1, jh_2, z, t_n) = H^n(ih_1, jh_2, z), \\[2mm]
C^{n+\frac{1}{3}}(ih_1, jh_2, z, t_n) = C^n(ih_1, jh_2, z), \\[2mm]
\dfrac{\partial H^{n+\frac{1}{3}}}{\partial z}(ih_1, jh_2, 0, t_n) = 0, \\[2mm]
\dfrac{\partial C^{n+\frac{1}{3}}}{\partial z}(ih_1, jh_2, 0, t_n) = 0, \\[2mm]
H^{n+\frac{1}{3}}(ih_1, jh_2, s_{ij}(t), t) = s_{ij}(t), \\[2mm]
\dfrac{\partial C^{n+\frac{1}{3}}}{\partial z}(ih_1, jh_2, s_{ij}(t), t_n) = 0, \\[2mm]
\dfrac{\mathrm{d}s_{ij}(t)}{\mathrm{d}t} + \dfrac{K}{\gamma}\dfrac{\partial H^{n+\frac{1}{3}}}{\partial z} = 0, \quad s_{ij}(t_n) = s_{ij}^n,
\end{cases}
\tag{5.5.19}
$$

其中 s_{ij}^n 为其在 t_n 时刻自由面上 $x = ih_1, y = jh_2$ 的坐标值.

由 $H^{n+\frac{1}{3}}(ih_1, jh_2, z, t_{n+1})$、$C^{n+\frac{1}{3}}(ih_1, jh_2, z, t_{n+1})$ 和 $s_{ij}(t_{n+1}), i = 0, 1, \cdots, N_1 + 1, j = 0, 1, \cdots, N_2 + 1$ 适当插值得到第 t_{n+1} 层的自由面近似方程 $z = s^{n+1}(x, y)$ 和 $H(x, y, x, t_{n+1})$ 及 $C(x, y, x, t_{n+1})$ 的第一步近似值 $H^{n+\frac{1}{3}}$ 和 $C^{n+\frac{1}{3}}$.

第二步 对 $j = 1, 2, \cdots, N_2, l = 1, 2, \cdots, N_3$ 在 $(t_n, t_{n+1}]$ 求解

$$
\begin{cases}
\dfrac{\partial}{\partial x}\left(K\dfrac{\partial H^{n+\frac{2}{3}}}{\partial x}\right) = S_0\dfrac{\partial H^{n+\frac{2}{3}}}{\partial t}, \quad (x, jh_2, lh_3) \in \Omega(t_{n+1}), \\[2mm]
\dfrac{\partial}{\partial x}\left(\varphi d_m\dfrac{\partial C^{n+\frac{2}{3}}}{\partial x}\right) - v_1\dfrac{\partial C^{n+\frac{2}{3}}}{\partial x} = \varphi\dfrac{\partial C^{n+\frac{2}{3}}}{\partial t}, \\[2mm]
H^{n+\frac{2}{3}}(x, jh_2, lh_3, t_n) = H^{n+\frac{1}{3}}(x, jh_2, lh_3, t_n), \\[2mm]
C^{n+\frac{2}{3}}(x, jh_2, lh_3, t_n) = C^{n+\frac{1}{3}}(x, jh_2, lh_3, t_n), \\[2mm]
H^{n+\frac{2}{3}}(0, jh_2, lh_3, t) = H_1(0, jh_2, lh_3, t), \\[2mm]
C^{n+\frac{2}{3}}(0, jh_2, lh_3, t) = C_1(0, jh_2, lh_3, t), \\[2mm]
H^{n+\frac{2}{3}}(s^{n+1}(0, jh_2)jh_2, lh_3, t) = s^{n+1}(0, jh_2), \\[2mm]
\dfrac{\partial C^{n+\frac{2}{3}}}{\partial x} - (s^{n+1}(0, jh_2), jh_2, lh_3, t) = 0,
\end{cases}
\tag{5.5.20}
$$

其中 $\Omega(t_{n+1})$ 是由自由坐标平面和 $z = s^{n+1}(x, y)$ 围成的区域. 由 $H^{n+\frac{2}{3}}(x, jh_2, lh_3, t_{n+1})$ 和 $C^{n+\frac{2}{3}}(x, jh_2, lh_3, t_{n+1})$ 适当插值得到第 t_{n+1} 层 $H(x, y, z, t_{n+1})$ 和 $C(x, y, z, t_{n+1})$ 的第二步近似值 $H^{n+\frac{2}{3}}$ 和 $C^{n+\frac{2}{3}}$.

第三步 对 $i = 1, 2, \cdots, N_2, l = 1, 2, \cdots, N_3$, 在 $(t_n, t_{n+1}]$ 上求解

$$\begin{cases} \dfrac{\partial}{\partial y}\left(K\dfrac{\partial H^{n+1}}{\partial y}\right) = S_0 \dfrac{\partial H^{n+1}}{\partial t}, \quad (ih_1, y, lh_3) \in \Omega(t_{n+1}), \\[2mm] \dfrac{\partial}{\partial y}\left(\varphi d_m \dfrac{\partial C^{n+1}}{\partial y}\right) - v_2 \dfrac{\partial C^{n+1}}{\partial y} = \varphi \dfrac{\partial C^{n+1}}{\partial t}, \\[2mm] H^{n+1}(ih_1, y, lh_3, t_n) = H^{n+\frac{2}{3}}(ih_1, y, lh_3, t_n), \\[2mm] H^{n+1}(ih_1, 0, lh_3, t) = H_1(ih_1, 0, lh_3, t), \\[2mm] H^{n+1}(ih_1, b, lh_3, t) = H_1(ih_1, b, lh_3, t), \\[2mm] C^{n+1}(ih_1, y, lh_3, t_n) = C^{n+\frac{2}{3}}(ih_1, y, lh_3, t_n), \\[2mm] C^{n+1}(ih_1, 0, lh_3, t) = C_1(ih_1, 0, lh_3, t), \\[2mm] C^{n+1}(ih_1, b, lh_3, t) = C_1(ih_1, b, lh_3, t). \end{cases} \tag{5.5.21}$$

由 $H^{n+1}(ih_1, y, lh_3, t_{n+1})$ 和 $C^{n+1}(ih_1, y, lh_3, t_{n+1})$ 适当插值得 t_{n+1} 层近似值 H^{n+1} 和 C^{n+1}.

由上述三步中, 第一步为一维耦合抛物–对流扩散自由边界问题, 在 5.5.3 小节中给出隐处理有限元法, 第二步、第三步为一维耦合初边值问题.

5.5.3　隐处理有限元方法

考虑 (5.5.19) 的隐处理有限元方法. 为叙述简单考虑无源 (汇) 的一维渗流问题

$$\begin{cases} S_0 \dfrac{\partial H}{\partial t} - \dfrac{\partial}{\partial z}\left(K\dfrac{\partial H}{\partial z}\right) = 0, \\[2mm] \varphi \dfrac{\partial C}{\partial t} + v\dfrac{\partial C}{\partial z} - \dfrac{\partial}{\partial z}\left(\varphi d_m \dfrac{\partial C}{\partial z}\right) = 0, \quad z \in (0, s(t)), t \in (0, T], \\[2mm] H(z, 0) = H_0(z), \quad C(z, 0) = C_0(z), \\[2mm] H(0, t) = H(s(t), t) = 0, \\[2mm] C(0, t) = C(s(t), t) = 0. \end{cases} \tag{5.5.22}$$

自由边界 $z = s(t)$ 满足

$$\begin{cases} \dfrac{\mathrm{d}s}{\mathrm{d}t} + \dfrac{K}{\gamma}\dfrac{\partial H}{\partial z} = 0, \quad z = s(t), t \in (0, T], \\[2mm] s(0) = 1, \end{cases} \tag{5.5.23}$$

其中 v 为达西速度

$$v = -K\dfrac{\partial H}{\partial z}. \tag{5.5.24}$$

定义变换 $(z, t) \to (x, \tau)$,

$$x = s^{-1}(t)z, \quad \tau = \int_0^t s^{-2}(\theta)\mathrm{d}\theta. \tag{5.5.25}$$

记 $p(x, \tau) \equiv H(z, t), q(z) = s(t), b(x, z) \equiv c(z, t)$, 经近似推导, $p(x, \tau), b(x, \tau)$ 和 $q(z)$ 满足

$$
\begin{cases}
S_0 \dfrac{\partial p}{\partial \tau} - \dfrac{\partial}{\partial x}\left(K \dfrac{\partial p}{\partial x} \right) = -\dfrac{S_0 K}{\gamma} p_x(1) x \dfrac{\partial p}{\partial x}, \\[2mm]
\varphi \dfrac{\partial b}{\partial \tau} + u \dfrac{\partial b}{\partial x} - \dfrac{\partial}{\partial x}\left(\varphi d_m \dfrac{\partial b}{\partial x} \right) = -\dfrac{\varphi K}{\gamma} p_x(1) x \dfrac{\partial b}{\partial x}, \quad x \in (0, 1), \tau \in (0, T_0], \\[2mm]
p(x, 0) = p_0(x), \quad C(x, 0) = C_0(x), \\[2mm]
\dfrac{\partial p}{\partial x}(0, \tau) = p(1, \tau) = 0, \\[2mm]
\dfrac{\partial b}{\partial x}(0, \tau) = b(1, \tau) = 0,
\end{cases}
\tag{5.5.26}
$$

自由边界满足

$$
\begin{cases}
\dfrac{\mathrm{d}q}{\mathrm{d}\tau} = -\dfrac{K}{\gamma} p_x(1) q, \quad \tau > 0, \\[2mm]
q(0) = 1,
\end{cases}
\tag{5.5.27}
$$

其中

$$
u = -K \frac{\partial p}{\partial x}.
\tag{5.5.28}
$$

相应地 t 与 τ 的关系

$$
\frac{\mathrm{d}t}{\mathrm{d}\tau} = q^2(\tau), \tau > 0; \quad t(0) = 0,
\tag{5.5.29}
$$

这里 $t = T$ 对应 $\tau = T_0$, 经变换 (5.5.25), 耦合自由边界问题 (5.5.22)、(5.5.23) 化为定义域 $I \equiv (0, 1)$ 上非线性抛物线问题 (5.5.26).

用 $-v_{xx}$ 乘 (5.5.26) 第 1 式两边, $-w_{xx}$ 乘 (5.5.26) 第 2 式两边, 弱形式为

$$
\begin{cases}
\left(S_0 \dfrac{\partial^2 p}{\partial \tau \partial x}, v_x \right) + \left(\dfrac{\partial}{\partial x}\left(K \dfrac{\partial p}{\partial x} \right), v_{xx} \right) \\[2mm]
= \left(\dfrac{S_0 K}{\gamma} p_x(1) x \dfrac{\partial p}{\partial x}, v_{xx} \right), \quad \forall v \in H^2(I) \cap H_0^1(I), \\[2mm]
\left(\varphi \dfrac{\partial^2 b}{\partial \tau \partial x}, w_x \right) - \left(u \dfrac{\partial b}{\partial x}, w_{xx} \right) + \left(\dfrac{\partial}{\partial x}\left(\varphi d_m \dfrac{\partial b}{\partial x} \right), w_{xx} \right) \\[2mm]
= \left(\dfrac{\varphi K}{\gamma} p_x(1) x \dfrac{\partial b}{\partial x}, w_{xx} \right), \quad \forall w \in H^2(I) \cap H_0^1(I), \\[2mm]
p(0) = H_0(x), \quad b(0) = C_0(x).
\end{cases}
\tag{5.5.30}
$$

让 v_h^0, w_h^0 为 $H^2(I) \cap H_0^1(I)$ 的指标为 m、l 的有限维空间, 那么半离散格式为

求 $p^h \in V_h^0, b^h \in W_h^0$ 和 q^h 满足

$$
\begin{cases}
(S_0 p_{\tau x}^h, v_x^h) + \left(\dfrac{\partial}{\partial x}\left(K\dfrac{\partial p^h}{\partial x}\right), v_{xx}^h\right) = \left(\dfrac{S_0 K}{\gamma} p_x(1) x p_x^h, v_{xx}^h\right), \quad \forall v_h \in V_h^0, \\[3mm]
(\varphi b_{\tau x}^h, w_x) - (u^h b_x^h, w_{xx}^h) + \left(\dfrac{\partial}{\partial x}\left(\varphi d_m \dfrac{\partial b^h}{\partial x}\right), w_{xx}^h\right) \\[3mm]
= \left(\dfrac{\varphi K}{\gamma} p_x^h(1) x b_x^h, w_{xx}^h\right), \quad \forall w^h \in W_h^0, \\[3mm]
p^h(0) = \theta_h^1 H_0(x), \quad b^h(0) = \theta_h^2 C_0(x),
\end{cases}
\tag{5.5.31}
$$

$$
\begin{cases}
\dfrac{\mathrm{d}q^h}{\mathrm{d}\tau} = -\dfrac{K}{\gamma} p_x^h(1) q^h, \quad \tau > 0, \\[3mm]
q^h(0) = 1,
\end{cases}
\tag{5.5.32}
$$

这里 θ_h^1 为往 V_h^0 的投影, θ_h^2 为往 W_h^0 的投影. 其中

$$
u^h = -K p_x^h,
\tag{5.5.33}
$$

当 q^h 已知, 可求出 t 的近似值 t_h,

$$
\dfrac{\mathrm{d}t_h}{\mathrm{d}\tau} = (q^h)^2, \quad \tau > 0, \quad t_h(0) = 0.
\tag{5.5.34}
$$

全离散格式: 设时间步长 $\Delta\tau > 0$, $N = \dfrac{T_0}{\Delta\tau}$, $\tau^n = n\Delta\tau$, $n = 0, 1, \cdots, N$, 记 $\varphi^n \equiv \varphi(x, \tau^n)$, $d_\tau \varphi^{n+1} = (\varphi^{n+1} - \varphi^n)/\Delta\tau$, 记 P 为 p 的近似值, B 为 b 的近似值, Q 为 q 的近似值, 那么定义

$$
\begin{cases}
(S_0 d_\tau P_x^{n+1}, v_x^h) + \left(\dfrac{\partial}{\partial x}\left(K\dfrac{\partial P^{n+1}}{\partial x}\right), v_{xx}^h\right) \\[3mm]
= \left(\dfrac{S_0 K}{\gamma} P_x^{n+1}(1) x P_x^{n+1}, v_{xx}^h\right), \quad \forall v_h \in V_h^0, \\[3mm]
(\varphi d_\tau b_x^{n+1}, w_x) - (U^n B_x^{n+1}, w_{xx}^h) + \left(\dfrac{\partial}{\partial x}\left(\varphi d_m \dfrac{\partial B^{n+1}}{\partial x}\right), w_{xx}^h\right) \\[3mm]
= \left(\dfrac{\varphi K}{\gamma} P_x^n(1) x B_x^{n+1}, w_{xx}^h\right), \quad \forall w^h \in W_h^0, \\[3mm]
P^0(0) = \theta_h^1 H_0(x), B^0(0) = \theta_h^2 C_0(x),
\end{cases}
\tag{5.5.35}
$$

其中 $U^n = -K P_x^n$,

$$
d_\tau Q^{n+1} = -\dfrac{K}{\gamma} P_x^n(1) Q^n, \quad Q^0 = 1.
\tag{5.5.36}
$$

格式 (5.5.35), (5.5.36) 是线性化格式.

5.5.4　格式分析

(1) 分裂--隐处理方法把高维问题化为一维空间问题的多步求解, 对于高维渗流问题的近似是十分有效的, 也是十分实用的.

(2) 此方法对一维耦合自由面问题, 引入了一组变换, 把自由面问题化为固定区域问题, 在固定区域上可以使用标准数值方法.

(3) 隐处理有限元方法的采用, 得到高精度的水头梯度, 计算出精确的潜水面, 使整个计算结果很好地接近实际.

(4) 一维自由边界问题的隐处理格式, 由 Landau, Nitsche, Pani, Das[17~20] 提出和研究. 我们讨论了抛物--对流扩散耦合自由边界问题的隐处理方法, 证明了格式的存在唯一性和最优阶误差估计 [8,21].

(5) 采用分裂--隐处理方法, 我们计算了地下渗透自由边界问题, 得到很好的计算结果, 方法简单, 自由边界计算合理.

5.6　间断有限元方法求解海水入侵问题

本节介绍用混合元方法和对称内罚方法分别处理基于 1.2 节的水头方程 (1.2.15) 和浓度方程 (1.2.29), 给出了相应的弱形式, 提出了连续时间格式和离散时间方法, 并给出简要的数值分析 [22,23].

5.6.1　水头方程的混合元弱形式

水头方程 (1.2.15) 是抛物型方程, 我们采用混合有限元方法来求解. 令 $\vec{\sigma}$ 表示引入的新变量, 定义如下:

$$\sigma = -\tilde{K}(\nabla H - \eta c e_3) = \alpha \rho^2(c) u, \tag{5.6.1}$$

其中 $\alpha = \dfrac{g}{\rho_0 \mu}$ 是不依赖于 c 的 x 的函数. 注意到这个变量并不等于达西速度 u.

设 $V = H(\mathrm{div}; \Omega), W = L^2(\Omega)$, 并令 V^0 为 V 的一个子空间, 它包含 V 中所有在 $\partial \Omega$ 上的法向迹等于零的函数, 即

$$V^0 = H_0(\mathrm{div}; \Omega) = \{v \in V : \langle \nu \cdot v, \omega \rangle = 0, \forall \omega \in H^1(\Omega)\},$$

其中括号 $\langle \cdot, \cdot \rangle$ 表示 $H^{-1/2}(\partial \Omega)$ 和 $H^{1/2}(\partial \Omega)$ 之间的对偶. 对由边界条件 (1.2.33)、(1.2.34), 可知

$$\sigma \cdot v = \alpha \rho^2(c) u \cdot v = 0,$$

故有 $\sigma \in V^0$.

此时, 由方程 (1.2.15) 和 (5.6.1), 就可以得到水头方程的混合弱形式: 求 $\{H, \sigma\} \in W \times V^0$ 满足

$$\left(S_s \frac{\partial H}{\partial t}, \omega\right) + (\nabla \cdot \sigma, \omega) + \left(\phi \eta \frac{\partial c}{\partial t}, \omega\right) - \left(\frac{\rho}{\rho_0} q, \omega\right) = 0, \quad \forall \omega \in W, \quad (5.6.2)$$

$$(\beta(c)\sigma, v) - (\nabla \cdot v, H) - (\eta c e_3, v) = 0, \quad \forall v \in V^0, \quad (5.6.3)$$

其中 $\beta(c) = \tilde{K}^{-1}(c)$.

由关于混合元的理论, 易知上述的混合弱形式存在唯一解, 这个解同时也是问题 (1.2.15) 和 (5.6.1) 的解. 利用弱形式 (5.6.2) 和 (5.6.3), 我们将给出对 H 和 σ 逼近.

5.6.2　浓度方程的间断弱形式

在这里, 我们将给出浓度方程的间断有限元弱形式. 根据文献 [24] 中提出的对称内罚方法的思想, 定义

$$A(\sigma; c, \chi) = \sum_{E \in \varepsilon_h} \int_E \phi D \nabla c \cdot \nabla \chi + \sum_{E \in \varepsilon_h} \int_E a(c)(\sigma \cdot \nabla c)\chi + J_E^\gamma(c, \chi)$$

$$- \sum_{e \in \varepsilon_0} \int_e \{\phi D \nabla c \cdot v_e\}[[\chi]] - \sum_{e \in \varepsilon_0} \int_e \{\phi D \nabla \chi \cdot v_e\}[[c]]. \quad (5.6.4)$$

上式中用 $a(c)\sigma$ 替代 u, 其中 $a(c) = \alpha^{-1}\rho^{-2}(c)$. $[[\cdot]]$ 表示跳跃. 函数 $J_E^\gamma(c, \chi)$ 是引入的罚函数, 其定义如下:

$$J_E^\gamma(c, \chi) = \sum_{e \in \varepsilon_0} \int_e \gamma_e h_e^{-1/2}[[c]] \cdot [[\chi]], \quad (5.6.5)$$

其中 γ_e 为平面 e 上的关于 t 的可微函数.

由于 $[[c]] = 0$, 同时考虑到边条件 (1.2.33)、(1.2.34), 容易发现对于 $c \in H^1(\varepsilon_h)$, 下面的弱形式成立:

$$\left(b(c)\frac{\partial c}{\partial t}, \chi\right) + A(\sigma; c, \chi) = (q(C^* - c), \chi), \quad \forall \chi \in H^1(\varepsilon_h), \quad (5.6.6)$$

其中 $b(c) = \phi \dfrac{\rho_0}{\rho(c)}$ 满足

$$b_* = \phi_* \frac{\rho_0}{\rho_s} \leqslant b(c) \leqslant \phi^* = b^*.$$

利用弱形式 (5.6.6), 我们将给出对浓度 c 的逼近.

5.6.3 半离散格式

本节将给出如下的半离散格式: 采用混合元方法求解水头方程, 而采用间断有限元方法求解浓度方程.

首先给出逼近三个未知量 $H, \vec{\sigma}$ 和 c 的有限元空间. 设 $V \times W$ 的子空间 $V_k(\varepsilon_h) \times W_k(\varepsilon_h)$ 是定义在剖分 ε_h 上的一个 k 阶 Raviart-Thomas-Nédélec 空间, 则可以定义

$$V_k^0 = V_k(\varepsilon_h) \cap V^0,$$

空间 V_k^0 将作为未知量 $\vec{\sigma}$ 的逼近空间.

接下来给出逼近浓度 c 的有限元空间, 用 S_r 来表示, 其定义如下:

$$S_r = \{v \in L^2(\Omega) : v|_E \in P_r(E), E \in \varepsilon_h\}, \tag{5.6.7}$$

其中 $P_r(E)$ 表示定义在单元 $E \in \varepsilon_h$ 上次数不大于 r 的多项式的集合.

现在给出组合半离散格式如下:

格式 1(半离散格式)　当 $t = 0$ 时, 利用下式来初始化水头函数和浓度:

$$c_h^0 = c_h(x, 0) := \tilde{c}^0(x) \text{ 和 } H_h^0 = H_h(x, 0) := \tilde{H}^0(x), \tag{5.6.8}$$

并且通过下面的方程来确定 $\sigma_h^0 = \sigma_h(x, 0)$:

$$(\beta(c_h^0)\sigma_h^0, v) - (\nabla \cdot v, \tilde{H}_h^0) = (\eta c_h^0 e_\Im, v), \quad \forall v \in V_k^0(\varepsilon_h), \tag{5.6.9}$$

其中 $\tilde{c}$ 和 $\tilde{H}$ 分别表示 c 和 H 的投影.

当 $t > 0$ 时, 求未知量 $\sigma_h(\cdot, t) : J \to L^\infty(V_k^0(\varepsilon_h)), H_h(\cdot, t) : J \to L^\infty(W_k(\varepsilon_h))$ 和 $c_h(\cdot, t) : J \to L^\infty(S_\gamma(\varepsilon_h))$ 满足下述的方程组: $\forall \omega \in W_k, \forall v \in V_k^0, \forall \chi \in S_\gamma$,

$$\left(S_s \frac{\partial H_h}{\partial t}, \omega\right) + (\nabla \cdot \sigma_h, \omega) + \left(\phi\eta \frac{\partial c_h}{\partial t}, \omega\right) - \left(\frac{\rho(c_h)}{\rho_0}q, \omega\right) = 0, \tag{5.6.10}$$

$$(\beta(c_h)\sigma_h, v) - (\nabla \cdot v, H_h) - (\eta c_h e_\Im, v) = 0, \tag{5.6.11}$$

$$\left(b(c_h)\frac{\partial c_h}{\partial t}, \chi\right) + A(\sigma_h; c_h, \chi) = (q(C^* - c_h), \chi). \tag{5.6.12}$$

格式 (5.6.8)∼(5.6.12) 的解的存在唯一性是明显的. 事实上, 当把未知量写成有限维空间中基函数的线性组合时, (5.6.8)∼(5.6.12) 就转化为一组耦合的非线性微分方程系统. 根据常微分方程理论, 此系统解的存在且唯一性.

5.6.4　半离散格式的误差估计

应用微分方程先验估计的理论和技巧, 我们将阐明格式 (5.6.8)~(5.6.12) 的阶在 H^1 范数和 L^2 范数下的误差估计.

定理 5.6.1　假设问题是正定的, 并且具有一定的正则性. 设 $\{H, c\}$ 为模型问题 (1.2.15)、(1.2.29)~(1.2.34) 的精确解, 且 $\vec{\sigma}$ 由方程 (5.6.1) 得到. 设 $\{H_h, \vec{\sigma}_h, c_h\}$ 为格式 (5.6.8)~(5.6.12) 的解, 则存在不依赖于 h 的正常数 M 满足

$$\left(\int_0^t \left\|\frac{\partial(H - H_h)}{\partial t}\right\|^2 d\tau\right)^{1/2} + \left(\int_0^t \left\|\left\|\frac{\partial(c - c_h)}{\partial t}\right\|\right\|^2 d\tau\right)^{1/2}$$
$$+ \|\|c - c_h\|\|_1 + \|\sigma - \sigma_h\| + \|H - H_h\| + (J_E^\gamma(c - c_h, c - c_h))^{1/2}$$
$$\leqslant Mh^{\min(r,k+1)}. \tag{5.6.13}$$

定理 5.6.2　假设同样条件成立. 设 $\{H, c\}$ 为问题的精确解, 并且 $\vec{\sigma}$ 由方程 (5.6.1) 给定. 设 $\{H_h, \vec{\sigma}_h, c_h\}$ 为格式 (5.6.8)~(5.6.12) 的唯一解, 则存在一个不依赖于 h 的正常数 M 满足

$$\|\|c - c_h\|\| + \|\|\sigma - \sigma_h\|\| + \|H - H_h\| \leqslant Mh^{\min(r+1,k+1)}. \tag{5.6.14}$$

详细的论证和全离散格式及其数值分析可参阅文献 [22, 23].

参 考 文 献

[1] Segol G, Pinder G F, Gray W G. A Galerkin finte element technique for calculating the transient position of saltwater front. Water Resour Res, 1975,2:343~347.

[2] Huyakorn P S, Anderson P S, Mercer J W,et al. Saltwater intrusion in aquifers: Development and testing of a three-dimensional finite element model. Water Resour Res,1987,2:293~312.

[3] Gupta A P, Yupa D D. Saltwater encroachment in an aquifer: A case study. Water Resour Res,1982,3:546~556.

[4] 薛禹群, 谢春红, 王吉春, 等. 海水入侵咸淡界面运移规律研究. 南京: 南京大学出版社, 1991.

[5] 山东大学数学系. 防治海水入侵主要工程后效与调控模式研究 (国家 "八五" 重点科技 (攻关项目)85-806-06-04). 济南, 1995, 11.

[6] Yuan Y R, Liang D, Rui H X. Characteristics finite element methods for seawater intrusion numerical simulation and theroretical analysis. Acta Mathematica Applicatae, 1998, 1: 11~23.

[7] 梁栋. 地下水渗流自由边界问题的分裂隐处理方法. 高校计算数学学报, 1996, 1：29~38.

[8] 梁栋. 水质污染自由边界问题的一类数值方法. 现代数学和力学 (MMM)—VI: 793~801, 苏州: 苏州大学出版社, 1996.

[9] 罗焕炎, 陈雨孙. 地下水运动的数值模拟. 北京: 中国建筑工业出版社, 1988.

[10] 姜礼尚, 庞文垣. 有限元方法及其理论基础. 北京: 人民教育出版社, 1980.

[11] Russell T F. Time stepping along characteristies with incomplete iteration for a Galerkin approximation of miscible displacement in porous media. SIAM J. Numer. And.,1985,22: 970~1013.

[12] Douglas Jr. J, Russell T F. Numerical method for convection dominated diffusion problems based on combining the method of characteristics with finite elemeut or finite difference procedures. SIAM J. Numer. Anal.,1982,9:871~885.

[13] Donglas Jr. J, Ewing R E, Wheeler M F. A time-discretization procedure for a mixed element approximation of miscible displacement in porous media. RAIRO Anal. Namer.,1983,17:249~265.

[14] 袁益让. 多孔介质中可压缩可混溶驱动问题的特征–有限元方法. 计算数学, 1993, 4: 385~400.

[15] Bear J. Dynamics of Fluids in Porous Media. American Elsevier Publishing Company Inc.,1972.

[16] Liggett J A,Liu P L-F. The boundary Integral Equation Method for Porous Media Flow. George Allen & Unuin,1983.

[17] Nitsche J A. Finite element approximation to the one dimensional Stefan problem. Proc. Recent advances in Num. Anal., Carl de Boor, G. Golub(eds.), Academic Press,New York, 1978, 119~142.

[18] Nitsche J A. Finite element method for parabolic free boundary problem. Proc. Seminar in Pavia, E. Magenes(ed.), 1980, 277~318.

[19] Pani A K, Das P C. An H^1-Galerkin method for a Stefan problem with a quasilinear parabolic equation in nondivergence form. International J. Math. and Math. Sciences 10,1987,2:345~360.

[20] Das P C, Pani A K. A priori error estimates in $H^1$and H^2 norms for Galerkin approximations to a single phase nonlinear Stefan problem in one space dimension. IMA J. Numer. Anal. 1989,9:213~230.

[21] Liang D, et al. A finite element for a unidimensional single-phase nonlinear free boundary problem in ground water flow. IMA J. of Numer. Anal.,1999,4:563~581.

[22] Lian X M, Rui H X. A discontinuons Galerkin method eombined with mixed finite element for seawater intrusion problem. J Syst Sci Complex,2010,23:830~845.

[23] 廉西猛. 海水入侵问题的间断有限元方法. 山东大学博士学位论文, 2010.5.

[24] Arnodd D N. An interior penalty finite element method with discontinuons element. SIAM J Numer Anal, 1982,19:742~760.

第6章　核废料污染问题的数值模拟方法

核废料污染问题的数值模拟和理论. 核废料深埋在地层下, 若遇到地震、岩石裂隙发生时, 它就会扩散 (图 6.0.1), 因此研究其扩散及安全问题是十分重要的. 深层核废料污染问题的数值模拟是近代环境科学的新课题. 其数学模型由四类方程组成:

(1) 压力函数 $p(x, t)$ 的流动方程.

(2) 主要污染元素浓度函数 $\hat{c}$ 的对流扩散方程.

(3) 微量元素浓度函数组 $\{c_i\}$ 的对流扩散方程组.

(4) 温度函数 $T(x, t)$ 的热传导方程.

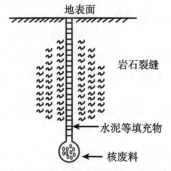

图 6.0.1　核废料在地层若遇地震、
岩石裂缝示意图

我们首先发现流动方程、Brine 方程、微量放射元素和热传导方程可以分裂求解, 并提出混合元法, 特征混合元法和特征混合元–差分方法, 并得到最佳阶理论分析成果.

本章共 3 节. 6.1 节为不可压缩核废料污染问题的有限元方法. 6.2 节为可压缩核废料污染问题的特征混合元方法. 6.3 节为可压缩核废料污染问题的特征混合元–差分方法.

本章内容主要是作者在 1987 年 1 月至 1988 年 3 月在 Wyoming 大学石油工程数学研究所参加 R. E. Ewing 教授领导的 "核废料污染问题数值模拟研究" 的部分理论成果 [1~4].

6.1　不可压缩核废料污染问题的有限元方法

6.1.1　引言

核废料深埋在地层下, 若遇到地震、岩石裂隙发生时, 它就会扩散, 因此研究其扩散及安全问题是十分重要的. 对于不可压缩、二维模型, 它是地层中迁移的耦合抛物型方程组的初边值问题 [5~9]. 问题的数学模型由四类方程组成: ①压力函数 $p(x, t)$ 的流动方程; ②主要污染元素浓度函数 $\hat{c}$ 的对流扩散方程; ③微量元素浓度

函数组 $\{c_i\}$ 的对流扩散方程组; ④温度函数 $T(x,t)$ 的热传导方程.

对于不可压缩、二维模型, 它是地层中迁移型耦合抛物型方程组的初边值问题:

$$-\nabla \cdot \underline{u} - q + R_s = 0, \text{ (流动方程)} \tag{6.1.1}$$

$$-\nabla \cdot (H\underline{u}) + \nabla \cdot (E_H \nabla T) - q_L - qH - q_H$$

$$=[\phi c_P + (1-\phi)\bar{\rho}_R c_{PR}]\frac{\partial T}{\partial t}, \text{ (热传导方程)} \tag{6.1.2}$$

$$-\nabla \cdot (\hat{c}\underline{u}) + \nabla \cdot (E_c \nabla \hat{c}) - q\hat{c} - q_c + R_s = \phi\frac{\partial \hat{c}}{\partial t}, \text{ (brine 方程)} \tag{6.1.3}$$

$$-\nabla \cdot (c_i\underline{u}) + \nabla \cdot (E_c \nabla c_i) - qc_i - q_{c_i} + q_{o_i} + \sum_{j=1}^{N} k_{ij}\lambda_j K_j \phi c_j \tag{6.1.4}$$

$$-\lambda_i K_i \phi c_i = \phi K_i \frac{\partial c_i}{\partial t}, i=1,2,\cdots,N. \text{(radionuclide 方程组)}$$

方程 (6.1.1)~(6.1.4) 的张量项被确定为扩散项和分子项之和:

$$E_c = D + D_m I, \quad E_H = Dc_{pw} + K_m I,$$

此处 $D_{ij} = \alpha_T|\underline{u}|\delta_{ij} + (\alpha_L - \alpha_T)u_i u_j/|\underline{u}|$, I 是单位矩阵. 黏度 $\mu = \mu(\hat{c})$, 孔隙度 $\phi = \phi(x)$ 并有 3 个辅助关系:

$$\underline{u} = -(k/\mu)\left(\nabla p - \rho_0 \frac{g}{g_c}\nabla z\right), \quad H = U_0 + U + p/\rho_0, \quad U = c_p(T - T_0), \tag{6.1.5}$$

此处 $U_0 = U_0(x)$ 和 $T_0 = T(x,0)$. $q = q(x,t)$ 是产量项.

假定没有流体越过边界, 并假定关于 T 的齐次 Dirichlet 边值条件. 特别初始条件必须给定. 需要相容性条件:

$$(q - R'_s, 1) = \int_\Omega [q(x,t) - R'_s(\hat{c})]\mathrm{d}x = 0. \tag{6.1.6}$$

本节的目标是对问题 (6.1.2)~(6.1.4) 用半离散和全离散程序处理. 对压力方程 (6.1.1) 相应用混合元方法处理.

6.1.2 半离散有限元程序

设 $h = (h_c, h_T, h_p)$, 此处 h_c, h_T 和 h_p 是步长. 记 $M_h = M_{h_c} \subset W^{1,\infty}(\Omega)$ 表示一个标准有限元空间.

$$\inf_{z_h \in M_h} \|z - z_h\|_{1,q} \leqslant M\|z\|_{l+1,q} h_c^l, \tag{6.1.7}$$

对 $z \in W^{l+1,q}(\Omega)$ 和 $1 \leqslant q \leqslant \infty$, 此处 $\|z\|_{k,q}$ 是空间 $W_{k,q}(\Omega)$ 的模和 $\|z\|_k \equiv \|z\|_{k,2}$.

假设 M_h 是在 Ω 上带有正则剖分和分片多项式指数为 l 的有限元空间. 方程 (6.1.3) 的弱形式:

$$\left(\phi\frac{\partial \hat{c}}{\partial t}, z\right) + (\underline{u}\cdot\nabla\hat{c}, z) + (E_c\nabla\hat{c}, \nabla z) = (g(\hat{c}), z), \quad \forall z \in H^1(\Omega), t \in J = (0, \overline{T}], \quad (6.1.8)$$

如果近似压力和 Darcy 速度用 P_h 和 $\underline{U}_h$ 表示, 用近似 $\hat{C}_h$ 定义为下述方程的解:

$$\left(\phi\frac{\partial \hat{C}_h}{\partial t}, z\right) + (\underline{U}_h\cdot\nabla\hat{C}_h, z) + (E_c(\underline{U}_h)\nabla\hat{C}_h, \nabla z) = (g(\hat{C}_h), z), \quad \forall z \in M_h, t \in J. \quad (6.1.9)$$

特别初始值 $\hat{C}_h(0)$ 在以后给定.

类似的给出 c_i 的近似 C_{hi}, 基于方程 (6.1.4) 的弱形式:

$$\left(\phi K_i\frac{\partial c_i}{\partial t}, z\right) + (\underline{u}\cdot\nabla c_i, z) + (E_c(\underline{u})\nabla c_i, \nabla z)$$
$$= (f_i(\hat{c}, c_1, c_2, \cdots, c_N), z), \quad \forall z \in H^1(\Omega), t \in J, i = 1, 2, \cdots, N. \quad (6.1.10)$$

此处

$$f_i(\hat{c}, c_1, c_2, \cdots, c_N) = c_i\left\{q - \frac{c_s\phi k_s f_s}{1+c_s}(1-\hat{c})\right\} - qc_i - q_{c_i} + q_{oi}$$
$$+ \sum_{j=1}^{N} k_{ij}\lambda_j K_j\phi c_j - \lambda_i K_i\phi c_i, \quad i = 1, 2, \cdots, N,$$

则 C_{hi} 由下述方程组的解确定:

$$\left(\phi K_i\frac{\partial C_{hi}}{\partial t}, z\right) + (\underline{U}_h\cdot\nabla C_{hi}, z) + (E_c(\underline{U}_h)\nabla C_{hi}, \nabla z)$$
$$= (f_i(\hat{C}_h, C_{h1}, C_{h2}, \cdots, C_{hN}), z), \quad \forall z \in M_h, t \in J, \quad i = 1, 2, \cdots, N. \quad (6.1.11)$$

设 $R_h = R_{h_T} \subset W^{1,\infty}(\Omega) \cap H_0^1(\Omega)$ 是在 Ω 上带有正则剖分指数为 r 的分片多项式空间, 则

$$\inf_{z_h \in R_h}\|z - z_h\|_{1,q} \leqslant M\|z\|_{r+1,q}h_T^r, \quad (6.1.12)$$

对 $z \in W^{r+1,q}(\Omega)$ 和 $1 \leqslant q \leqslant \infty$.

在 (6.1.2) 中注意到

$$-\nabla\cdot(H\underline{u}) = -\nabla H\cdot\underline{u} - H\nabla\cdot\underline{u} = -\left\{\nabla U_0 + \frac{1}{\rho_0}\nabla p + C_p\nabla(T - T_0)\right\}\cdot\underline{u}$$
$$+ \left\{U_0 + c_p(T - T_0) + \frac{p}{\rho_0}\right\}\{q - R_s'\}$$

$$= - c_p \nabla T \cdot \underline{u} - \left\{ \nabla U_0 + \frac{1}{\rho_0} \left[-\alpha(\hat{c})^{-1} \underline{u} + \rho_0 \frac{g}{g_c} \nabla z \right] - c_p \nabla T_0 \right\} \cdot \underline{u}$$

$$+ c_p (T - T_0) \left\{ q - \frac{c_s \phi k_s f_s}{1 + c_s} (1 - \hat{c}) \right\} + \left\{ U_0 + \frac{p}{\rho_0} \right\} \left\{ q - \frac{c_s \phi k_s f_s}{1 + c_s} (1 - \hat{c}) \right\},$$

此处 $\alpha(\hat{c}) = k/\mu(\hat{c})$.

热传导方程 (6.1.2) 的 Galerkin 方法基于下述弱形式:

$$\left(\hat{\phi} \frac{\partial T}{\partial t}, z \right) + c_p (\underline{u} \cdot \nabla T, z) + (E_H \nabla T, \nabla z) = (Q(\underline{u}, T, \hat{c}, p), z), \quad \forall z \in H_0(\Omega), t \in J, \tag{6.1.13}$$

此处 $\hat{\phi} = \phi c_p + (1 - \phi) \bar{\rho}_R c_{pR}$,

$$Q(\underline{u}, T, \hat{c}, p) = - \left\{ \nabla U_0 + \frac{1}{p_0} \left[-\alpha(\hat{c})^{-1} \underline{u} + p_0 \frac{g}{g_c} \nabla z \right] - c_p \nabla T_0 \right\} \cdot \underline{u}$$

$$+ \left\{ c_p (T - T_0) + U_0 + \frac{p}{p_0} \right\} \left\{ q - \frac{c_s \phi k_s f_s}{1 + c_s} (1 - \hat{c}) \right\}$$

$$- q_L - qH - q_H,$$

则 $T_h : J \to R_h$ 将由下述方程解确定:

$$\left(\hat{\phi} \frac{\partial T_h}{\partial t}, z \right) + c_p (\underline{U}_h \cdot \nabla T_h, z) + (E_H \nabla T_h, \nabla z) = (Q(\underline{U}_h, T_h, \hat{C}_h, P_h), z), \quad \forall z \in R_h, t \in J, \tag{6.1.14}$$

初始值 $T_h(0)$ 将在以后给定.

设 $V = \{\underline{v} \in H(\mathrm{div}; \Omega); \underline{v} \cdot \nu = 0$ 在 $\partial \Omega$ 上$\}$ 和 $W = L^2(\Omega)/\{\psi \equiv $ 常数$\}$, 则关于 (6.1.1) 的鞍点弱形式由下述方程组给出:

$$(\nabla \cdot \underline{u}, w) = (-q + R_s'(\hat{c}), w), \quad w \in W, \tag{6.1.15a}$$

$$(\alpha(\hat{c})^{-1} \underline{u}, \underline{v}) - (\nabla \cdot \underline{v}, p) = (\underline{\gamma}(\hat{c}), \underline{v}), \quad \underline{v} \in V, \tag{6.1.15b}$$

此处 $\underline{\gamma}(\hat{c}) = \frac{\rho_0 g}{g_c} \nabla z$.

现在, 设 $V_h \times W_h$ 是一个指数为 k 在 Ω 上带有拟正则剖分、单元直径为 h_p 的空间 [10,11]. 并且在 V_h 隐含着边界条件 $\underline{u} \cdot \nu = 0$ 在 $\partial \Omega$. 关于 $V_h \times W_h$ 空间的逼近性由下述不等式给出:

$$\inf_{\underline{v}_h \in V_h} \|\underline{v} - \underline{v}_h\|_0 = \inf_{\underline{v}_h \in V_h} \|\underline{v} - \underline{v}_h\|_{L^2(\Omega)^2} \leqslant M \|\underline{v}\|_{k+1} h_p^{k+1}, \tag{6.1.16a}$$

$$\inf_{\underline{v}_h \in V_h} \|\nabla \cdot (\underline{v} - \underline{v}_h)\|_0 \leqslant M \left\{ \|\underline{v}\|_{k+1} + \|\nabla \cdot \underline{v}\|_{k+1} \right\} h_p^{k+1}, \tag{6.1.16b}$$

对于 $\underline{v} \in V \cap H^{k+1}(\Omega)^2$, 特别对于 (6.1.15b), $\nabla \cdot \underline{v} \in H^{k+1}(\Omega)$, 有

$$\inf_{w_h \in W_h} \|w - w_h\|_0 \leqslant M \|w\|_{k+1} h_p^{k+1}, \quad w \in H^{k+1}(\Omega). \tag{6.1.17}$$

对压力方程混合元方法转化为寻求映射 $\{\underline{U}_h, P_h\}$: $J \to V_h \times W_h$ 使得

$$(\nabla \cdot \underline{U}_h, w) = (-q + R'_s(\hat{C}_h), w), \quad w \in W_h, t \in J, \tag{6.1.18a}$$

$$(\alpha(\hat{C}_h)^{-1}\underline{U}_h, \underline{v}) - (\nabla \cdot \underline{v}, P_h) = (\gamma(\hat{C}_h), \underline{v}), \quad \underline{v} \in V_h, t \in J. \tag{6.1.18b}$$

注意到 $g(\hat{c}), Q(\underline{u}, T, \hat{c}, p)$ 和 $f_i(\hat{c}, c_1, c_2, \cdots, c_N)(i = 1, 2, \cdots, N)$ 是 ε_0 邻域 Lipschitz 连续.

6.1.3　有限元方法的数值分析

为了数值分析简便, 引入某些椭圆投影. 首先, 设 $\tilde{C} = \tilde{C}_h : J \to M_h$ 是由下述关系式确定:

$$(E_c(\underline{u})\nabla(\hat{c} - \tilde{C}), \nabla z) + (\underline{u} \cdot \nabla(\hat{c} - \tilde{C}), z) + \lambda(\hat{c} - \tilde{C}, z) = 0, \quad z \in M_h, t \in J, \tag{6.1.19}$$

此处常数 λ 选得足够大使得二次形式在 H^1 上是强制的. $\tilde{C}_i = \tilde{C}_{hi}: J \to M_h$, $i = 1, \cdots, N$, 和 $\tilde{T} = \tilde{T}_h: J \to R_h$. 作为 c_i 和 T 的投影类似的定义.

取定浓度和温度的初始逼近:

$$\hat{C}_h(0) = \tilde{C}(0), \quad C_{hi}(0) = \tilde{C}_i(0), \quad T_h(0) = \tilde{T}(0). \tag{6.1.20}$$

记

$$\hat{\zeta} = \hat{c} - \tilde{C}, \quad \hat{\xi} = \tilde{C} - \hat{C}_h, \quad \zeta_i = c_i - \tilde{C}_i, \quad \xi_i = \tilde{C}_i - C_{hi}, \quad \theta = T - \tilde{T}, \quad \omega = \tilde{T} - T_h. \tag{6.1.21}$$

由椭圆问题 Galerkin 方法理论和标准结果有 [12]

$$\left\|\hat{\zeta}\right\|_0 + h_c \left\|\hat{\zeta}\right\|_1 \leqslant M \|\hat{c}\|_{l+1} h_c^{l+1},$$

$$\|\zeta_i\|_0 + h_c \|\zeta_i\|_1 \leqslant M \|c_i\|_{l+1} h_c^{l+1}, i = 1, 2, \cdots, N, \tag{6.1.22}$$

$$\|\theta\|_0 + h_T \|\theta\|_1 \leqslant M \|T\|_{r+1} h_T^{r+1},$$

对 $t \in J$ 和这常数 M 依赖于 $\hat{c}, c_i, T$ 及其导函数. 由 Wheeler[13] 对于式 (6.1.19) 关于 t 的导函数的类似估计和对应于 $\tilde{C}_{hi}$ 和 $\tilde{T}$ 的方程有

$$\left\|\frac{\partial \hat{\zeta}}{\partial t}\right\|_0 + h_c \left\|\frac{\partial \hat{\zeta}}{\partial t}\right\|_1 \leqslant M\left\{\|\hat{c}\|_{l+1} + \left\|\frac{\partial \hat{c}}{\partial t}\right\|_{l+1}\right\} h_c^{l+1}, \tag{6.1.23a}$$

$$\left\|\frac{\partial \zeta_i}{\partial t}\right\|_0 + h_c \left\|\frac{\partial \zeta_i}{\partial t}\right\|_1 \leqslant M\left\{\|c_i\|_{l+1} + \left\|\frac{\partial c_i}{\partial t}\right\|_{l+1}\right\} h_c^{l+1}, \quad i = 1, 2, \cdots, N, \tag{6.1.23b}$$

$$\left\|\frac{\partial \theta}{\partial t}\right\|_0 + h_T \left\|\frac{\partial \theta}{\partial t}\right\|_1 \leqslant M\left\{\|T\|_{r+1} + \left\|\frac{\partial T}{\partial t}\right\|_{l+1}\right\} h_T^{l+1}, \tag{6.1.23c}$$

此处常数 M 依赖于 $\hat{c}, c_i, T$ 及其导函数.

其次, 设 $\{\tilde{U}, \tilde{P}\} = \{\tilde{U}_h, \tilde{P}_h\}$, Darcy 速度和压力投影是映射: $J \to V_h \times W_h$ 被给出:

$$(\nabla \cdot \tilde{U}, w) = (-q + R'_s(\hat{c}), w), \quad w \in W_h, \tag{6.1.24a}$$

$$(\alpha(\hat{c})^{-1}\tilde{U}, \underline{v}) - (\nabla \cdot \underline{v}, \tilde{P}) = (\gamma(\hat{c}), \underline{v}), \quad \underline{v} \in V_h, \tag{6.1.24b}$$

对 $t \in J$. 记 $\eta = p - \tilde{P}, \pi = \tilde{P} - P_h, \underline{\rho} = \underline{u} - \tilde{U}, \underline{\sigma} = \tilde{U} - \underline{U}_h$.

由 Brezzi 估计 [14] 有

$$\|\underline{\rho}\|_{H(\text{div};\Omega)} + \|\eta\|_0 \leqslant M \|\rho\|_{k+3} h_p^{k+1}, \tag{6.1.25}$$

对 $t \in J$, 此处常数依赖于 $\hat{c}$.

记

$$Q^h(t) = \max\left\{ \sup_{\substack{x \in \Omega \\ 0 < t' \leqslant t}} |\hat{c}(x,t')|, \sup_{\substack{x \in \Omega \\ 0 < t' \leqslant t}} \left|\tilde{C}(x,t')\right|, \sup_{\substack{x \in \Omega \\ 0 < t' \leqslant t}} \left|\hat{C}_h(x,t')\right| \right\}.$$

注意到 $\hat{C}_h = \tilde{C} + \hat{C}_h - \tilde{C} = \tilde{C} - \hat{\xi}$ 有

$$Q^h(t) \leqslant \sup_{\substack{x \in \Omega \\ 0 < t' \leqslant t}} |\hat{c}(x,t')| + \sup_{\substack{x \in \Omega \\ 0 < t' \leqslant t}} \left|\tilde{C}(x,t')\right| + \left\|\hat{\xi}\right\|_{L^\infty(0,t;L^\infty(\Omega))}. \tag{6.1.26}$$

从 Brezzi 的文章 [14] 得知 (6.1.15) 解算子是有界的, 因此有

$$\|\underline{U}_h - \underline{U}\|_V + \|P_h - P\|_W \leqslant M(Q^h)\{1 + \|\tilde{U}\|_{L^\infty(\Omega)}\} \|\hat{c} - \hat{C}_h\|_{L^2(\Omega)}. \tag{6.1.27}$$

由网格的正则性和 (6.1.25) 的估计指出 $\tilde{U}$ 是有界的.

注意到 $\hat{\xi} = \tilde{C} - \hat{C}_h$ 和 $\hat{\zeta} = \hat{c} - \tilde{C}$, 则应用 (6.1.8), (6.1.9) 和 (6.1.19) 能够得到

$$\left(\phi\frac{\partial \hat{\xi}}{\partial t}, z\right) + (\underline{U}_h \cdot \nabla\hat{\xi}, z) + (E_c(\underline{U}_h)\nabla\hat{\xi}, \nabla z)$$

$$= -\left(\phi\frac{\partial \hat{\zeta}}{\partial t}, z\right) + \lambda(\hat{\zeta}, z) + ((\underline{U}_h - \underline{u}) \cdot \nabla\tilde{C}, z)$$

$$+ ((D(\underline{U}_h) - D(\underline{u}))\nabla\tilde{C}, \nabla z) + (g(\hat{c}) - g(\hat{C}_h), z), \quad z \in M_h. \tag{6.1.28}$$

现在逐项估计 (6.1.28) 右端诸项, 选取检验函数为 $\hat{\xi}$.

$$|((\underline{U}_h - \underline{u}) \cdot \nabla\tilde{C}, \hat{\xi})| \leqslant \left\|\nabla\tilde{C}\right\|_{L^\infty(\Omega)} \|\underline{U}_h - \underline{u}\|_{L^2(\Omega)^2} \left\|\hat{\xi}\right\|_{L^2(\Omega)}, \tag{6.1.29a}$$

$$|((D(\underline{U}_h) - D(\underline{u}))\nabla\tilde{C}, \nabla\hat{\xi})| \leqslant M \left\|\nabla\tilde{C}\right\|_{L^\infty(\Omega)} \|\underline{U}_h - \underline{u}\|_{L^2(\Omega)^2} \left\|\nabla\hat{\xi}\right\|_{L^2(\Omega)}, \tag{6.1.29b}$$

$$|(g(\hat{c}) - g(\hat{C}_h), \hat{\xi})| \leqslant M(Q^h) \left\|\hat{c} - \hat{C}_h\right\|_{L^2(\Omega)} \left\|\hat{\xi}\right\|_{L^2(\Omega)}. \tag{6.1.29c}$$

由于 $\hat{c}$ 假定的正则性和关系式 (6.1.22a) 推出 $\tilde{C}$ 关于 $L^{\infty}(\Omega)$ 模是有界的.

$$\left| \left(\phi \frac{\partial \hat{\zeta}}{\partial t}, \hat{\xi} \right) \right| \leqslant M \{ \| \hat{\xi} \|^2_{L^2(\Omega)} + h_c^{2(l+1)} \}, \quad |\lambda(\hat{\zeta}, \hat{\xi})| \leqslant M \{ \| \hat{\xi} \|^2_{L^2(\Omega)} + h_c^{2(l+1)} \}. \tag{6.1.30}$$

现在, 需要估计 (6.1.28) 的左端, 注意到

$$|(\underline{U}_h \cdot \nabla \hat{\xi}, \hat{\xi})| \leqslant M(Q^h) \left\{ 1 + \| \hat{\xi} \|^2_{L^2(\Omega)} + \varepsilon \| \nabla \hat{\xi} \|^2_{L^2(\Omega)} \right\}. \tag{6.1.31}$$

因此 (6.1.28) 的左端的下界由下式给出:

$$\frac{1}{2} \frac{\mathrm{d}}{\mathrm{d}t} \left(\phi \hat{\xi}, \hat{\xi} \right) + \left(\{ (D_m + \alpha_T |\underline{U}_h|) - \varepsilon \} \nabla \hat{\xi}, \nabla \hat{\xi} \right) - M \left\{ 1 + \| \hat{\xi} \|^2_{L^2(\Omega)} \right\} \| \hat{\xi} \|^2_{L^2}. \tag{6.1.32}$$

由 (6.1.28)~(6.1.31) 有

$$\begin{aligned}
\frac{\mathrm{d}}{\mathrm{d}t} &\left(\phi \hat{\xi}, \hat{\xi} \right) + \left((D_m + \alpha_T |\underline{U}_h|) \nabla \hat{\xi}, \nabla \hat{\xi} \right) \\
&\leqslant M(Q^h) \Bigg\{ \left(1 + \| \hat{\xi} \|^2_{L^2(\Omega)} \right) \| \hat{\xi} \|^2_{L^2(\Omega)} + \| \underline{u} - \underline{U}_h \|^2_{L^2(\Omega)^2} \\
&\quad + \| \hat{c} - \hat{C}_h \|^2_{L^2(\Omega)} + h_c^{2(l+1)} \Bigg\} \\
&\leqslant M(Q^h) \left\{ \left(1 + \| \hat{\xi} \|^2_{L^\infty(\Omega)} \right) \| \hat{\xi} \|^2_{L^2(\Omega)} + h_c^{2(l+1)} + h_p^{2(k+1)} \right\},
\end{aligned} \tag{6.1.33}$$

此处 (6.1.25), (6.1.22a) 和 (6.1.27) 在估算 (6.1.33) 时被利用.

首先假定存在足够小的 h_0, 使得如果 $0 < h_c \leqslant h_0$ 和 $0 < h_p \leqslant h_0$ 有

$$\| \hat{\xi} \|_{L^\infty(0,\overline{T};L^\infty(\Omega))} \leqslant 1. \tag{6.1.34}$$

注意到 (6.1.26) 能写 (6.1.3) 为下式:

$$\frac{\mathrm{d}}{\mathrm{d}t} \left(\phi \hat{\xi}, \hat{\xi} \right) + (D_m \nabla \hat{\xi}, \nabla \hat{\xi}) \leqslant M \{ \| \hat{\xi} \|^2_{L^2(\Omega)} + h_c^{2(l+1)} + h_p^{2(k+1)} \}, \tag{6.1.35}$$

此处 $M(Q^h) \leqslant M, M$ 是一个不依赖于 $\hat{C}_h$ 的正常数. 应用 Gronwall 引理, 则有

$$\| \hat{\xi} \|^2_0 + D_m \| \nabla \hat{\xi} \|^2_{L^2(0,t;L^2(\Omega))} \leqslant \left\{ h_c^{2(l+1)} + h_p^{2(k+1)} \right\}, \tag{6.1.36}$$

此处 $M_1 = M e^{M\overline{T}}$ 是一个不依赖于剖分参数和半离散解 $\hat{C}_h$ 的正常数.

现在, 我们证明假定 (6.1.34) 成立, 对足够小的 h_0 和限定条件:

$$h_p \leqslant M_2 h_c. \tag{6.1.37}$$

若 K_0 是一个逆性质常数. 事实上, 应用反证法, 若 h_0 满足 $\max\{M_1K_0^2h_0^{2l},$ $M_1K_0^2M_2^2h_0^{2k}\} \leqslant \frac{1}{4}$, 则存在剖分参数 $0 < h_c^* \leqslant h_0$ 和 $0 < h_p^* \leqslant h_0$ 使得

$$\left\|\hat{\xi}\right\|_{L^\infty(0,\overline{T};L^\infty(\Omega))} \geqslant 1. \tag{6.1.38}$$

记

$$t^* = \inf\left\{t \in (0,\overline{T}] \,\middle|\, \left\|\hat{\xi}\right\|_{L^\infty(0,t;L^\infty(\Omega))} \geqslant 1\right\}. \tag{6.1.39}$$

因为初始误差 $\hat{\xi}(0) = 0$, 我们得到 $0 < t^* \leqslant \overline{T}$ 和

$$\left\|\hat{\xi}\right\|_{L^\infty(\Omega)}(t^*) = 1, \tag{6.1.40}$$

$$\left\|\hat{\xi}\right\|_{L^\infty(0,t^*;L^\infty(\Omega))} \leqslant 1. \tag{6.1.41}$$

由同样的估计关于 (6.1.34)~(6.1.36), 用 $[0,t^*]$ 代替 $[0,\overline{T}]$, 有

$$\left\|\hat{\xi}\right\|_0^2 \leqslant M_1\left\{h_c^{2(l+1)} + h_p^{2(k+1)}\right\}, \quad 0 < t \leqslant t^*. \tag{6.1.42}$$

可得

$$\begin{aligned}\left\|\hat{\xi}\right\|_{L^\infty(\Omega)}^2(t^*) &\leqslant K_0^2h_c^{-2}\left\|\hat{\xi}\right\|_{L^2(\Omega)}^2(t^*) \leqslant M_1K_0^2h_c^{-2}\left\{h_c^{2(l+1)} + h_p^{2(k+1)}\right\}\\&\leqslant M_1K_0^2h_c^{2l} + M_1K_0^2M_2^2h_p^{2k} \leqslant \frac{1}{2}.\end{aligned} \tag{6.1.43}$$

这和 (6.1.40) 矛盾.

综合已有的结果 (6.1.22), (6.1.25), (6.1.27) 和 (6.1.36). 它推出

$$\|\underline{u} - U_h\|_{L^\infty(0,\overline{T};L^2(\Omega)^2)} + \|p - P_h\|_{L^\infty(0,\overline{T};L^2(\Omega))} \leqslant M\{h_p^{k+1} + h_c^{l+1}\}, \tag{6.1.44a}$$

$$\left\|\hat{c} - \hat{C}_h\right\|_{L^\infty(0,\overline{T};L^2(\Omega))} + h_c\left\|\hat{c} - \hat{C}_h\right\|_{L^2(0,\overline{T};H^1(\Omega))} \leqslant M\{h_c^{l+1} + h_p^{k+1}\}, \tag{6.1.44b}$$

此处常数 M 依赖于 $\hat{c}$, $\dfrac{\partial\hat{c}}{\partial t}$ 和 p 及其导数.

现在估计 $c_i - C_{hi}(i = 1, 2, \cdots, N)$. 注意到 $\xi_i = \tilde{C}_i - C_{hi}$ 和 $\zeta_i = c_i - \tilde{C}_i$ 和记

$$Q_i^h(t) = \max\left\{\sup_{\substack{x\in\Omega\\0<t'\leqslant t}}|c_i(x,t')|, \sup_{\substack{x\in\Omega\\0<t'\leqslant t}}|\tilde{C}_i(x,t')|, \sup_{\substack{x\in\Omega\\0<t'\leqslant t}}|C_{hi}(x,t')|\right\}.$$

类似地, 有

$$Q_i^h(t) \leqslant \sup_{\substack{x\in\Omega\\0<t'\leqslant t}}|c_i(x,t')| + \sup_{\substack{x\in\Omega\\0<t'\leqslant t}}|\tilde{C}_i(x,t')| + \|\xi_i\|_{L^\infty(0,t;L^\infty(\Omega))}. \tag{6.1.45}$$

记 $\overline{Q}_i^h(t) = \max\{Q^h(t), Q_i^h(t)(i=1,2,\cdots,N)\}$. 类似地, 对于 (6.1.28) 的推导和由 (6.1.10)、(6.1.11) 和 $\tilde{C}_i$ 的定义有

$$\left(\phi K_i \frac{\partial \xi_i}{\partial t}, z\right) + (\overline{U}_h \cdot \nabla \xi_i, z) + (E_c(\underline{U}_h)\nabla \xi_i, \nabla z)$$
$$= -\left(\phi K_i \frac{\partial \zeta_i}{\partial t}, z\right) + \lambda_{ci}(\zeta_i, z) + ((\underline{U}_h - \underline{u}) \cdot \nabla \tilde{C}_i, z)$$
$$+ ((D(\underline{U}_h) - D(\underline{u}))\nabla \tilde{C}_i, \nabla z) + (f_i(\hat{c}, c_1, c_2, \cdots, c_N)$$
$$- f_i(\hat{C}_h, C_{h1}, C_{h2}, \cdots, C_{hN}), z), \quad z \in M_h. \tag{6.1.46}$$

类似地, 可得

$$\frac{1}{2}\frac{d}{dt}(\phi K_i \xi_i, \xi_i) + (D_m \nabla \xi_i, \nabla \xi_i)$$
$$\leqslant M(\overline{Q}^h(t))\left\{\left(1 + \left\|\hat{\xi}\right\|_{L^2(\Omega)}^2\right)\left\|\hat{\xi}\right\|_{L^2(\Omega)}^2 + \left\|\hat{c} - \hat{C}_h\right\|_{L^2(\Omega)}\right.$$
$$\left. + \|\underline{u} - \underline{U}_h\|_{L^2(\Omega)^2} + h_c^{2(l+1)} + h_p^{2(k+1)}\right\}, \tag{6.1.47}$$

此处 $\|\xi\|_{L^2(\Omega)}^2 = \sum_{i=1}^N \|\xi_i\|_{L^2(\Omega)}^2$.

求和 $1 \leqslant i \leqslant N$. 有

$$\frac{1}{2}\frac{d}{dt}\sum_{i=1}^N (\phi K_i \xi_i, \xi_i) + \sum_{i=1}^N (D_m \nabla \xi_i, \nabla \xi_i)$$
$$\leqslant M(\overline{Q}^h(t))\left\{\left(1 + \left\|\hat{\xi}\right\|_{L^2(\Omega)}^2\right)\left\|\hat{\xi}\right\|_{L^2(\Omega)}^2\right.$$
$$\left. + \left\|\hat{c} - \hat{C}_h\right\|_{L^2(\Omega)} + \|\underline{u} - \underline{U}_h\|_{L^2(\Omega)^2} + h_c^{2(l+1)} + h_p^{2(k+1)}\right\}. \tag{6.1.48}$$

注意到 $\phi(x) \geqslant \phi_0 > 0$, $K_i \geqslant K_0 > 0$, 有

$$\phi K_i \geqslant \phi_0 K_0 > 0. \tag{6.1.49}$$

类似地, 应用反证法, 能够证明存在一个充分小的 h_0 使得 $0 < h_c \leqslant h_0$, $0 < h_p \leqslant h_0$, 则

$$\|\xi\|_{L^\infty(0,\overline{T};L^\infty(\Omega))} \leqslant 1, \tag{6.1.50}$$

此处 $\|\xi\|_{L^\infty(\Omega)} = \max_{1\leqslant i \leqslant N} \|\xi_i\|_{L^\infty(\Omega)}$, 应用误差估计式 (6.1.44) 能得

$$\sum_{i=1}^N \|\xi_i\|_{L^2(\Omega)}^2(t) + \sum_{i=1}^N \|\nabla \xi_i\|_{L^2(0,t;L^2(\Omega))}^2 \leqslant M\{h_c^{2(l+1)} + h_p^{2(k+1)}\}. \tag{6.1.51}$$

注意到 (6.1.22), 则有下述误差估计:

$$\sum_{i=1}^{N} \|c_i - C_{hi}\|_{L^\infty(0,\overline{T};L^2(\Omega))} + \sum_{i=1}^{N} \|c_i - C_{hi}\|_{L^2(0,\overline{T};H^1(\Omega))}^2 \leqslant M\{h_c^{2(l+1)} + h_p^{2(k+1)}\}.$$

$$(6.1.52)$$

此处常数 M 依赖于 c_i, $\dfrac{\partial c_i}{\partial t}(i = 1, 2, \cdots, N)$, p, $\hat{c}$ 和 $\dfrac{\partial \hat{c}}{\partial t}$ 及其导函数.

最后对于热传导方程, 注意到 $\theta = T - \tilde{T}$ 和 $\omega = \tilde{T} - T_h$, 类似于对 (6.1.28), (6.1.13), (6.1.14) 和 $\tilde{T}$ 的定义的讨论可得

$$\left(\hat{\phi}\frac{\partial \omega}{\partial t}, z\right) + c_p(\underline{U}_h \cdot \nabla \omega, z) + (E_H(\underline{U}_h)\nabla \omega, \nabla z)$$

$$= -\left(\hat{\phi}\frac{\partial \theta}{\partial t}, z\right) + \mu_T(\theta, z) + c_p((\underline{U}_h - \underline{u}) \cdot \nabla \tilde{T}, z)$$

$$+ c_{pw}((D(\underline{U}_h) - D(\underline{u}))\nabla \tilde{T}, \nabla z) + (Q(\underline{u}, T, \hat{c}, p)$$

$$- Q(\underline{U}_h, T_h, \hat{C}_h, P_h), z), \quad z \in R_h.$$

$$(6.1.53)$$

记

$$Q_T^h(t) = \max\left\{ \sup_{\substack{x \in \Omega \\ 0 < t' \leqslant t}} |T(x, t')|, \sup_{\substack{x \in \Omega \\ 0 < t' \leqslant t}} |\tilde{T}(x, t')|, \sup_{\substack{x \in \Omega \\ 0 < t' \leqslant t}} |T_h(x, t')| \right\},$$

$$Q_p^h(t) = \max\left\{ \sup_{\substack{x \in \Omega \\ 0 < t' \leqslant t}} |p(x, t')|, \sup_{\substack{x \in \Omega \\ 0 < t' \leqslant t}} |\tilde{P}(x, t')|, \sup_{\substack{x \in \Omega \\ 0 < t' \leqslant t}} |P_h(x, t')| \right\},$$

$$Q_{\underline{u}}^h(t) = \max\left\{ \sup_{\substack{x \in \Omega \\ 0 < t' \leqslant t}} |\underline{u}(x, t')|, \sup_{\substack{x \in \Omega \\ 0 < t' \leqslant t}} |\tilde{U}(x, t')|, \sup_{\substack{x \in \Omega \\ 0 < t' \leqslant t}} |\underline{U}_h(x, t')| \right\},$$

$$Q_*^h(t) = \max\left\{ Q^h(t), Q_T^h(t), Q_p^h(t), Q_{\underline{u}}^h(t) \right\}.$$

取 $z = \omega$, 可得

$$\frac{1}{2}\frac{\mathrm{d}}{\mathrm{d}t}(\hat{\phi}\omega, \omega) + ((K_m + \alpha_T|\underline{U}_h|)\nabla \omega, \nabla \omega)$$

$$\leqslant M(Q_*^h(t))\left\{ \left(1 + \left\|\hat{\xi}\right\|_{L^2(\Omega)}^2\right) \|\omega\|_{L^2}^2 + \left\|\hat{c} - \hat{C}_h\right\|_{L^2(\Omega)}^2 \right.$$

$$\left. + \|\underline{u} - \underline{U}_h\|_{L^2(\Omega)}^2 + \|p - P_h\|_{L^2(\Omega)}^2 + h_T^{2(r+1)} \right\}.$$

$$(6.1.54)$$

由 (6.1.4) 知道能够选到充分小的 h_0 使得

$$Q^h(t) \leqslant Q^*, \quad Q_P^h(t) \leqslant Q^*, \quad Q_{\underline{u}}^h(t) \leqslant Q^*,$$

此处 Q^* 是一个不依赖于 $\hat{C}_h$, $\underline{U}_h$ 和 P_h 的正常数. 类似地, 应用反证法能够证明存在充分小的 h_0^T 使得如果 $0 < h_c \leqslant h_0^T$, $0 < h_P \leqslant h_0^T$, $0 < h_T \leqslant h_0^T$, 则

$$\|\omega\|_{L^\infty(0,t;L^\infty(\Omega))} \leqslant 1. \tag{6.1.55}$$

从 (6.1.22), (6.1.44) 和 (6.1.54) 有

$$\frac{\mathrm{d}}{\mathrm{d}t}(\hat{\phi}\omega,\omega) + K_m(\nabla\omega,\nabla\omega) \leqslant M\left\{\left(1+\left\|\hat{\xi}\right\|_{L^2(\Omega)}^2\right)\|\omega\|_{L^2(\Omega)}^2 + h_c^{2(k+1)} + h_p^{2(k+1)} + h_T^{2(r+1)}\right\}, \tag{6.1.56}$$

此处 $M(Q_*^n(t)) \leqslant M$, M 是一个不依赖于 $\hat{C}_h$, $\underline{U}_h$, P_h 和 T_h 的正常数.

我们证明了误差估计

$$\|T - T_h\|_{L^\infty(0,\overline{T};L^2(\Omega))} + h_T\|T - T_h\|_{L^2(0,\overline{T};H^1(\Omega))} \leqslant M\{h_c^{l+1} + h_p^{k+1} + h_T^{r+1}\}, \tag{6.1.57}$$

此处 M 是依赖于 $T, \dfrac{\partial T}{\partial t}, p, \hat{c}$ 和 $\dfrac{\partial \hat{c}}{\partial t}$ 的正常数.

最后组合 (6.1.44), (6.1.52) 和 (6.1.57), 能到下述误差估计式:

$$\|\underline{u} - \underline{U}_h\|_{L^\infty(0,\overline{T};L^2(\Omega)^2)} + \|p - P_h\|_{L^2(0,\overline{T};L^2(\Omega))} \leqslant M\left\{h_p^{k+1} + h_c^{l+1}\right\}, \tag{6.1.58a}$$

$$\left\|\hat{c} - \hat{C}_h\right\|_{L^\infty(0,\overline{T};L^2(\Omega))} + h_c\left\|\hat{c} - \hat{C}_h\right\|_{L^2(0,\overline{T};H^1(\Omega))} \leqslant M\left\{h_c^{l+1} + h_p^{k+1}\right\}, \tag{6.1.58b}$$

$$\sum_{i=1}^{N}\|c_i - C_{hi}\|_{L^\infty(0,\overline{T};L^2(\Omega))} + h_c\sum_{i=1}^{N}\left\|c_i - C_{hi}\right\|_{L^2(0,\overline{T};H^1(\Omega))}$$
$$\leqslant M\left\{h_c^{l+1} + h_p^{k+1}\right\}, \tag{6.1.58c}$$

$$\|T - T_h\|_{L^\infty(0,\overline{T};L^2(\Omega))} + h_T\|T - T_h\|_{L^2(0,\overline{T};H^1(\Omega))}$$
$$\leqslant M\{h_T^{r+1} + h_c^{l+1} + h_p^{k+1}\}. \tag{6.1.58d}$$

6.1.4　全离散混合元方法

由于压力相对于浓度和温度随时间 t 变化较慢, 通常对压力和达西速度采用大步长计算, 对浓度和热传导方程采用小步长计算. 为此引入下述记号:

Δt_c 为对于 $\hat{c}, c_i(i=1,2,\cdots,N)$ 和 T 的时间步长, Δt_p^0 为压力方程第一时间步长, Δt_p 为压力方程子序列时间步长, $j = \Delta t_p/\Delta t_c \in \mathbf{Z}^+, j^0 = \Delta t_p^0/\Delta t_c \in \mathbf{Z}^+, t^n = t_c^n = n\Delta t_c, t_m = t_p^m = \Delta t_p^0 + (m-1)\Delta t_p, \psi^n = \psi(t^n), \psi_m = \psi(t_m)$ 对函数 $\psi(x,t),$ $d_t\psi_0 = (\psi_1 - \psi_0)/\Delta t_p^0, \delta\psi^{n-1} = \psi^n - \psi^{n-1}, \delta\psi_{m-1} = \psi_m - \psi_{m-1},$

$$E\psi^n = \begin{cases} \psi_0, & t^n \leqslant t_1, \\[2mm] \left(1 + \dfrac{\gamma}{j^0}\right)\psi_1 - \dfrac{\gamma}{j^0}\psi_0, & t_1 < t^n \leqslant t_2, t^n = t_1 + \gamma\Delta t_c, \\[2mm] \left(1 + \dfrac{\gamma}{j}\right)\psi_m - \dfrac{\gamma}{j}\psi_{m-1}, & t_m < t^n \leqslant t_{m+1}, t^n = t_m + \gamma\Delta t_c, m \geqslant 2, \end{cases}$$

$$\psi^n = \begin{cases} \psi^0, & n = 1, \\ 2\psi^{n-1} - \psi^{n-2}, & n \geqslant 2, \end{cases} \qquad \psi^{n+\frac{1}{2}} = \begin{cases} \psi_0, & m = 0, \\ \dfrac{3}{2}\psi_m - \dfrac{1}{2}\psi_{m-1}, & m \geqslant 1, \end{cases}$$

$$J^n = (t^{n-1}, t^n), \quad J_m = (t_{m-1}, t_m).$$

首先用函数 $\hat{C}_h^0 = \hat{C}_n(t_c^0) \in M_h, C_{hi}^0 = C_{hi}(t_c^0) \in M_h$ 和 $T_h^0 \in T_h(t_c^0) \in R_h$ 逼近 $\hat{c}_0, c_{i0}(i = 1, 2, \cdots, N), T^0$; 能够采用插值、$L^2$ 投影或椭圆投影.

现在, 假定 $\hat{C}_h^m = \hat{C}_h(t^m)$ 已知, 则速度-压力对 $\{U_h^m, P_n^m\}$ 在时间 t_p^m 能够由下述方程组计算:

(a) $(\nabla \cdot \underline{U}_h^m, \omega) = (-q + R_s'(\hat{C}_h^m), \omega), \quad \omega \in W_h,$

(b) $(\alpha(\hat{C}_h^m)^{-1}\underline{U}_h^m, \underline{v}) - (\nabla \cdot \underline{v}, P_h^m) = (\gamma(\hat{C}_h^m), \underline{v}), \quad \underline{v} \in V_h.$ $\qquad$ (6.1.59)

对浓度和温度方程采用向后差商 Galerkin 程序.

格式 I

$$\left(\phi\frac{\hat{C}_h^n - \hat{C}_h^{n-1}}{\Delta t_c}, z\right) + (E\underline{U}_h^n \cdot \nabla\hat{C}_h^n, z) + (E_c(E\underline{U}_h^n)\nabla\hat{C}_h^n, \nabla z)$$

$$= (g(\hat{C}_h^n), z), \quad z \in M_h, \tag{6.1.60a}$$

$$\left(\phi K_i\frac{C_{hi}^n - C_{hi}^{n-1}}{\Delta t_c}, z\right) + (E\underline{U}_h^n \cdot \nabla C_{hi}^n, z) + (E_c(E\underline{U}_h^n)\nabla C_{hi}^h, \nabla z)$$

$$= (f_i(\breve{\hat{C}}_h^n, \breve{C}_{h1}^n, \breve{C}_{h2}^n, \cdots, \breve{C}_{hN}^n), z), \quad z \in M_h, i = 1, 2, \cdots, N, \tag{6.1.60b}$$

$$\left(\hat{\phi}\frac{T_h^n - T_h^{n-1}}{\Delta t_c}, z\right) + c_p(E\underline{U}_h^n \cdot \nabla T_h^n, z) + (E_H(E\underline{U}_h^n)\nabla T_h^n, \nabla z)$$

$$= (Q(E\underline{U}_h^n, EP_h^n, \breve{T}_h^n, \breve{C}_h^n), z), \quad z \in R_h. \tag{6.1.60c}$$

对格式 I 计算次序如下: $\hat{C}_h^0, C_{hi}^0(i = 1, 2, \cdots, N), T_h^0, P_h^0, \underline{U}_h^0; \cdots, \hat{C}_h^{j^0}, C_{hi}^{j^0}(i = 1, 2, \cdots, N), T_h^{j^0}, P_h^1, \underline{U}_h^1, \cdots$.

格式 II

$$\left(\phi\frac{\hat{C}_h^n - \hat{C}_h^{n-1}}{\Delta t_c}, z\right) + (\underline{U}_h^{m+\frac{1}{2}} \cdot \nabla\hat{C}_h^n, z) + (E_c(\underline{U}_h^{m+\frac{1}{2}})\nabla\hat{C}_h^n, \nabla z)$$

$$= ((\underline{U}_h^{m+\frac{1}{2}} - E\underline{U}_h^n) \cdot \nabla\breve{\hat{C}}_h^n, z) + ((E_c(\underline{U}_h^{m+\frac{1}{2}}))$$

$$- E_c(E\underline{U}_h^n))\nabla\breve{\hat{C}}_h^n, \nabla z) + (g(\hat{C}_h^n), z), \quad z \in M_h, \tag{6.1.61a}$$

$$\left(\phi K_i\frac{C_{hi}^n - C_{hi}^{n-1}}{\Delta t_c}, z\right) + (\underline{U}_h^{m+\frac{1}{2}} \cdot \nabla C_{hi}^n, z) + (E_c(\underline{U}_h^{m+\frac{1}{2}})\nabla C_{hi}^n, \nabla z)$$

$$= ((\underline{U}_h^{m+\frac{1}{2}} - E\underline{U}_h^n) \cdot \nabla\breve{C}_{hi}^n, z) + ((E_c(\underline{U}_h^{m+\frac{1}{2}}) - E_c(E\underline{U}_h^n))\nabla\breve{C}_{hi}^n, \nabla z)$$

$$+ (f_i(\breve{\hat{C}}_h^n, \breve{C}_{h1}^n, \breve{C}_{h2}^n, \cdots, \breve{C}_{hN}^n), z), \quad z \in M_h, \tag{6.1.61b}$$

$$\left(\hat{\phi}\frac{T_h^n - T_h^{n-1}}{\Delta t_c}, z\right) + c_p(\underline{U}_H^{m+\frac{1}{2}} \cdot \nabla T_h^n, z) + (E_H(\underline{U}_h^{m+\frac{1}{2}})\nabla T_h^n, \nabla z)$$

$$= c_p((\underline{U}_h^{m+\frac{1}{2}} - E\underline{U}_h^n)\cdot \nabla \check{T}_h^n, z) + ((E_H(\underline{U}_h^{m+\frac{1}{2}}) - E_H(E\underline{U}_h^n))\nabla \check{T}_h^n, \nabla z)$$

$$+ (Q(E\underline{U}_h^n, EP_h^n, \check{T}_h^n, \check{C}_h^n), z), \quad z \in R_h. \tag{6.1.61c}$$

如果用格式 II 代替格式 I, 则总体计算量是减少的. 因为它对压力时间步对矩阵仅需做一次简单的分解, 代替每一浓度时间步的一次分解.

6.1.5　全离散混合元方法的数值分析

首先估计 $\underline{U}_h^m - \underline{\tilde{U}}^m$ 和 $P_h^m - \tilde{P}^m$. 由 (6.1.59) 和 (6.1.24)$(t = t_m)$ 相减导致下述方程

$$(\nabla \cdot (\underline{U}_h^m - \underline{\tilde{U}}^m), w) = (-R_1'(\hat{c}^m) + R_3'(\hat{C}_h^m), w), \quad w \in W_h, \tag{6.1.62a}$$

$$(\alpha(\hat{C}_h^m)^{-1}(\underline{U}_h^m - \underline{\tilde{U}}^m), \underline{v}) - (\nabla \cdot \underline{v}, P_h^m - \tilde{P}^m)$$

$$= (\gamma(\hat{C}_h^m) - \gamma(c^m), \underline{v}) + \left(\left\{\alpha(\hat{c}^m)^{-1} - \alpha(\hat{C}_h^m)^{-1}\right\}\underline{\tilde{U}}^m, \underline{v}\right), \quad \underline{v} \in V_h. \tag{6.1.62b}$$

记

$$Q^h(t^n) = \max\left\{\sup_{\substack{x\in\Omega\\0\leqslant t'\leqslant t^n}}|\hat{c}(x,t')|, \sup_{\substack{x\in\Omega\\0\leqslant t'\leqslant t^n}}\left|\tilde{C}(x,t')\right|, \sup_{\substack{x\in\Omega\\0\leqslant j\leqslant n}}\left|\hat{C}_h^j(x)\right|\right\},$$

注意到 $\hat{C}_h = \hat{C}_h - \tilde{C} + \tilde{C} = \tilde{C} - \hat{\xi}$. 有

$$\sup_{\substack{x\in\Omega\\0\leqslant j\leqslant n}}\left|\hat{C}_h^j(x)\right| \leqslant \sup_{\substack{x\in\Omega\\0\leqslant t'\leqslant t^n}}\left|\tilde{C}(x,t')\right| + \sup_{\substack{x\in\Omega\\0\leqslant j\leqslant n}}\left|\hat{\xi}^j\right|,$$

记 $\left\|\hat{\xi}\right\|_{\bar{L}^\infty(n,\Omega)} = \sup_{\substack{x\in\Omega\\0\leqslant j\leqslant n}}\left|\hat{\xi}^j\right|$, 有

$$Q^h(t^n) \leqslant \sup_{\substack{x\in\Omega\\0\leqslant t'\leqslant t^n}}|\hat{c}(x,t')| + \sup_{\substack{x\in\Omega\\0\leqslant t'\leqslant t^n}}\left|\tilde{C}(x,t')\right| + \left\|\hat{\xi}\right\|_{\bar{L}^\infty(n,\Omega)}. \tag{6.1.63}$$

Brezzi[14] 指出 (6.1.62) 解算子是有界的, 因此

$$\left\|\underline{U}_h^m - \underline{\tilde{U}}^m\right\|_V + \left\|P_h^m - \tilde{P}^m\right\|_W \leqslant M(Q^h(t_p^n))\left\{1 + \left\|\underline{\tilde{U}}^m\right\|_{L^\infty(\Omega)}\right\}\left\|\hat{c}^m - \hat{C}_h^m\right\|_{L^2(\Omega)}. \tag{6.1.64}$$

网格的拟正则性和估计式 (6.1.15) 指明 $\tilde{U}$ 是有界的. 注意到 $\hat{\xi} = \tilde{C} - \hat{C}_h$ 和 $\hat{\xi} = \hat{c} - \tilde{C}$, 则应用 (6.1.8), (6.1.60a) 和 (6.1.19) 能够得到关系式:

$$\left(\phi\frac{\hat{\xi}^n - \hat{\xi}^{n-1}}{\Delta t_c}\right) + (E\underline{U}_h^n \cdot \nabla\hat{\xi}, z) + (E_c(E\underline{U}_h^n)\nabla\hat{\xi}, z)$$

$$= (g(\hat{c}^n) - g(\breve{\tilde{C}}_h^n), z) + \left(\phi\left\{\frac{\tilde{C}^n - \tilde{C}^{n-1}}{\Delta t_c} - \frac{\partial \hat{c}^n}{\partial t}\right\}, z\right)$$

$$+ \lambda(\hat{\varsigma}^n, z) + \left(\{EU_h^n - \underline{u}^n\} \cdot \nabla \tilde{C}^n, z\right)$$

$$+ \left(\{E_c(EU_h^n) - E_c(\underline{u}^n)\} \cdot \nabla \tilde{C}^n, \nabla z\right). \tag{6.1.65}$$

选取检验函数 $z = \hat{\xi}^n$, 则估计如下:

$$\left|(g(\hat{c}^n) - g(\breve{\tilde{C}}_h^n), \hat{\xi}^n)\right|$$

$$\leqslant M(Q^h(t^n))\left\{(\Delta t^2) + h_c^{2(l+1)} + \left\|\hat{\xi}^n\right\|^2 + \left\|\hat{\xi}^{n-1}\right\|^2 + \left\|\hat{\xi}^{n-2}\right\|^2\right\}, \tag{6.1.66}$$

此处 $\hat{\xi}^{n-2} = 0$ 如果 $n = 1$,

$$\left|\left(\phi\left\{\frac{\tilde{C}^n - \tilde{C}^{n-1}}{\Delta t_c} - \frac{\partial \hat{c}^n}{\partial t}\right\}, \hat{\xi}^n\right)\right|$$

$$\leqslant M\left\{(\Delta t_c)^{-1}\left\|\frac{\partial \hat{\zeta}}{\partial t}\right\|^2_{L^2(J^n, L^2)} + \Delta t_c\left\|\frac{\partial^2 \hat{c}}{\partial t^2}\right\|^2_{L^2(J^n, L^2)} + \left\|\hat{\xi}^n\right\|^2\right\}, \tag{6.1.67}$$

此处 $J^n = (t^{n-1}, t^n)$. 在下面, 注意到 $\hat{\xi}_p^m = \hat{\xi}(t_p^m)$.

$$\left|\lambda(\hat{\varsigma}^n, \hat{\xi}^n)\right| \leqslant M\left\{h_c^{2(l+1)} + \left\|\hat{\xi}^n\right\|^2\right\}, \tag{6.1.68}$$

$$\left|\left(\{EU_h^n - \underline{u}^n\} \nabla \tilde{C}^n, \hat{\xi}^n\right)\right| = \left|\left(\{(EU_h^n - E\underline{u}^n) + (E\underline{u}^n - \underline{u}^n)\} \nabla \tilde{C}^n, \hat{\xi}^n\right)\right|$$

$$\leqslant M\{[(\Delta t_p)^2(\text{或 } \Delta t_p^0)] + \|U_h^m - u^m\| + \|U_h^{m-1} - u^{m-1}\|]\left\|\hat{\xi}^n\right\|\}$$

$$\leqslant M\{(\Delta t_p)^4(\text{或 } (\Delta t_p^0)^2) + h_c^{2(l+1)} + h_p^{2(k+1)} + \left\|\hat{\xi}_p^m\right\|^2 + \left\|\hat{\xi}_p^{m-1}\right\|^2 + \left\|\hat{\xi}^n\right\|^2\}, \tag{6.1.69}$$

$$\left|\left(\{E_c(EU_h^n) - E_c(\underline{u}^n)\} \nabla \tilde{C}^n, \nabla \hat{\xi}^n\right)\right|$$

$$\leqslant \varepsilon\left\|\nabla \hat{\xi}^n\right\|^2 + M\left\{(\Delta t_p)^4(\text{ 或 } (\Delta t_p^0)^2)\right.$$

$$\left. + h_c^{2(l+1)} + h_p^{2(k+1)} + \left\|\hat{\xi}_p^m\right\|^2 + \left\|\hat{\xi}_p^{m-1}\right\|^2 + \left\|\hat{\xi}^n\right\|^2\right\}, \tag{6.1.70}$$

$$\left|(EU_h^n \cdot \nabla \hat{\xi}^n, \hat{\xi}^n)\right| \leqslant \varepsilon\left\|\nabla \hat{\xi}^n\right\|^2 + M(Q^h(t^n))\left\{1 + \left\|\hat{\xi}_p^m\right\|^2 + \left\|\hat{\xi}_p^{m-1}\right\|^2\right\}\left\|\hat{\xi}^n\right\|^2. \tag{6.1.71}$$

从上述估计能够得到下述不等式:

$$\frac{1}{\Delta t_c}\left\{(\phi\hat{\xi}^n, \hat{\xi}^n) - (\phi\hat{\xi}^{n-1}, \hat{\xi}^{n-1})\right\} + ((D_m + \alpha_T|EU_h^n|)\nabla\hat{\xi}^n, \nabla\hat{\xi}^n)$$

$$\leqslant M(Q^h(t^n))\left\{(\Delta t_p)^4(\text{或 }(\Delta t_p^0)^2)+(\Delta t_c)^2+h_c^{2(l+1)}+h_p^{2(k+1)}+\left\|\hat{\xi}_p^m\right\|^2+\left\|\hat{\xi}_p^{m-1}\right\|^2\right.$$

$$\left.+\left[1+\left\|\hat{\xi}_p^m\right\|^2+\left\|\hat{\xi}_p^{m-1}\right\|^2\right]\left[\left\|\hat{\xi}^n\right\|^2+\left\|\hat{\xi}^{n-1}\right\|^2+\left\|\hat{\xi}^{n-2}\right\|^2\right]\right\}+\varepsilon\left\|\nabla\hat{\xi}^n\right\|^2$$

$$\leqslant M(Q^h(t^n))\left\{(\Delta t_p)^4(\text{或 }(\Delta t_p^0)^2)+(\Delta t_c)^2+h_c^{2(l+1)}+h_p^{2(k+1)}+\left\|\hat{\xi}_p^m\right\|^2+\left\|\hat{\xi}_p^{m-1}\right\|^2\right.$$

$$\left.+\left[1+\left\|\hat{\xi}_p^m\right\|_{L^\infty}^2+\left\|\hat{\xi}_p^{m-1}\right\|_{L^\infty}^2\right]\left[\left\|\hat{\xi}^n\right\|^2+\left\|\hat{\xi}^{n-1}\right\|^2+\left\|\hat{\xi}^{n-2}\right\|^2\right]\right\}+\varepsilon\left\|\nabla\hat{\xi}^n\right\|^2,$$

$$\tag{6.1.72}$$

此处在括号中如果 $n=1$ 取 $(\Delta t_p^0)^2$, 如果 $n\geqslant 2$ 取 $(\Delta t_p)^4$.

引入归纳法假定:

$$\sup_n\left\|\hat{\xi}^n\right\|_{L^\infty(\Omega)}\leqslant M_1,\tag{6.1.73}$$

对某常数 M_1, 因此 Q^h 是有界的, 有 $M(Q^h(t^n))\leqslant M$, 此处 M 是一个不依赖于 $\hat{C}_h$ 和 $\tilde{C}$ 的正常数. 现在, 用 Δt_c 乘以 (6.1.72) 和在时间上对 $0<t_c^k\leqslant t_c^n$ 相加, 则如果

$$m(k)=m,\text{ 对 }t_p^m<t_c^k\leqslant t_p^{m+1},\tag{6.1.74}$$

$$(\phi\hat{\xi}^n,\hat{\xi}^n)-(\phi\hat{\xi}^0,\hat{\xi}^0)+\sum_{0<t_c^k\leqslant t_c^n}((D_m+\alpha_T\left|E\underline{U}^k\right|)\nabla\hat{\xi}^k,\nabla\hat{\xi}^k)\Delta t_c$$

$$\leqslant M\left\{h_c^{2(l+1)}+h_p^{2(k+1)}+(\Delta t_p)^4+(\Delta t_p^0)^3+(\Delta t_c)^2\right\}$$

$$+M\sum_{0<t_c^k\leqslant t_c^n}(\left\|\hat{\xi}^k\right\|^2+\left\|\hat{\xi}^{m(k)}\right\|^2)\Delta t_c+\varepsilon\sum_{0<t_c^k\leqslant t_c^n}\left\|\nabla\hat{\xi}^k\right\|^2\Delta t_c.\tag{6.1.75}$$

对 ε 足够小的最后一项, 由其左端扩散项控制, 可推出

$$\left\|\hat{\xi}^n\right\|^2+\sum_{0<t_c^k\leqslant t_c^n}\left\|\nabla\hat{\xi}^k\right\|^2\Delta t_c\leqslant M\left\{h_c^{2(l+1)}+h_p^{2(k+1)}+(\Delta t_p)^4+(\Delta t_p^0)^3+(\Delta t_c)^2\right\}$$

$$+M\sum_{0<t_c^k\leqslant t_c^n}(\left\|\hat{\xi}^k\right\|^2+\left\|\hat{\xi}^{m(k)}\right\|^2)\Delta t_c.\tag{6.1.76}$$

记

$$\alpha^n=\max\left\{\left\|\hat{\xi}^k\right\|^2:0<t_c^k\leqslant t_c^n\right\},\tag{6.1.77}$$

则有

$$\alpha^n+\sum_{0<t_c^k\leqslant t_c^n}\left\|\nabla\hat{\xi}^k\right\|^2\Delta t\leqslant M\left\{h_c^{2(l+1)}+h_p^{2(k+1)}+(\Delta t_p)^4+(\Delta t_p^0)^3+(\Delta t_c)^2\right\}$$

$$+M\sum_{0<t_c^k\leqslant t_c^n}\alpha^k\Delta t_c.\tag{6.1.78}$$

应用 Gronwall 引理得到

$$\left\|\hat{\xi}^n\right\|^2 + \sum_{0 < t_c^k \leqslant t_c^n} \left\|\nabla\hat{\xi}^k\right\|^2 \Delta t_c \leqslant M\left\{h_c^{2(l+1)} + h_p^{2(k+1)} + (\Delta t_p)^4 + (\Delta t_p^0)^3 + (\Delta t_c)^2\right\},$$

(6.1.79)

因此, 在这里是最优阶收敛性估计. 归纳法假定能够证明, 我们需要这离散参数限制性条件:

$$h_c^{-1}(\Delta t_c + (\Delta t_p)^2 + (\Delta t_p^0)^{\frac{3}{2}} + h_p^{k+1}) \to 0. \tag{6.1.80}$$

最后, 从 (6.1.80) 和 (6.1.79) 得到 (6.1.73) 成立. 因此 (6.1.79) 被建立.

我们能够组合 (6.1.64), (6.1.25), (6.1.79) 和 (6.1.22a) 的结果, 推出下述估计:

$$\|\underline{u}^m - \underline{U}_h^m\|_{\bar{L}^\infty(0,\bar{T};L^2(\Omega)^2)} + \|p^m - P_h^m\|_{\bar{L}^\infty(0,\bar{T};L^2(\Omega)^2)}$$
$$\leqslant M\left\{h_c^{l+1} + h_p^{k+1} + (\Delta t_p)^2 + (\Delta t_p^0)^{\frac{3}{2}} + \Delta t_c\right\}, \tag{6.1.81a}$$

$$\left\|\hat{c}^n - \hat{C}_h^n\right\|_{\bar{L}^\infty(0,\bar{T};L^2(\Omega))} + h_c\left\|\hat{c}^n - \hat{C}_h^n\right\|_{\bar{L}^2(0,\bar{T};H^1(\Omega))}$$
$$\leqslant M\left\{h_c^{l+1} + h_p^{k+1} + (\Delta t_p)^2 + (\Delta t_p^0)^{\frac{3}{2}} + \Delta t_c\right\}, \tag{6.1.81b}$$

此处 $\|\varphi^k\|_{\bar{L}^\infty(0,\bar{T};X)} = \sup\limits_{0 < t^k \leqslant \bar{T}} \|\varphi^k\|_X$, $\|\varphi^k\|_{\bar{L}^2(0,\bar{T};X)} = \left(\sum\limits_{0 < t^k \leqslant \bar{T}} \|\varphi^k\|_X^2 \Delta t\right)^{\frac{1}{2}}$, M 依赖于 $p, \hat{c}$ 及其导函数.

其次, 估计 $c_i^n - C_{hi}^n (i = 1, 2, \cdots, N)$. 注意到 $\xi_i^n = \tilde{C}_i^n - C_{hi}^n$ 和 $\varsigma_i^n = c_i^n - \tilde{C}_i^n$. 记

$$Q_i^h(t^n) = \max\left\{\sup_{\substack{x \in \Omega \\ 0 \leqslant t' \leqslant t^n}} |c_i(x, t')|, \sup_{\substack{x \in \Omega \\ 0 \leqslant t' \leqslant t^n}} \left|\tilde{C}_i(x, t')\right|, \sup_{\substack{x \in \Omega \\ 0 \leqslant j \leqslant n}} \left|C_{hi}^j(x)\right|\right\},$$

类似地, 有

$$Q_i^h(t^n) \leqslant \sup_{\substack{x \in \Omega \\ 0 \leqslant t' \leqslant t^n}} |c_i(x, t')| + \sup_{\substack{x \in \Omega \\ 0 \leqslant t' \leqslant t^n}} \left|\tilde{C}_i(x, t')\right| + \sup_{\substack{x \in \Omega \\ 0 \leqslant j \leqslant n}} \left|\xi_i^j\right|.$$

记 $\bar{Q}^h(t^n) = \max\left\{Q^h(t^n), Q_i^h(t^n)(i = 1, 2, \cdots, N)\right\}$. 由 (6.1.10), (6.1.60b) 和 (6.1.19) 能得关系式:

$$\left(\phi K_i \frac{\xi_i^n - \xi_i^{n-1}}{\Delta t_c}, z\right) + (E\underline{U}_h^n \cdot \nabla\xi_i^n, z) + (E_c(E\underline{U}_h^n)\nabla\xi_i^n, \nabla z)$$
$$= (f_i(\hat{c}^n, c_1^n, c_2^n, \cdots, c_N^n) - f_i(\hat{C}_h^n, C_{h1}^n, C_{h2}^n, \cdots, C_{hN}^n), z)$$
$$+ \left(\phi K_i\left\{\frac{\tilde{C}_i^n - \tilde{C}_i^{n-1}}{\Delta t_c} - \frac{\partial c_i^n}{\partial t}\right\}, z\right) + \lambda_i(\varsigma_i^n, z)$$
$$+ \left(\{E\underline{U}_h^n - \underline{u}^n\} \cdot \nabla\tilde{C}_i^n, z\right) + \left(\{E_c(E\underline{U}_h^n) - E_c(\underline{u}^n)\} \cdot \nabla\tilde{C}_i^n, \nabla z\right). \tag{6.1.82}$$

选取检验函数 $z = \xi_i^n$, 经类似的方法处理可得

$$\sum_{i=1}^{N} \|c_i^n - C_{hi}^n\|_{\bar{L}^\infty(0,\bar{T};L^2(\Omega))} + h_c \sum_{i=1}^{N} \|c_i^n - C_{hi}^n\|_{\bar{L}^2(0,\bar{T};H^1(\Omega))}$$
$$\leqslant M\{h_c^{l+1} + h_p^{k+1} + (\Delta t_p)^2 + (\Delta t_p^0)^{\frac{3}{2}} + \Delta t_c\}, \tag{6.1.83}$$

此处 M 依赖于 p, $\hat{c}$ 和 $c_i(i = 1, 2, \cdots, N)$ 及其导函数.

最后, 对热传导方程, 注意到 $\theta^n = T^n - \tilde{T}^n$ 和 $\omega^n = \tilde{T}^n - T_h^n$. 则由 (6.1.13), (6.1.60c) 能得下述关系式:

$$\left(\hat{\phi}\frac{\omega_h^n - \omega^{n-1}}{\Delta t_c}, z\right) + c_p(EU_h^n \cdot \nabla\omega^n, z) + (E_H(EU_h^n)\nabla\omega^n, \nabla z)$$
$$= (Q(\underline{u}^n, p^n, T^n, \hat{c}^n) - Q(EU_h^n, EP_h^n, \breve{T}_h^n, \breve{C}_h^n), z)$$
$$+ \left(\hat{\phi}\left\{\frac{\tilde{T}^n - \tilde{T}^{n-1}}{\Delta t_c} - \frac{\partial T^n}{\partial t}\right\}, z\right) + \mu(\theta^n, z) + c_p\left(\{EU_h^n - \underline{u}^n\} \cdot \nabla\tilde{T}^n, z\right)$$
$$+ \left(\{E_H(EU_h^n) - E_H(\underline{u}^n)\}\nabla\tilde{T}^n, \nabla z\right), \quad z \in R_h. \tag{6.1.84}$$

取检验函数 $z = \omega^n$, 经类似的处理和分析, 可得

$$\|T^n - T_h^n\|_{\bar{L}^\infty(0,\bar{T};L^2(\Omega))} + h_T \|T^n - T_h^n\|_{\bar{L}^2(0,\bar{T};H^1(\Omega))}$$
$$\leqslant M\{h_c^{l+1} + h_p^{k+1} + h_T^{r+1} + (\Delta t_p)^2 + (\Delta t_p^0)^{\frac{3}{2}} + \Delta t_c\}, \tag{6.1.85}$$

此处 M 依赖于 p, $\hat{c}$, T 及其导函数, 需要求剖分参数满足下述限制性条件:

$$h_T^{-1}(\Delta t_c + (\Delta t_p)^2 + (\Delta t_p^0)^{\frac{3}{2}} + h_c^{l+1} + h_p^{k+1}) \to 0. \tag{6.1.86}$$

我们证明了下述定理.

定理 6.1.1 若 $p(x,t)$, $\hat{c}(x,t)$, $c_i(x,t)(i = 1, 2, \cdots, N)$ 和 $T(x,t)$ 是问题 (6.1.1)~(6.1.6) 的精确解, P_h^n, $\hat{C}_h^n$, $C_{hi}^n(i = 1, 2, \cdots, N)$ 和 T_h^n 是格式 I 的近似解. 假设 $k \geqslant 1$, 且空间和时间离散参数满足关系式 (6.1.80) 和 (6.1.86), 则误差估计式 (6.1.81), (6.1.83) 和 (6.1.85) 成立.

经类似的分析和复杂的估算, 对格式 II 同样可以建立收敛性定理.

定理 6.1.2 若 $p(x,t)$, $\hat{c}(x,t)$, $c_i(x,t)(i = 1, 2, \cdots, N)$ 和 $T(x,t)$ 是问题 (6.1.1)~(6.1.6) 的精确解, P_h^n, $\hat{C}_h^n$, $C_{hi}^n(i = 1, 2, \cdots, N)$ 和 T_h^n 是格式 II 的近似解. 假设 $k \geqslant 1$, 空间和时间离散参数满足下述关系式:

(A) $h_p^{-1}\{h_c^{l+1} + h_T^{r+1} + \Delta t_c + (\Delta t_p)^2 + (\Delta t_p^0)^{\frac{3}{2}}\} \to 0$,

(B) $(\Delta t_p + h_p^{k+1})(\log h_c^{-1})^{\frac{1}{2}} \to 0$,

(C) $(\Delta t_p + h_p^{k+1})(\log h_T^{-1})^{\frac{1}{2}} \to 0$. \hfill (6.1.87)

则如同定理 6.1.1 误差估计式 (6.1.81), (6.1.83) 和 (6.1.85) 成立.

6.2 可压缩核废料污染问题的特征混合元–有限元方法

6.2.1 数学模型

在多孔介质中核废料污染问题计算方法的研究, 对处理和分析地层核废料设施的安全有重要的价值. 对于可压缩、二维模型, 它是地层中迁移的耦合抛物型偏微分方程组的初、边值问题. ① 流体流动; ② 热量迁移; ③ 主要元素 (brine) 的相混溶驱动; ④ 微量元素 (radionuclide) 的相混溶驱动. 应用 Douglas 关于 “微小压缩” 的处理, 其对应的方程组如下 [5∼9,15].

流动方程:

$$\phi_1 \frac{\partial p}{\partial t} + \nabla \cdot \underline{u} = -q + R_s', \tag{6.2.1a}$$

$$u = -\frac{k}{\mu} \nabla p, \tag{6.2.1b}$$

此处 p 和 u 对应于流体压力和达西速度. $\phi_1 = \phi c_w, q = q(x,t)$ 是产量项. $R_s' = R_s'(\hat{c}) = [c_s \phi K_s f_s/(1+c_s)](1-\hat{c})$ 是主要污染元素的溶解项, $k(x)$ 是岩石的渗透率, $\mu(\hat{c})$ 是流体的黏度, 依赖于 $\hat{c}$, 它是这液体中主要污染元素的浓度函数.

热传导方程:

$$d_1(p) \frac{\partial p}{\partial t} + d_2 \frac{\partial T}{\partial t} + c_p \underline{u} \cdot \nabla T - \nabla \cdot (\bar{E}_H \nabla T) = Q(\underline{u}, T, \hat{c}, p), \tag{6.2.2}$$

此处 T 是流体的温度, $d_1(p) = \phi c_w[U_0 + (p/\rho)]$, $d_2 = \phi c_p + (1-\phi)\rho_R c_{pR}$, $\bar{E}_H = D c_{pw} + K_m' I$, $K_m' = k_m/\rho_0$, $D = (D_{ij}) = (\alpha_T |\underline{u}| \delta_{ij} + (\alpha_L - \alpha_T) u_i u_j/|\underline{u}|)$, $Q(\underline{u}, T, \hat{c}, p) = -\{[\nabla U_0 - c_p \nabla T_0] \cdot \underline{u} + [U_0 + c_p(T - T_0) + (p/\rho)][-q + R_s']\} - q_L - qH - q_H$.

brine 方程:

$$\phi \frac{\partial \hat{c}}{\partial t} + \underline{u} \cdot \nabla \hat{c} - \nabla \cdot (E_c \nabla \hat{c}) = g(\hat{c}), \tag{6.2.3}$$

此处 $E_c = D + D_m I$, $g(\hat{c}) = -\hat{c}\{[c_s \phi K_s f_s/(1+c_s)](1-\hat{c}_s)\} - q_c + R_s$.

radionuclide 方程:

$$\phi K_i \frac{\partial c_i}{\partial t} + \underline{u} \cdot \nabla c_i - \nabla \cdot (E_c \nabla c_i) + d_3(c_i) \frac{\partial p}{\partial t} = f_i(\hat{c}, c_1, c_2, \cdots, c_N), \quad i = 1, 2, \cdots, N, \tag{6.2.4}$$

此处 c_i 是微量元素浓度函数 $(i = 1, 2, \cdots, N)$, $d_3(c_i) = \phi c_w c_i (K_i - 1)$ 和 $f_i(\hat{c}, c_1, c_2, \cdots, c_N) = c_i\{q - [c_s \phi K_s f_s/(1+c_s)](1-\hat{c})\} - q c_i - q_{ci} + q_{0i} + \sum_{j=1}^{N} k_{ij} \lambda_j K_j \phi c_j - \lambda_i K_i \phi c_i$.

假定没有流体和热流越过边界, 因此假定诺伊曼边界条件为零. 特别初始条件必须给定.

6.2.2 小节提出特征混合元–有限元格式, 6.2.3 小节讨论格式的收敛性分析. 在一般情况下 H^1 模最佳收敛性得到, 对于 Ω 周期边界情况最佳 L^2 模误差估计能够得到.

6.2.2　特征混合元–有限元格式

设 $W^{k,q}(\Omega), 1 \leqslant q \leqslant \infty$ 是标准的 Sobolev 空间, $V = \{v \in H(\mathrm{div}; \Omega); u \cdot \gamma = 0,$ 在 $\partial\Omega$ 上$\}$ 和 $W = L^2(\Omega)$, 则问题 (6.2.1) 的鞍点弱形式由下述方程组给出:

$$\left(\phi_1 \frac{\partial p}{\partial t}, w\right) + (\nabla \cdot \underline{u}, w) = (-q + R'_s(\hat{c}), w), \quad w \in W, \tag{6.2.5a}$$

$$(a(\hat{c})^{-1}\underline{u}, \underline{v}) - (\nabla \cdot \underline{v}, p) = 0, \quad \underline{v} \in V. \tag{6.2.5b}$$

问题 (6.2.1)~(6.2.4) 的有限元方法基于下述弱形式:

$$\left(d_2 \frac{\partial T}{\partial t}, z\right) + c_p(\underline{u} \cdot \nabla T, z) + (\hat{E}_H \nabla T, \nabla z) + \left(d_1(p)\frac{\partial p}{\partial t}, z\right)$$
$$= (Q(\underline{u}, T, \hat{c}, p), z), \tag{6.2.6}$$

$$\left(\phi \frac{\partial \hat{c}}{\partial t}, z\right) + (\underline{u} \cdot \nabla \hat{c}, z) + (E_c \nabla \hat{c}, \nabla z) = (g(\hat{c}), z), \tag{6.2.7}$$

$$\left(\phi K_i \frac{\partial c_i}{\partial t}, z\right) + (\underline{u} \cdot \nabla c_i, z) + (E_c \nabla c_i, \nabla z) + \left(d_3(c_i)\frac{\partial p}{\partial t}, z\right)$$
$$= (f_i(\hat{c}, c_1, c_2, \cdots, c_N), z), \quad i = 1, 2, \cdots, N, \tag{6.2.8}$$

此处 $z \in H^1(\Omega)$ 和 $0 < t \leqslant \bar{T}$.

设 $h = (h_c, h_T, h_p)^{\mathrm{T}}$, 此处 h_c, h_T 和 h_p 是对应于饱和度、温度和压力的剖分空间参数. $V_h \times W_h$ 是 Raviart-Thomas 空间指数为 k 的拟正则剖分, h_p 为剖分参数, 其逼近性满足:

$$\inf_{v_h \in V_h} \|\underline{v} - \underline{v}_h\|_0 = \inf_{v_k \in V_h} \|\underline{v} - \underline{v}_h\|_{L^2(\Omega)^2} \leqslant M \|\underline{v}\|_{k+1} h_p^{k+1}, \tag{6.2.9a}$$

$$\inf_{v_h \in V_h} \|\nabla \cdot (\underline{v} - \underline{v}_h)\|_0 \leqslant M\{\|\underline{v}\|_{k+1} + \|\nabla \cdot \underline{v}\|_{k+1}\} h_p^{k+1}, \tag{6.2.9b}$$

此处 $\underline{v} \in V \cap H^{k+1}(\Omega)^2$, $\nabla \cdot \underline{v} \in H^{k+1}(\Omega)$; 且

$$\inf_{w_h \in W_h} \|w - w_h\| \leqslant M \|w\|_{k+1} h_p^{k+1}, \quad w \in H^{k+1}(\Omega). \tag{6.2.10}$$

用不同的子空间来逼近不同的未知函数. 设 M_h 是一个指数为 l 关于 Ω 的拟正则剖分有限元空间, 则

$$\inf_{z_h \in M_h} \|z - z_h\|_{1,q} \leqslant M \|z\|_{l+1,q} h_c^l, \tag{6.2.11}$$

对于 $z \in W^{l+1,q}(\Omega)$ 和 $1 \leqslant q \leqslant \infty$, 类似地, 设 R_h 是一个指数为 r 的有限元空间, 类似地逼近性如 (6.2.11), 这里用 r 代替 l.

特征混合元–有限元格式: 当 $t = t^{n-1}$ 时刻, 如果逼近解 $\{P_h^{n-1}, \underline{U}_h^{n-1}, \hat{C}_h^{n-1}, C_{hi}^{n-1}(i=1,\cdots,N), T_h^{n-1}\} \in V_h \times W_h \times M_h \times M_h^N \times R_h$, 是已知的, 寻求 $t = t^n$ 时刻的逼近解 $\{P_h^n, \underline{U}_h^n, \hat{C}_h^n, C_{hi}^n(i=1,\cdots,N), T_h^n\} \in V_h \times W_h \times M_h \times M_h^N \times R_h$:

$$\left(\phi_1 \frac{P_h^n - P_h^{n-1}}{\Delta t}, w\right) + (\nabla \cdot \underline{U}_h^n, w) = (-q + R_s'(\hat{C}_h^{n-1}), w), \quad w \in W_h, \quad (6.2.12a)$$

$$(a^{-1}(\hat{C}_h^{n-1})\underline{U}_h^n, \underline{v}) - (\nabla \cdot \underline{v}, P_h^n) = 0, \quad \underline{v} \in V_h, \quad (6.2.12b)$$

$$\left(\phi \frac{\hat{C}_h^n - \bar{\hat{C}}_h^{n-1}}{\Delta t}, z\right) + (E_c \nabla \hat{C}_h^n, \nabla z) = (g(\hat{C}_h^{n-1}), z), \quad z \in M_h, \quad (6.2.12c)$$

$$\left(\phi K_i \frac{C_{hi}^n - \bar{C}_{hi}^{n-1}}{\Delta t}, z\right) + (E_c \nabla C_{hi}^n, \nabla z) + \left(d_3(C_{hi}^{n-1})\frac{P_h^n - P_h^{n-1}}{\Delta t}, z\right)$$
$$= (f_i(\hat{C}_h^n, C_{h1}^{n-1}, \cdots, C_{hN}^{n-1}), z), \quad z \in M_h, i = 1, 2, \cdots, N, \quad (6.2.12d)$$

$$\left(d_2 \frac{T_h^n - \bar{T}_h^{n-1}}{\Delta t}, z\right) + (\tilde{E}_H \nabla T_h^n, \nabla z) + \left(d_1(P_h^n)\frac{P_h^n - P_h^{n-1}}{\Delta t}, z\right)$$
$$= (Q(\underline{U}_h^n, T_h^{n-1}, \hat{C}_h^n, p_h^n), z), \quad z \in R_h. \quad (6.2.12e)$$

特别地, 这初始逼近 $\hat{C}_h(0), C_{hi}(0)(i=1,2,\cdots,N), T_h(0), P_h(0)$ 必须确定.

格式 (6.2.12) 解的程序如下: 从 (6.2.12a,b) 得到 P_h^n 和 U_h^n; 从 (6.2.12c) 得到 $\hat{C}_h^n$, 此处 $\bar{\hat{C}}_h^{n-1} = \hat{C}_h^{n-1}(\bar{x}^{n-1})$, $\bar{x}^{n-1} = x - (U_h^n \Delta t/\phi)$ 表示沿特征线方向逼近. 如果 $\bar{x}^{n-1}$ 越过 Ω 的边界, 能够联接 $\bar{x}^{n-1}$ 和 $Y \in \partial\Omega$ 使得 $(\bar{x}^{n-1} - Y)/|\bar{x}^{n-1} - Y|$ 是边界 $\partial\Omega$ 在 Y 的外法线方向, 取 x^* 使 $Y - x^{*n-1} = \bar{x}^{n-1} - Y$, 现在定义 $\hat{C}_h^{n-1}(\bar{x}^{n-1}) = \hat{C}_h^{n-1}(x^{*n-1})$. 注意到边界条件: $\frac{\partial \hat{c}}{\partial v}\Big|_{\partial\Omega} = \nabla \hat{c} \cdot v\Big|_{\partial\Omega} = 0$, 这样的选择是合理的. 类似地, 对 (6.2.12d,e) 得到 $C_{hi}^n(i=1,2,\cdots,N)$ 和 T_h^n, 此处 $\bar{C}_{hi}^{n-1} = C_{hi}^{n-1}(\bar{x}_i^{n-1})$, $\bar{x}_i^{n-1} = x - (U_h^n \Delta t/\phi K_i)$; $\bar{T}_h^{n-1} = T_h^{n-1}(\bar{x}_T^{n-1})$, $\bar{X}_T^{n-1} = x - (C_p U_h^n \Delta t/d_2)$.

6.2.3 收敛性分析

应用 Wheeler 投影技巧. 设 $\{\tilde{U}, \tilde{P}\} = \{\tilde{U}_h, \tilde{P}_h\}$ 是达西速度和压力的投影: $J \to V_h \times W_h$ 由下述方程给出:

$$\left(\phi_1 \frac{\partial p}{\partial t}, w\right) + (\nabla \cdot \tilde{\underline{U}}, w) = (-q + R_s'(\hat{c}), w), \quad w \in W_h, \quad (6.2.13a)$$

$$(a(\hat{c})^{-1}\tilde{\underline{U}}, \underline{v}) - (\nabla \cdot \underline{v}, \tilde{P}) = 0, \quad \underline{v} \in V_h, \quad (6.2.13b)$$

$$(\tilde{P}, 1) = (p, 1). \quad (6.2.13c)$$

当 $t \in J$.

设 $\tilde{C} = \tilde{C}_h : J \to M_h$ 满足

$$(E_c \nabla(\hat{c} - \tilde{C}), \nabla z) + \lambda(\hat{c} - \tilde{C}, z) = 0, \quad z \in M_h, t \in J, \tag{6.2.13d}$$

$\tilde{C}_i = \tilde{C}_{hi} : J \to M_h, i = 1, 2, \cdots, N$ 和 $\tilde{T} = \tilde{T}_h : J \to R_h$, 能够类似地定义关于 C_i 和 T 的椭圆投影.

设

$$\hat{\zeta} = \hat{c} - \tilde{C}, \quad \hat{\xi} = \tilde{C} - \hat{C}_h, \tag{6.2.14a}$$

$$\zeta_i = c_i - \tilde{C}_i, \quad \xi_i = \tilde{C}_i - C_{hi}, \quad i = 1, 2, \cdots, N, \tag{6.2.14b}$$

$$\theta = T - \tilde{T}, \quad \omega = \tilde{T} - T_h, \tag{6.2.14c}$$

$$\eta = p - \tilde{P}, \quad \pi = \tilde{P} - P_h, \quad \underline{\rho} = \underline{u} - \underline{\tilde{U}}, \quad \underline{\sigma} = \underline{\tilde{U}} - \underline{U}_h. \tag{6.2.14d}$$

由标准 Galerkin 方法和混合元方法的结果可得 [12,16~18]

$$\left\| \hat{\zeta} \right\|_0 + h_c \left\| \hat{\zeta} \right\|_1 \leqslant M \left\| \hat{c} \right\|_{l+1} h_c^{l+1}, \tag{6.2.15a}$$

$$\|\zeta_i\|_0 + h_c \|\zeta_i\|_1 \leqslant M \|c_i\|_{l+1} h_c^{l+1}, \quad i = 1, 2, \cdots, N, \tag{6.2.15b}$$

$$\|\theta\|_0 + h_T \|\theta\|_1 \leqslant M \|T\|_{r+1} h_T^{r+1}, \tag{6.2.15c}$$

$$\|\eta\|_0 + \|\underline{\rho}\|_{H(\mathrm{div};\Omega)} \leqslant M \|p\|_{k+3} h_p^{k+1}. \tag{6.2.15d}$$

当 $t \in J$, 此处常数 M 依赖于 $p, \hat{c}, c_i$ 和 T 及其低阶导函数, 类似的结果应用方程的微分形式可得 [13]

$$\left\| \frac{\partial \hat{\zeta}}{\partial t} \right\|_0 + h_c \left\| \frac{\partial \hat{\zeta}}{\partial t} \right\|_1 \leqslant M \left\{ \|\hat{c}\|_{l+1} + \left\| \frac{\partial \hat{c}}{\partial t} \right\|_{l+1} \right\} h_c^{l+1}, \tag{6.2.16a}$$

$$\left\| \frac{\partial \zeta_i}{\partial t} \right\|_0 + h_c \left\| \frac{\partial \zeta_i}{\partial t} \right\|_1 \leqslant M \left\{ \|c_i\|_{l+1} + \left\| \frac{\partial c_i}{\partial t} \right\|_{l+1} \right\} h_c^{l+1}, \quad i = 1, 2, \cdots, N, \tag{6.2.16b}$$

$$\left\| \frac{\partial \theta}{\partial t} \right\|_0 + h_T \left\| \frac{\partial \theta}{\partial t} \right\|_1 \leqslant M \left\{ \|T\|_{r+1} + \left\| \frac{\partial T}{\partial t} \right\|_{l+1} \right\} h_T^{r+1}, \tag{6.2.16c}$$

$$\left\| \frac{\partial \eta}{\partial t} \right\|_0 + h_T \left\| \frac{\partial \rho}{\partial t} \right\|_{H(\mathrm{div};\Omega)} \leqslant M \left\{ \|p\|_{k+3} + \left\| \frac{\partial p}{\partial t} \right\|_{k+3} \right\} h_p^{k+1}, \tag{6.2.16d}$$

此处 M 依赖于 $p, \hat{c}, c_i$ 和 T 的低阶导数和它的关于时间的一阶导数.

用饱和度、温度和压力的初始值的椭圆投影作为格式的初始值, 则 $\hat{\xi}^0, \xi_i^0, i = 1, 2, \cdots, N, \omega^0, \pi^0$ 和 σ^0 全部为零.

现在, 从 (6.2.13a)$t = t^n$ 减去 (6.2.12a), 取检验函数 $d_t \pi^{n-1} = (1/\Delta t)(\pi^n - \pi^{n-1})$ 可得

$$(\phi_1 d_t \pi^{n-1}, d_t \pi^{n-1}) + (\nabla \cdot \underline{\sigma}^n, d_t \pi^{n-1})$$

$$= -\left(\phi_1 \frac{\partial \eta^n}{\partial t}, d_t \pi^{n-1}\right) + \left(\phi_1\left(d_t \tilde{P}^{n-1} - \frac{\partial \tilde{P}^n}{\partial t}\right), d_t \pi^{n-1}\right)$$
$$+ (R_s'(\hat{c}^n) - R_s'(\hat{C}_h^{n-1}), d_t \pi^{n-1}). \tag{6.2.17}$$

其次, 从 (6.2.13b)$(t = t^n)$ 和 $(t = t^{n-1})$ 减去 (6.2.12b), 相应取检验函数 σ^n 和 σ^{n-1}, 并作差商可得

$$\frac{1}{2} d_t \{(a(\hat{C}_h^{n-2})^{-1} \underline{\sigma}^{n-1}, \underline{\sigma}^{n-1})\} - (\nabla \cdot \underline{\sigma}^n, d_t \pi^{n-1})$$
$$= (d_t \{[a(\hat{C}_h^{n-2})^{-1} - a(\hat{c}^{n-1})^{-1}] \underline{\tilde{U}}^{n-1}\}, \underline{\sigma}^n)$$
$$- \frac{1}{2\Delta t} (a(\hat{C}_h^{n-2})^{-1}(\underline{\sigma}^n - \underline{\sigma}^{n-1}), (\underline{\sigma}^n - \underline{\sigma}^{n-1}))$$
$$- \frac{1}{2\Delta t} ([a(\hat{C}_h^{n-1})^{-1} - a(\hat{C}_h^{n-2})^{-1}] \underline{\sigma}^n, \underline{\sigma}^n). \tag{6.2.18}$$

将 (6.2.17) 和 (6.2.18) 相加, 注意到 $a(\hat{c}) > 0$ 和 $\left(\frac{1}{2}\Delta t\right)(a(\hat{C}_h^{n-2})^{-1}(\underline{\sigma}^n - \underline{\sigma}^{n-1}), (\underline{\sigma}^n - \underline{\sigma}^{n-1})) \geqslant 0$, 则有

$$(\phi_1 d_t \pi^{n-1}, d_t \pi^{n-1}) + \frac{1}{2} d_t \{(a(\hat{C}_h^{n-2})^{-1} \underline{\sigma}^{n-1}, \underline{\sigma}^{n-1})\}$$
$$\leqslant -\left(\phi_1 \frac{\partial \eta^n}{\partial t}, d_t \pi^{n-1}\right) + \left(\phi_1\left(d_t \tilde{P}^{n-1} - \frac{\partial \bar{P}^n}{\partial t}\right), d_t \pi^{n-1}\right)$$
$$+ (d_t \{[a(\hat{C}_h^{n-2})^{-1} - a(\hat{c}^{n-1})^{-1}] \underline{\tilde{U}}^{n-1}\}, \underline{\sigma}^n)$$
$$- \frac{1}{2\Delta t} ([a(\hat{C}_h^{n-1})^{-1} - a(\hat{C}_h^{n-2})^{-1}] \underline{\sigma}^n, \underline{\sigma}^n) + (R_s^l(\hat{c}^n) - R_s^l(\hat{C}_h^{n-1}), d_t \pi^{n-1}). \tag{6.2.19}$$

记

$$Q^h(t^n) = \max\left\{ \sup_{\substack{x \in \Omega \\ 0 \leqslant t' \leqslant t^n}} |\hat{c}(x, t')|, \ \sup_{\substack{x \in \Omega \\ 0 \leqslant t' \leqslant t^n}} \left|\tilde{\tilde{C}}(x, t)\right|, \ \sup_{\substack{x \in \Omega \\ 0 \leqslant j \leqslant n}} \left|\hat{C}_h^j(x)\right| \right\}.$$

现在估计 (6.2.19) 的右端:

$$\left|\left(\phi_1 \frac{\partial \eta^n}{\partial t}, d_t \pi^{n-1}\right)\right| \leqslant \varepsilon \left\|d_t \pi^{n-1}\right\|^2 + M h_p^{2(k+1)}, \tag{6.2.20a}$$

$$\left|\left(\phi_1\left(d_t P^{n-1} - \frac{\partial \tilde{P}^n}{\partial t}\right), d_t \pi^{n-1}\right)\right| \leqslant \varepsilon \left\|d_t \pi^{n-1}\right\|^2 + M(\Delta t)^2, \tag{6.2.20b}$$

$$\left|(d_t \{[a(\hat{C}_h^{n-2})^{-1} - a(\hat{c}^{n-1})^{-1}] \tilde{U}^{n-1}\}, \underline{\sigma}^n)\right|$$
$$\leqslant \varepsilon \left\|d_t \hat{\xi}^{n-2}\right\|^2 + M(Q^h(t^n))\{\left\|\hat{\xi}^{n-1}\right\|^2 + \left\|\hat{\xi}^{n-2}\right\|^2 + \|\underline{\sigma}^n\|^2 + h_c^{2(l+1)} + (\Delta t)^2\}, \tag{6.2.20c}$$

$$\left|\frac{1}{2\Delta t} ([a(\hat{C}_h^{n-1})^{-1} - a(\hat{C}_h^{n-2})^{-1}] \underline{\sigma}^n, \underline{\sigma}^n)\right|$$

$$\leqslant \|\underline{\sigma}^n\|_\infty^2 \left\|d_t\hat{\xi}^{n-2}\right\|^2 + M(Q^h(t^n)) \|\underline{\sigma}^n\|^2, \tag{6.2.20d}$$

$$\left|(R_s'(\hat{c}^n) - R_s'(\hat{C}_h^{n-1}), d_t\pi^{n-1})\right|$$

$$\leqslant \varepsilon \left\|d_t\pi^{n-1}\right\|^2 + M(Q^h(t^n)) \left\{\left\|\hat{\xi}^{n-1}\right\|^2 + (\Delta t)^2 + h_c^{2(l+1)}\right\}. \tag{6.2.20e}$$

我们期望有

$$\sup_{m\Delta t\leqslant \bar{T}} \|\underline{\sigma}^m\| = O(h_p^{k+1} + h_c^l + \Delta t). \tag{6.2.21}$$

假定空间和时间离散满足关系式:

$$\Delta t = o(h_p), \quad h_c^l = o(h_p). \tag{6.2.22}$$

在此限制下, 提出归纳法假定:

$$\sup_{n\Delta t\leqslant \bar{T}} \|\underline{\sigma}^n\|_\infty \to 0, \quad h \to 0. \tag{6.2.23}$$

假定归纳法假定 (6.2.23) 成立, 从而有

$$\left|\frac{1}{2\Delta t}([a(\hat{C}_h^{n-1})^{-1} - a(\hat{C}_h^{n-2})^{-1}]\underline{\sigma}^n, \underline{\sigma}^n)\right| \leqslant \varepsilon \left\|d_t\hat{\xi}^{n-2}\right\|^2 + M(Q^h(t^n)) \|\underline{\sigma}^n\|^2, \tag{6.2.24}$$

对 h 充分小成立.

对 (6.2.19), 应用估计式 (6.2.21) 和 (6.2.25) 可得下述发展不等式:

$$\left\|d_t\pi^{n-1}\right\|^2 + d_t\{(a(\hat{C}_h^{n-2})^{-1}\underline{\sigma}^{n-1}, \underline{\sigma}^{n-1})\}$$

$$\leqslant \varepsilon \left\|d_t\hat{\xi}^{n-1}\right\|^2 \Delta t + M(Q^h(t^n))\left\{\left\|\hat{\xi}^{n-1}\right\|^2 + \left\|\hat{\xi}^{n-2}\right\|^2 + \|\underline{\sigma}^n\|^2 + h_c^{2(l+1)}\right.$$

$$\left. + h_p^{2(k+1)} + (\Delta t)^2\right\}, \tag{6.2.25}$$

此处常数 ε 能够取得很小当 h 趋于零时.

现在用 Δt 乘式 (6.2.26) 并求和 $1 \leqslant n \leqslant m$, 有

$$\sum_{n=1}^m \left\|d_t\pi^{n-1}\right\|^2 \Delta t + (a(\hat{C}_h^{m-1})^{-1}\underline{\sigma}^m, \underline{\sigma}^m)$$

$$\leqslant \varepsilon \sum_{n=1}^m \left\|d_t\hat{\xi}^{n-1}\right\|^2 \Delta t$$

$$+ M(Q^h(t^m))\left\{\sum_{n=1}^m \left[\left\|\hat{\xi}^{n-1}\right\|^2 + \|\underline{\sigma}^n\|^2\right]\Delta t + h_c^{2(l+1)} + h_p^{2(k+1)} + (\Delta t)^2\right\}. \tag{6.2.26}$$

回到关于 $\hat{\xi}$ 相关的发展不等式的推导, 从 (6.2.13), (6.2.7) $(t = t^n)$ 和 (6.2.11c) 有

$$\left(\phi\frac{\hat{\xi}^n - \bar{\hat{\xi}}^{n-1}}{\Delta t}, z\right) + (E_c\nabla\hat{\xi}^n, \nabla z) = -\left(\left[\phi\frac{\partial\hat{c}^n}{\partial t} + \underline{u}^n\cdot\nabla\hat{c}^n - \phi\frac{\hat{c}^n - \bar{\hat{c}}^{n-1}}{\Delta t}\right], z\right)$$

$$-\left(\phi\frac{\hat{\zeta}^n - \bar{\hat{\zeta}}^{n-1}}{\Delta t}, z\right) + \lambda(\hat{\zeta}^n, z) + (g(\hat{c}^n) - g(\hat{C}_h^{n-1}), z), \tag{6.2.27}$$

此处 $\bar{\hat{\xi}}^{n-1} = \hat{\xi}^{n-1}(\bar{X}^{n-1}), \bar{\hat{\zeta}}^{n-1} = \hat{\zeta}^{n-1}(\bar{X}^{n-1})$, 且 $\bar{X}^{n-1} = x - (\underline{U}_h^n/\phi(x))\Delta t$. 接着有

$$\left(\phi\frac{\hat{\xi}^n - \hat{\xi}^{n-1}}{\Delta t}, z\right) + (E_c\nabla\hat{\xi}^n, \nabla z)$$

$$= -\left(\left[\phi\frac{\partial\hat{c}^n}{\partial t} + \underline{U}_h^n\cdot\nabla\hat{c}^n - \phi\frac{\hat{c}^n - \bar{\hat{c}}^{n-1}}{\Delta t}\right], z\right)$$

$$+ \left(\phi\frac{\bar{\hat{\xi}}^{n-1} - \hat{\xi}^{n-1}}{\Delta t}, z\right) - \left(\phi\frac{\hat{\zeta}^n - \bar{\hat{\zeta}}^{n-1}}{\Delta t}, z\right) + \lambda(\hat{\zeta}^n, z)$$

$$+ (g(\hat{c}^n) - g(\hat{C}_h^{n-1}), z) + ([\underline{U}_h^n - \underline{u}^n]\cdot\nabla\hat{c}^n, z). \tag{6.2.28}$$

在 (6.2.28) 中选取 $z = \hat{\xi}^n - \hat{\xi}^{n-1} = d_t\hat{\xi}^{n-1}\Delta t$ 为检验函数, 并求和 $1 \leqslant n \leqslant m$, 有

$$\sum_{n=1}^m (\phi d_t\hat{\xi}^{n-1}, d_t\hat{\xi}^{n-1})\Delta t + \frac{1}{2}(E_c\nabla\hat{\xi}^m, \nabla\hat{\xi}^m) - \frac{1}{2}(E_c\nabla\hat{\xi}^0, \nabla\hat{\xi}^0) \leqslant T_1 + T_2 + T_3 + T_4,$$

$$\tag{6.2.29}$$

此处 $T_1 = \sum_{n=1}^m \left(\left[\phi\frac{\partial\hat{c}^n}{\partial t} + \underline{U}_h^n\cdot\nabla\hat{c}^n - \phi\frac{\hat{c}^n - \bar{\hat{c}}^{n-1}}{\Delta t}\right], d_t\hat{\xi}^{n-1}\right)\Delta t, T_2 = \sum_{n=1}^m \left\{\left(\phi\frac{\bar{\hat{\xi}}^{n-1} - \hat{\xi}^{n-1}}{\Delta t},\right.\right.$

$\left.\left. d_t\hat{\xi}^{n-1}\right) - \left(\phi\frac{\hat{\zeta}^n - \bar{\hat{\zeta}}^{n-1}}{\Delta t}, d_t\xi^{n-1}\right)\right\}\Delta t, T_3 = \sum_{n=1}^m \{\lambda(\hat{\zeta}^n, d_t\hat{\xi}^{n-1}) + (g(\hat{c}^n) - g(\hat{C}_h^{n-1}),$

$d_t\hat{\xi}^{n-1})\}\Delta t, T_4 = \sum_{n=1}^m ([\underline{U}_h^n - \underline{u}^n]\cdot\nabla\hat{c}^n, d_t\hat{\xi}^{n-1})\Delta t.$

注意到此时 $\hat{c}(x)$ 已按反射延拓, 若 $\hat{c} \in C^2(\bar{\Omega})$, 能得 $\hat{c} \in C^2(\Omega_\varepsilon)$, 此处 Ω_ε 是 Ω 的 ε 邻域. 应用修正 Russell 的论断 [19,20] 处理反射边界条件有

$$\left\|\phi\frac{\partial\hat{c}^n}{\partial t} + \underline{U}_h^n\cdot\nabla\hat{c}^n - \phi\frac{\hat{c}^n - \bar{\hat{c}}^{n-1}}{\Delta t}\right\|^2 \leqslant M(Q^h)\Delta t\int_\Omega\int_{t^{n-1}}^{t^n}\left|\frac{\partial^2\hat{c}}{\partial\tau^2}\right|^2 dtdx, \tag{6.2.30}$$

则能够得到

$$|T_1| \leqslant M(Q^h)(\Delta t)^2\left\|\frac{\partial^2\hat{c}}{\partial\tau^2}\right\|^2_{L^2(J;L^2(\Omega))} + \varepsilon\sum_{n=1}^m\left\|d_t\hat{\xi}^{n-1}\right\|^2\Delta t, \tag{6.2.31a}$$

$$|T_2| \leqslant \varepsilon\sum_{n=1}^m\left\|d_t\hat{\xi}^{n-1}\right\|^2\Delta t + M(Q^h)\left\{h_c^{2l} + \sum_{n=1}^m\left\|\nabla\hat{\xi}^{n-1}\right\|^2\Delta t\right\}, \tag{6.2.31b}$$

$$|T_3| \leqslant \varepsilon \sum_{n=1}^{m} \left\| d_t \hat{\xi}^{n-1} \right\|^2 \Delta t + M(Q^h) \left\{ (\Delta t)^2 + h_c^{2(l+1)} + \sum_{n=1}^{m} \left\| \hat{\xi}^{n-1} \right\|^2 \Delta t \right\}, \quad (6.2.31c)$$

$$|T_4| \leqslant \left| \sum_{n=1}^{m} ([\underline{\rho}^n + \underline{\sigma}^n] \cdot \nabla \hat{c}^n, d_t \hat{\xi}^{n-1}) \Delta t \right|$$

$$\leqslant \varepsilon \sum_{n=1}^{m} \left\| d_t \hat{\xi}^{n-1} \right\|^2 \Delta t + M(Q^h(t^m)) \left\{ \sum_{n=1}^{m} \| \underline{\sigma}^n \|^2 \Delta t + h_p^{2(k-1)} \right\}, \quad (6.2.31d)$$

最后有

$$\sum_{n=1}^{m} \left\| d_t \hat{\xi}^{n-1} \right\|^2 \Delta t + (E_c \nabla \hat{\xi}^m, \nabla \hat{\xi}^m)$$

$$\leqslant M(Q^h(t^m)) \left\{ (\Delta t)^2 + h_c^{2l} + h_p^{2(k+1)} + \sum_{n=1}^{m} \left[\left\| \hat{\xi}^{n-1} \right\|_1^2 + \| \underline{\sigma}^n \|^2 \right] \Delta t \right\}. \quad (6.2.32)$$

组合 (6.2.26) 和 (6.2.32) 可得

$$\sum_{n=1}^{m} \left\{ \left\| d_t \pi^{n-1} \right\|^2 + \left\| d_t \hat{\xi}^{n-1} \right\|^2 \right\} \Delta t + \| \underline{\sigma}^m \|^2 + \left\| \hat{\xi}^m \right\|_1^2$$

$$\leqslant M(Q^h(t^m)) \left\{ (\Delta t)^2 + h_c^{2l} + h_p^{2(k+1)} + \sum_{n=1}^{m} [\| \underline{\sigma}^n \|^2 + \left\| \hat{\xi}^{n-1} \right\|_1^2] \Delta t \right\}. \quad (6.2.33)$$

需要引入归纳法假定:

$$\sup_{n} \left\| \hat{\xi}^n \right\|_{L^\infty} \leqslant M_1, \quad (6.2.34)$$

对某一常数 M_1, 因此存在 M, 使得 $M(Q^h(t^m)) \leqslant M$, 此处 M 是不依赖于 $\hat{C}_h$ 的正常数, 应用 Gronwall 引理可得

$$\left\| \hat{\xi} \right\|_{\bar{L}_\infty(J, H^1(\Omega))} + \left\| d_t \hat{\xi} \right\|_{\bar{L}_2(J, L^2(\Omega))} + \| \underline{\sigma} \|_{\bar{L}_\infty(J, L^2(\Omega))} + \| d_t \pi \|_{\bar{L}_2(J, L^2(\Omega))}$$

$$\leqslant M^{**} \{ h_c^l + h_p^{k+1} + \Delta t \}, \quad (6.2.35)$$

此处 $\|\varphi\|_{\bar{L}_\infty(J, X)} = \sup_{n\Delta t \leqslant \bar{T}} \|\varphi^n\|_X$, $\|\varphi\|_{\bar{L}_2(J, X)} = \sup_{m\Delta t \leqslant \bar{T}} \left(\sum_{n=1}^{m} \|\varphi^n\|_X^2 \Delta t \right)^{1/2}$.

余下需要检验归纳法假定 (6.2.23) 和 (6.2.34). 由 (6.2.35) 看到

$$\| \underline{\sigma}^n \|_\infty \leqslant M h_p^{-1} \| \underline{\sigma}^n \|_0 \leqslant M \{ h_c^l \cdot h_p^{-1} + h_p^k + \Delta t \cdot h_p^{-1} \}.$$

假定 $k \geqslant 1$, 在限定 (6.2.22) 下, (6.2.23) 成立, 最后, 由 (6.2.35) 看到

$$\left\| \hat{\xi}^n \right\|_\infty \leqslant M (\log h_c^{-1})^{1/2} (h_c^l + h_p^{k+1} + \Delta t) \to 0. \quad (6.2.36)$$

假定 $l \geqslant 1$, 则在限定:

$$(\log h_c^{-1})^{1/2}(h_p^{k+1} + \Delta t) \to 0, \tag{6.2.37}$$

M_1 将取得任意小, 和选取使得 M 不依赖于 M_1.

假定 $k \geqslant 1, l \geqslant 1$, 在限定 (6.2.22) 和 (6.2.37) 时, 则有

$$\begin{aligned}
&\left\| \hat{c} - \hat{C}_h \right\|_{\bar{L}_\infty(J, H^1(\Omega))} + \left\| d_t(\hat{c} - \hat{C}_h) \right\|_{\bar{L}_2(J, L^2(\Omega))} \\
&+ \left\| \underline{u} - \underline{U}_h \right\|_{\bar{L}_\infty(J, L^2(\Omega))} + \left\| d_t(p - P_h) \right\|_{\bar{L}_2(J, L^2(\Omega))} \\
&\leqslant M\{ h_c^l + h_p^{k+1} + \Delta t \},
\end{aligned} \tag{6.2.38}$$

此处常数 M 依赖于关于 $\hat{c}$ 和 $\dfrac{\partial \hat{c}}{\partial t}$ 的 $L^\infty(J, W^{l+1,\infty}(\Omega))$ 模, 关于 p 和 $\dfrac{\partial p}{\partial t}$ 的 $L^\infty(J; H^{k+1}(\Omega))$ 模, 和关于 p 的 $L^\infty(J; W^{k+1,\infty}(\Omega))$ 模.

其次, 讨论 $c_i^n - C_{h,i}^n (i = 1, 2, \cdots, N)$ 的误差估计. 注意到 $\xi_i^n = \tilde{C}_i^n - C_{hi}^n$ 和 $\zeta_i^n = c_i^n - \tilde{C}_i^n$ 并设

$$Q_i^h(t^n) = \max \left\{ \sup_{\substack{x \in \Omega \\ 0 \leqslant t' \leqslant t^n}} |c_i(x, t')|, \ \sup_{\substack{x \in \Omega \\ 0 \leqslant t' \leqslant t^n}} \left| \tilde{C}_i(x, t') \right|, \ \sup_{\substack{x \in \Omega \\ 0 \leqslant j \leqslant n}} \left| C_{hi}^j(x) \right| \right\},$$

$$\bar{Q}^h(t^n) = \max \{ Q^h(t^n), Q_i^h(t^n) (i = 1, 2, \cdots, N) \}.$$

由 (6.2.8), (6.2.12d) 能得到关系式:

$$\begin{aligned}
&\left(\phi_{1i} \frac{\xi_i^n - \xi_i^{n-1}}{\Delta t}, z \right) + (E_c \nabla \xi_i^n, \nabla z) \\
&= -\left(\left[\phi_{1i} \frac{\partial c_i^n}{\partial t} + U_h^n \cdot \nabla c_i^n - \phi_{1i} \frac{c_i^n - \bar{c}_i^{n-1}}{\Delta t} \right], z \right) \\
&\quad + \left(\phi_{1i} \frac{\bar{\xi}_i^{n-1} - \xi_i^{n-1}}{\Delta t}, z \right) - \left(\phi_{1i} \frac{\zeta_i^n - \bar{\zeta}_i^{n-1}}{\Delta t}, z \right) \\
&\quad + \lambda_{c_i}(\zeta_i^n, z) + ([\underline{U}_h^n - u^n] \cdot \nabla c_i^n, z) \\
&\quad + (f_i(\hat{c}^n, c_1^n, \cdots, c_N^n) - f_i(\hat{C}_h^n, C_{h1}^{n-1}, \cdots, C_{hN}^{n-1}), z) \\
&\quad + \left(d_3(C_{hi}^{n-1}) \frac{P_h^n - P_h^{n-1}}{\Delta t} - d_3(c_i^n) \frac{\partial p^n}{\partial t}, z \right),
\end{aligned} \tag{6.2.39}$$

此处 $\phi_{li} = \phi K_i$, $\bar{\xi}_i^{n-1} = \xi_i^{n-1}(\bar{X}_i^{n-1})$, $\bar{\zeta}_i^{n-1} = \zeta_i^{n-1}(\bar{X}_i^{n-1})$, $\bar{X}_i^{n-1} = x - (\underline{U}_h^n/\phi_{1i})\Delta t$.

选取检验函数 $z = d_t \xi_i^{n-1} \Delta t$ 求和 $1 \leqslant n \leqslant m$, $1 \leqslant i \leqslant N$, 应用 (6.2.38), 类似地有

$$\sum_{n=1}^m \sum_{i=1}^N \| d_t \xi_i^{n-1} \|^2 \Delta t + \sum_{i=1}^N \| \xi_i^m \|_1^2$$

$$\leqslant M(\bar{Q}^h)\left\{ \sum_{n=1}^{m}\sum_{i=1}^{N}\|\xi_i^n\|_1^2\Delta t + (\Delta t)^2 + h_c^{2l} + h_p^{2(k+1)} \right\}. \tag{6.2.40}$$

作归纳法假定:

$$\max_{1\leqslant i\leqslant N}\|\xi_i\|_{L^\infty}\leqslant M_2, \tag{6.2.41}$$

对某一常数 M_2, 因此存在常数 M, 使得 $M(\bar{Q}^h)\leqslant M$, 应用 Gronwall 引理推得

$$\sum_{n=1}^{m}\sum_{i=1}^{N}\left\|d_t\xi_i^{n-1}\right\|^2\Delta t + \sum_{i=1}^{N}\|\xi_i^m\|_1^2 \leqslant M\{(\Delta t)^2 + h_c^{2l} + h_p^{2(k+1)}\}.$$

不等式 (6.2.41) 在限制条件 (6.2.27) 下能够被检验, 可得下述误差估计:

$$\sum_{i=1}^{N}\|c_i - C_{hi}\|_{\bar{L}_\infty(J,H^1(\Omega))} + \sum_{i=1}^{N}\|d_t(c_i - C_{hi})\|_{\bar{L}_2(J,L^2(\Omega))} \leqslant M\{h_c^l + h_p^{k+1} + \Delta t\}. \tag{6.2.42}$$

最后, 对热传导方程, 假设 $r\geqslant 1$ 和采用空间离散参数的限制:

$$(\log h_T^{-1})^{1/2}(h_p^{k+1} + h_c^l + \Delta t) \to 0 \text{ 和 } h \to 0, \tag{6.2.43}$$

可得下述误差估计:

$$\|T - T_h\|_{\bar{L}_\infty(J,H^1(\Omega))} + \|d_t(T - T_h)\|_{\bar{L}_2(J,L^2(\Omega))} \leqslant M\{\Delta t + h_c^l + h_T^r + h_p^{k+1}\}. \tag{6.2.44}$$

这样得到最佳阶的 H^1 估计. 如果假定问题是 Ω 周期的, 能得最佳阶的 L^2 模估计.

6.3　可压缩核废料污染问题的特征混合元–差分方法

6.3.1　数学模型

在多孔介质中核废料污染问题工程实用计算方法的研究, 对处理和分析深地层核废料设施的安全均有重要的价值. 对于完全可压缩、二维模型, 它是地层中迁移的耦合抛物型偏微分方程组的初、边值问题. ① 流体流动; ② 热量迁移; ③ 主要元素 (brine) 的相混溶驱动; ④ 微量元素 (radionuclide) 的相混溶驱动, 其对应的方程组如下 [5~9]:

流动方程:

$$-\nabla\cdot(\rho\underline{u}) - \rho q + \rho R_s' = \frac{\partial}{\partial t}(\phi\rho), \tag{6.3.1}$$

热传导方程:

$$-\nabla\cdot(\rho H\underline{u}) + \nabla\cdot(E_H\nabla T) - \rho q_L - \rho qH - \rho q_H = \frac{\partial}{\partial t}[\phi\rho U + (1-\phi)\rho_R c_{\rho R}T], \tag{6.3.2}$$

brine 方程:

$$-\nabla \cdot (\rho \hat{c} \underline{u}) + \nabla \cdot (\rho E_c \nabla \hat{c}) - \rho q \hat{c} - \rho q_c + \rho R_s = \frac{\partial}{\partial t}(\phi \rho \hat{c}), \tag{6.3.3}$$

radionuclide 方程:

$$-\nabla \cdot (\rho c_i \underline{u}) + \nabla \cdot (\rho E_c \nabla c_i) - \rho q c_i - \rho q_{0i}$$
$$+ \sum_{j=1}^{N} k_{ij} \lambda_j K_j \phi \rho c_i - \lambda_i K_i \phi \rho c_i = \frac{\partial}{\partial t}(\phi \rho K_i c_i), \quad i = 1, 2, \cdots, \bar{N}. \tag{6.3.4}$$

方程 $(6.3.2)\sim(6.3.4)$ 中的张量项被确定为扩散项和分子项之和, $E_c = D + D_m I, E_H = D \rho c_{\rho w} + K_m I$, 此处 $D_{ij} = \alpha_T |\underline{u}| \delta_{ij} + (\alpha_L - \alpha_T) u_i u_j / |\underline{u}|$, I 是单位矩阵. 黏度 $\mu = \mu(\hat{c})$, 孔隙度 $\phi = \phi_0(x)$ 和 4 个辅助关系: 达西流动: $\underline{u} = -\dfrac{k(x)}{\mu(\hat{c})} \nabla p$, 流体密度: $\rho = \rho_0 e^{c_w(p-p_0)}$, 流动焓: $H = U_0 + U + \dfrac{p}{\rho}$, 流体内能: $U = c_p(T - T_0)$, 此处 p 是压力函数, u 是达西速度, $\hat{c}$ 是主要污染元素的浓度函数, c_i 是微量元素浓度函数 $(i = 1, 2, \cdots, \bar{N})$, T 是温度函数, 这些都是核废料污染问题待求的函数. $k(x)$ 是渗透率, ρ 是流体的密度, c_w 是压缩常数因子, $U_0 = U(x, 0), T_0 = T(x, 0)$.

在方程 (6.3.1) 中求导, 应用密度关系式可得

$$c_w \alpha(\hat{c}) \underline{u} \cdot \underline{u} - \nabla \cdot \underline{u} - q + R'_s = \phi_1 \frac{\partial p}{\partial t}, \tag{6.3.5a}$$
$$u = -a(\hat{c}) \nabla p, \tag{6.3.5b}$$

此处 $a(\hat{c}) = k(x)/\mu(\hat{c}), \alpha(\hat{c}) = a(\hat{c})^{-1}, \phi_1 = \phi c_w, q(x, t)$ 是产量项和 $R'_s = R'_s(\hat{c}) = \dfrac{c_s \phi K_s f_s}{1 + c_s}(1 - \hat{c})$ 是盐溶解项.

在方程 (6.3.3) 中求导并经整理可得

$$-(I + c_w \alpha(\hat{c}) E_c) \underline{u} \cdot \nabla \hat{c} + \nabla \cdot (E_c \nabla \hat{c}) - \hat{c} R'_s - q_c - R_s = \phi \frac{\partial \hat{c}}{\partial t}. \tag{6.3.6}$$

此处利用了 E_c 是 2×2 对称矩阵, $q_c = q_c(\hat{c})$ 是盐水生产项, $R_s = R_s(\hat{c}) = \phi K_s f_s (1 - \hat{c})$ 是另一个盐溶解项.

在方程 (6.3.4) 中求导并经整理可得

$$-(I + c_w \alpha(\hat{c}) E_c) \underline{u} \cdot \nabla c_i + \nabla \cdot (E_c \nabla c_i) + Q_{1i}(\hat{c}; c_1, c_2, \cdots, c_{\bar{N}})$$
$$= d_{1i}(c_i) \frac{\partial p}{\partial t} + \phi_i \frac{\partial c_i}{\partial t}, \quad i = 1, 2, \cdots, \bar{N}, \tag{6.3.7}$$

此处 $d_{1i}(c_i) = \phi c_w c_i(K_i-1)$, $Q_{1i}(\hat{c}; c_1, \cdots, c_{\bar{N}}) = -q_{ci} + q_{0i} - c_i R'_s + \sum_{j=1}^{\bar{N}} k_{ij}\lambda_j K_j \phi c_j - \lambda_i K_i \phi c_i$, $\phi_i = \phi K_i$.

在方程 (6.3.2) 中求导并应用 4 个辅助关系, 经整理可得

$$-(c_p I + c_w \alpha(\hat{c})\tilde{E}_H)\underline{u} \cdot \nabla T + \nabla \cdot (\tilde{E}_H \nabla T) + Q(\underline{u}, p, \hat{c}, T) = d_2(p)\frac{\partial T}{\partial t} + d_3(P)\frac{\partial p}{\partial t}, \quad (6.3.8)$$

此处 $\tilde{E}_H = \dfrac{1}{\rho}E_H$ 是 2×2 对称矩阵, $Q_2(u, p, \hat{c}, T) = -\{[\nabla U_0 - c_p \nabla T_0] + \dfrac{1}{\rho}(1 -$

$c_w)\alpha(\hat{c})\underline{u}\} \cdot \underline{u} - \left[U_0 + c_p(T - T_0) + \dfrac{p}{\rho}\right]\{-c_w \alpha(\hat{c})\underline{u} \cdot \underline{u} - q + R'_s\} - q_L - qH - q_H$,

$d_2(p) = \phi c_p + (1 - \phi)\dfrac{p_R}{\rho}c_{pR}, d_3(p) = \left[U_0 + \dfrac{p}{\rho}\right]\phi c_w$.

假定没有流体越过边界:

$$\underline{u} \cdot \gamma = 0, \quad (x, t) \in \partial\Omega \times J, J = (0, T], \quad (6.3.9a)$$

$$(E_c \nabla \hat{c} - \hat{c}\underline{u}) \cdot \gamma = 0, \quad (x, t) \in \partial\Omega \times J, \quad (6.3.9b)$$

$$(E_c \nabla c_i - c_i \underline{u}) \cdot \gamma = 0, \quad (x, t) \in \partial\Omega \times J, i = 1, 2, \cdots, \bar{N}, \quad (6.3.9c)$$

此处 γ 是 $\partial\Omega$ 的外法线方向. 温度 T 的边界条件:

$$(\tilde{E}_H \nabla T - T\underline{u}) \cdot \gamma = 0, \quad (x, t) \in \partial\Omega \times J. \quad (6.3.9d)$$

另外初始条件必须给出:

$$p(x, 0) = p_0(x), \hat{c}(x, 0) = \hat{c}_0(x), c_i(x, 0) = c_{i0}(x), \quad i = 1, 2, \cdots, \bar{N},$$

$$T(x, 0) = T_0(x), \quad x \in \Omega. \quad (6.3.10)$$

本节研究两类混合元 - 特征差分格式, 对逼近压力方程采用混合有限元, 它能同时求出 $\{\underline{u}, p\}$, 所求得的 $\underline{u}$ 和通常的近似方法相比能提高一阶精度. 对 brine、radio-nuclide、热传导方程采用包含特征的有限差分方法, 此方法的截断误差较标准的差分方法为小, 随之浓度和温度的计算更加精确. 在不损失精确度的条件下可用大步长计算, 从而大大减少计算工作量. 它是高精度、计算量小、便于实用的工程计算方法.

本节在完全可压缩情况下提出两类混合元–特征差分格式, 并得到了严谨的理论分析结果. 仅考虑分子扩散的情况, 也就是 $E_c = D_m I, \tilde{E}_H = \dfrac{K_m}{\rho_0}I$.

6.3.2 小节提出两类混合元–特征差分格式, 6.3.3 小节讨论和分析格式 I 的收敛性, 6.3.4 小节讨论格式 II 的收敛性. 最后指出, 记号 M 和 ε 分别表示普通常数和一个普通小的正数.

6.3.2 混合元–特征差分程序

首先讨论 brine 方程的离散化, 考虑到这流动实质上是沿着带有迁移 $\phi\dfrac{\partial \hat{c}}{\partial t}+(I+c_w\alpha(\hat{c})E_c)\underline{u}\cdot\nabla\hat{c}$ 的特征线, 引入特征方向, 设 $\underline{u}_{\hat{c}}=\underline{u}_{\hat{c}}(\hat{c},\underline{u})=(I+c_w\alpha(\hat{c})E_c)\underline{u},\psi_{\hat{c}}=\psi_{\hat{c}}(x,\underline{u}_{\hat{c}})=[\phi(x)^2+|\underline{u}_{\hat{c}}|^2]^{1/2},\partial/\partial\tau_{\hat{c}}=\psi_{\hat{c}}^{-1}\{\phi\partial/\partial\tau+\underline{u}_{\hat{c}}\cdot\nabla\}$, 方程 (6.3.6) 可写为

$$\psi_{\hat{c}}\frac{\partial \hat{c}}{\partial \tau_{\hat{c}}}-\nabla\cdot(E_c\nabla\hat{c})=g(\hat{c}),\quad x\in\Omega,t\in J. \tag{6.3.11}$$

此处 $g(\hat{c})=-\hat{c}R_s'-q_c-R_s$. 类似地对 radionuclide 方程引入特征方向, 记

$$\psi_i=\psi_i(x,\underline{u}_{\hat{c}})=[\phi^2K_i^2+|\underline{u}_{\hat{c}}|^2]^{1/2},\quad \partial/\partial\tau_i=\psi_i^{-1}\{\phi K_i\partial/\partial t+\underline{u}_{\hat{c}}\cdot\nabla\},$$

方程 (6.3.7) 可写为

$$\psi_i\frac{\partial c_i}{\partial \tau_i}-\nabla\cdot(E_{\hat{c}}\nabla c_i)+d_{li}(c_i)\frac{\partial p}{\partial t}=Q_{li}(\hat{c};c_1,c_2,\cdots,c_{\bar{N}}),\quad x\in\Omega,t\in J. \tag{6.3.12}$$

对于热传导方程这热流实质上是沿着带有迁移 $d_2(p)\dfrac{\partial T}{\partial t}+(c_pI+c_w\alpha(\hat{c})\tilde{E}_H)\underline{u}\cdot\nabla T$ 的特征线, 引入特征方向, 记 $\underline{u}_T=\underline{u}_T(\hat{c},\underline{u})=(c_pI+c_w\alpha(\hat{c})\tilde{E}_H)\underline{u},\psi_T=\psi_T(p,\underline{u}_T)=[d_2^2(p)+|\underline{u}_T|^2]^{1/2},\partial/\partial\tau_T=\psi_T^{-1}\{d_2(p)\,\partial/\partial t+\underline{u}_T\cdot\nabla\}$, 方程 (6.3.8) 可写为

$$\psi_T\frac{\partial T}{\partial \tau_T}-\nabla\cdot(\tilde{E}_H\nabla T)+d_3(p)\frac{\partial p}{\partial t}=Q_2(\underline{u},p,\hat{c},T),\quad x\in\Omega,t\in J. \tag{6.3.13}$$

为了应用混合元求解压力方程. 设 $V=\{v\in H(\mathrm{div};\Omega);v\cdot\gamma=0,$ 在 $\partial\Omega$ 上$\}$ 和 $W=L^2(\Omega)$, 则问题 (6.3.5) 的鞍点弱形式由下述方程组给出:

$$\left(\phi_1\frac{\partial p}{\partial t},w\right)+(\nabla\cdot\underline{u},w)-(c_w\alpha(\hat{c})\underline{u}\cdot\underline{u},w)=(-q+R_s',w),\quad w\in W, \tag{6.3.14a}$$

$$(\alpha(\hat{c})\underline{u},v)-(\nabla\cdot v,p)=0,\quad v\in V. \tag{6.3.14b}$$

设 $V_h\times W_h$ 是 Raviart-Thomas 空间[10,11] 指数为 k 的拟正则剖分, h_p 为剖分参数, 其逼近性满足:

$$\inf_{v_h\in V_h}\|v-v_h\|_0=\inf_{v_h\in V_h}\|v-v_h\|_{L^2(\Omega)^2}\leqslant M\|v\|_{k+2,2}h_p^{k+1}, \tag{6.3.15a}$$

$$\inf_{v_h\in V_h}\|\nabla\cdot(v-v_h)\|_0\leqslant M\{\|v\|_{k+1,2}+\|\nabla\cdot v\|_{k+1,2}\}h_p^{k+1}, \tag{6.3.15b}$$

$$\inf_{w_h\in W_h}\|w-w_h\|_0\leqslant M\|w\|_{k+1,2}h_p^{k+1}. \tag{6.3.15c}$$

设 $\Omega=[0,1]\times[0,1]$, $\partial\Omega$ 是它的边界. 记 $h_c=N^{-1},x_{ij}=(ih,jh),\Delta t>0,t^n=n\Delta t$ 和 $W(x_{ij},t^{\equiv})=W_{ij}^{\overline{\overline{\equiv}}}$. 因为齐次边界条件 (6.3.9), 对函数 $\hat{c}$, $c_{(k)}(k=1,2,\cdots,\bar{N})$, T 作对称延拓, 定义

$$\hat{c}_{-l,j}=\hat{c}_{l,j},\hat{c}_{N+l,j}=\hat{c}_{N-l,j},\quad 0\leqslant j\leqslant N,l\in\mathbf{Z}^+, \tag{6.3.16a}$$

$$\hat{c}_{i,-l} = \hat{c}_{i,l}, \hat{c}_{i,N+l} = \hat{c}_{i,N-l}, \quad 0 \leqslant i \leqslant N, l \in \mathbf{Z}^+, \tag{6.3.16b}$$

类似的关系式对 $c_{(k)}$ 和 T_h. 通常仅需要 $l = 1$.

记

$$\delta_{\bar{x}}(E_c\delta_x\hat{C})_{ij}^{n+1} = h_c^{-2}[E_{c,i+\frac{1}{2},i}(\hat{C}_{i+1,j}^{n+1} - \hat{C}_{ij}^{n+1}) - E_{c,i-\frac{1}{2},j}(\hat{C}_{ij}^{n+1} - \hat{C}_{i-1,i}^{n+1})], \tag{6.3.17a}$$

$$\delta_{\bar{y}}(E_c\delta_y\hat{C})_{ij}^{n+1} = h_c^{-2}[E_{c,i,j+\frac{1}{2}}(\hat{C}_{i,j+1}^{n+1} - \hat{C}_{ij}^{n+1}) - E_{c,i,j-\frac{1}{2}}(\hat{C}_{ij}^{n+1} - \hat{C}_{i,j-1}^{n+1})], \tag{6.3.17b}$$

$$\nabla_h(E_c\nabla_h\hat{C})_{ij}^{n+1} = \delta_{\bar{x}}(E_c\delta_x\hat{C})_{ij}^{n+1} + \delta_{\bar{y}}(E_c\delta_y\hat{C})_{ij}^{n+1}. \tag{6.3.17c}$$

对方程 (6.3.11)~(6.3.13) 按特征方向离散化, 我们构造了混合元-特征差分格式 I.

格式 I　当 $t = t^n$ 这混合元解 $\{P^n, \underline{U}^n\} \in V_h \times W_h$, 差分解 $\{\hat{C}_{ij}^n, C_{(k)ij}^n(k = 1, 2, \cdots, \bar{N}), T_{h,ij}^n\}$ 已知, 寻求 $t = t^{n+1}$ 的混合元解 $\{P^{n+1}, \underline{U}^{n+1}) \in V_h \times W$, 差分解 $\{\hat{C}_{ij}^{n+1}, C_{(k)ij}^{n+1}, (k = 1, 2, \cdots, \bar{N}), T_{h,ij}^{n+1}\}$ 由下述关系式确定:

$$\left(\phi_1 \frac{P^{n+1} - P^n}{\Delta t}, w\right) + (\nabla \cdot \underline{U}^{n+1}, w)$$

$$= (c_w\alpha(\hat{C}_h^n)\underline{U}^n \cdot \underline{U}^n, w)$$

$$+ (-q(t^{n+1}) + R_s'(\hat{C}_h^n), w), \quad w \in W_h, \tag{6.3.18a}$$

$$(\alpha(\hat{C}_h^n)\underline{U}^{n+1}, \underline{v}) - (\nabla \cdot \underline{v}, P^{n+1}) = 0, \quad \underline{v} \in V_h, \tag{6.3.18b}$$

$$\phi_{ij} \frac{\hat{C}_{ij}^{n+1} - \bar{\hat{C}}_{ij}^n}{\Delta t} - \nabla_h(E_c\nabla_h\hat{C})_{ij}^{n+1} = g(\hat{C}_{ij}^n), \quad 1 \leqslant i, j \leqslant N - 1, \tag{6.3.18c}$$

$$\phi_{(k)ij} \frac{C_{(k)ij}^{n+1} - \bar{C}_{(k)ij}^n}{\Delta t} - \nabla_h(E_c\nabla_h C_{(k)})_{ij}^{n+1} + d_{1(k)}(C_{(k)ij}^n)\frac{P_{ij}^{n+1} - P_{ij}^n}{\Delta t}$$

$$= Q_{1(k)}(\hat{C}_{ij}^{n+1}, C_{(1)ij}^n, C_{(2)ij}^n, \cdots, C_{(\bar{N})ij}^n), k = 1, 2, \cdots, \bar{N}, \quad 1 \leqslant i, j \leqslant N - 1, \tag{6.3.18d}$$

$$d_2(P_{ij}^{n+1})\frac{T_{h,ij}^{n+1} - \bar{T}_{h,ij}^n}{\Delta t} - \nabla_h(\tilde{E}_H\nabla_h T_k)_{ij}^{n+1} + d_1(P_{ij}^{n+1})\frac{P_{ij}^{n+1} - P_{ij}^n}{\Delta t}$$

$$= Q_2(\underline{U}_{ij}^{n+1}, P_{ij}^{n+1}, \hat{C}_{ij}^{n+1}, T_{h,ij}^n), \quad 1 \leqslant i, j \leqslant N - 1. \tag{6.3.18e}$$

边界条件取为

$$\begin{cases} \hat{C}_{-1,j}^{n+1} = \hat{C}_{1,j}^{n+1}, \hat{C}_{N+1,j}^{n+1} = \hat{C}_{N-1,j}^{n+1}, & 0 \leqslant j \leqslant N, \\ \hat{C}_{i,-1}^{n+1} = \hat{C}_{i,1}^{n+1}, \hat{C}_{i,N+1}^{n+1} = \hat{C}_{i,N-1}^{n+1}, & 0 \leqslant i \leqslant N, \end{cases} \tag{6.3.19a}$$

$$\begin{cases} C_{(k),-1,j}^{n+1} = C_{(k),1,j}^{n+1}, C_{(k),N+1,j}^{n+1} = C_{(k),N-1,j}^{n+1}, & 0 \leqslant j \leqslant N, \\ C_{(k),i,-1}^{n+1} = C_{(k),i,1}^{n+1}, C_{(k),i,N+1}^{n+1} = C_{(k),i,N-1}^{n+1}, & 0 \leqslant i \leqslant N, k = 1, 2, \cdots, \bar{N}, \end{cases} \tag{6.3.19b}$$

$$\begin{cases} T_{h,-1,j}^{n+1} = T_{h,1,j}^{n+1}, T_{h,N+1,j}^{n+1} = T_{h,N-1,j}^{n+1}, & 0 \leqslant j \leqslant N, \\ T_{h,i,-1}^{n+1} = T_{h,i,1}^{n+1}, T_{h,i,N+1}^{n+1} = T_{h,i,N-1}^{n+1}, & 0 \leqslant i \leqslant N. \end{cases} \tag{6.3.19c}$$

另外初始逼近 $\{P_h^0, \underline{U}_h^0\}$ 由混合元椭圆投影确定, $\{\hat{C}_{ij}^0, C_{(k),ij}^0 \ (k = 1, 2, \cdots, \bar{N}), T_{h,ij}^0\}$ 均由双线性插值确定.

格式 I 的计算过程是, 首先由 (6.3.18a), (6.3.18b) 算出 $P^{n+1}, \underline{U}^{n+1}$, 此处 $\hat{C}^n(x)$ 是由节点值 $\{\hat{C}_{ij}^n\}$ 用双线性插值确定的函数. 再从 (6.3.18c) 计算 $\{\hat{C}_{ij}^{n+1}\}$, 此处 $\bar{\hat{C}}_{ij}^n = \hat{C}^n(\bar{X}_{ij}^n)$, $\bar{X}_{ij}^n = x_{ij} - \underline{U}_{\hat{c}ij}^n \cdot \Delta t/\phi_{ij}$, $\underline{U}_{\hat{c}ij}^n = (I + c_w\alpha(\hat{C}_{ij}^n)E_c)\underline{U}_{ij}^n$. 这里当 $\bar{X}_{ij}^n$ 越过边界 $\partial\Omega$ 时, 此时 $\hat{C}$ 已按 (6.3.19) 用镜面反射方式进行延拓, 故 $\hat{C}^n(\bar{X}_{ij}^n)$ 仍有确定的意义. 类似地由 (6.3.18d) 计算 $\{C_{(k)ij}^{n+1}\}, k = 1, 2, \cdots, \bar{N}$, 此处 $\bar{C}_{(k)ij}^n = C_{(k)}(\bar{X}_{(k)ij}^n)$, $\bar{X}_{(k)ij}^n = x_{ij} - \underline{U}_{\hat{c}ij}^{n+1}/\phi_{(k)ij}$, $\underline{U}_{\hat{c}ij}^{n+1} = (I + c_w\alpha(\hat{C}_{ij}^{n+1})E_c)\underline{U}_{ij}^{n+1}$. 最后由 (6.3.18e) 计算 $\{T_{h,ij}^{n+1}\}$, 此处 $\bar{T}_{h,ij} = T_h^n(\bar{X}_{T,ij}^n)$, $\bar{X}_{T,ij}^n = x_{ij} - \underline{U}_{T,ij}^{n+1}\Delta t/d_2(P_{ij}^{n+1})$, $\underline{U}_{T,ij}^{n+1} = (c_pI + c_w\alpha(\hat{C}_{ij}^{n+1})\tilde{E}_H)\underline{U}_{ij}^n$. 由于 $\phi_1, \phi_{(k)}, (k = 1, 2, \cdots, \bar{N}), \alpha, \phi, \cdots$ 均有正的上、下界, 矩阵 $E_c, \tilde{E}_H$ 是对称正定的, 故格式 I 的解存在且唯一.

当压力 p 随时间 t 变化很慢时, 可对压力采用大步长计算, 而对浓度和温度采用小步长计算, 为此提出格式 II, 引出下述记号: Δt_c 为浓度、温度方程的时间步长, Δt_p 为压力方程的时间步长, $j = \Delta t_p/\Delta t_c$, $t^n = n\Delta t_c$, $t_m = m\Delta t_p$, $\psi^n = \psi(t^n)$, $\psi_m = \psi(t_m)$, 对于函数 $\psi(x, t)$,

$$d_t\psi^n = (\psi^{n+1} - \psi^n)/\Delta t_c, \quad d_t\psi_m = (\psi_{m+1} - \psi_m)/\Delta t_p,$$

$$E\psi^n = \begin{cases} \psi_0, & t^n \leqslant t_1, \\ \left(1 + \dfrac{v}{j}\right)\psi_m - \dfrac{v}{j}\psi_{m-1}, & t_m \leqslant t^n \leqslant t_{m+1}, t^n = t_m + v\Delta t_c. \end{cases} \tag{6.3.20}$$

下标对应于压力时间层, 上标对应于浓度时间层, $E\psi^n$ 表示由后两个压力时间层构造的在 t^n 处函数 ψ 的线性外推.

格式 II 当已知 $t = t_m$ 混合元解 $\{P_m, \underline{U}_m\}$ 以及差分解 $\{\hat{C}_{m,ij}, C_{(k)m,ij}(k = 1, 2, \cdots, \bar{N}), T_{h,m,ij}\}$, 寻求 $t = t_{m+1}$ 的混合元解 $\{P_{m+1}, \underline{U}_{m+1}\}$ 和 $t = t^{n+1} = t_m + v\Delta t_c, v = 1, 2, \cdots, j$ 的差分解 $\{\hat{C}_{ij}^{n+1}, C_{(k)ij}^{n+1}(k = 1, 2, \cdots, \bar{N}), T_{h,ij}^{n+1}\}$ 由下述关系式确定:

$$\left(\phi_1 \frac{P_{m+1} - P_m}{\Delta t_p}, w\right) + (\nabla \cdot \underline{U}_{m+1}, w)$$
$$= (c_w\alpha(\hat{C}_{h,m})\underline{U}_m \cdot \underline{U}_m, w) + (-q(t_{m+1}) + R_s'(\hat{C}_{h,m}), w), \quad w \in W_h, \tag{6.3.21a}$$

$$(\alpha(\hat{C}_{h,m})\underline{U}_{m+1}, \underline{v}) - (\nabla \cdot \underline{v}, P_{m+1}) = 0, \quad \underline{v} \in V_k, \tag{6.3.21b}$$

$$\phi_{ij} \frac{\hat{C}_{ij}^{n+1} - \bar{\hat{C}}_{ij}^n}{\Delta t} - \nabla_h(E_c\nabla_h\hat{C})_{ij}^{n+1} = g(\hat{C}_{ij}^n), \quad 1 \leqslant i, j \leqslant N - 1. \tag{6.3.21c}$$

$$\phi_{(k)ij} \frac{C_{(k)ij}^{n+1} - \bar{C}_{(k)ij}^n}{\Delta t_c} - \nabla_h(E_c\nabla_hC_{(k)})_{ij}^{n+1} + d_{1i}(C_{(k)ij}^n)\frac{P_{m+1,ij} - P_{m,ij}}{\Delta t_p}$$
$$= Q_{1(k)}(\hat{C}_{h,ij}^{n+1}, C_{(1)ij}^n, C_{(2)ij}^n, \cdots, C_{(\bar{N})ij}^n), \quad k = 1, 2, \cdots, \bar{N}, 1 \leqslant i, j \leqslant N - 1, \tag{6.3.21d}$$

$$d_2(EP_{ij}^{n+1})\frac{T_{h,ij}^{n+1} - \bar{T}_{h,ij}^n}{\Delta t} - \nabla_k(\tilde{E}_H \nabla_k T_k)_{ij}^{n+1} + d_3(EP_{ij}^{n+1})\frac{P_{m+1,ij} - P_{m,ij}}{\Delta t_p}$$

$$= Q_2(E\underline{U}_{ij}^{n+1}, EP_{ij}^{n+1}, \hat{C}_{ij}^{n+1}, T_{h,ij}^n), \quad 1 \leqslant i,j \leqslant N-1, \tag{6.3.21e}$$

边值条件的处理, 初始值的选取和格式 I 一样.

格式 II 的计算过程是, 由 (6.3.21a), (6.3.21b) 算出 $\{P_{m+1}, \underline{U}_{m+1}\}$, 由 (6.3.21c) 计算 $\{\hat{C}_{ij}^{n+1}\}$, 此处 $\bar{\hat{C}}_{ij}^n = \hat{C}^n(\bar{X}_{ij}^n)$, $\bar{X}_{ij}^n = x_{ij} - \tilde{\underline{U}}_{\hat{c}ij}^{n+1}\Delta t/\phi_{ij}$, $\tilde{\underline{U}}_{\hat{c}ij}^{n+1} = (I + c_w\alpha(\hat{C}_{ij}^n)E_c)$ $\times E\underline{U}_{ij}^{n+1}$. 类似地, 由 (6.3.21d) 计算 $\{C_{(k)ij}^{n+1}\}$, $k = 1, 2, \cdots, \bar{N}$, 此处 $\bar{C}_{(k)ij}^n = C_{(k)}^n(\bar{X}_{(k)ij}^n)$, $\bar{X}_{(k)ij}^n = x_{ij} - \underline{U}_{\hat{c}ij}^{n+1}\Delta t/\phi_{(k)ij}$, $\underline{U}_{\hat{c}ij}^{n+1} = (I + c_w\alpha(\hat{C}_{ij}^{n+1})E_c)E\underline{U}_{ij}^{n+1}$, 最后 由 (6.3.21e) 计算 $\{T_{h,ij}^{n+1}\}$, 此处 $\bar{T}_{h,ij}^n = T_h^n(\bar{X}_{T,ij}^n)$, $\bar{X}_{T,ij} = x_{ij} - \underline{U}_{T,ij}^{n+1}\Delta t_c/d_2(EP_{ij}^{n+1})$, $\underline{U}_{T,ij}^{n+1} = (c_p I + c_w\alpha(\hat{C}_{ij}^{n+1})\tilde{E}_H)E\underline{U}_{ij}^{n+1}$. 和格式 I 一样, 格式 II 的解存在且唯一.

6.3.3　格式 I 的误差估计

假定核废料污染问题的解是光滑的, 方程 (6.3.5)~(6.3.8) 的系数和右端是局部有界和局部 Lipschitz 连续. 为了理论分析引入辅助椭圆投影, 若 $\{\tilde{\underline{u}}, \tilde{p}\}$ 是达西速度和压力的投影, 由下述方程给出:

$$\left(\phi_1\frac{\partial p}{\partial t}, w\right) + (\nabla \cdot \tilde{\underline{u}}, w) - (c_w\alpha(\hat{c})\underline{u} \cdot \underline{u}, w) = (-q + R_s', w), \quad w \in W_h, \tag{6.3.22a}$$

$$(\alpha(\hat{c})\tilde{\underline{u}}, \underline{v}) - (\nabla \cdot \underline{v}, \tilde{p}) = 0, \quad \underline{v} \in V_h, \tag{6.3.22b}$$

$$(\tilde{p}, 1) = (p, 1). \tag{6.3.22c}$$

记 $\eta = p - \tilde{p}$, $\pi = \tilde{p} - P_h$, $\underline{\rho} = \underline{u} - \tilde{\underline{u}}$, $\underline{\sigma} = \tilde{\underline{u}} - U_h$; $\xi = \hat{c} - \hat{C}$, $\xi_{(k)} = c_k - C_{(k)}(k = 1, 2, \cdots, \bar{N})$, $\omega = T - T_h$. 为了估计 $\underline{\rho}$ 和 η, 将方程 (6.3.14) 和 (6.3.22) 相减可得投影误差方程:

$$(\nabla \cdot \underline{\rho}, w) = 0, w \in W_h, \quad (\alpha(\hat{c})\underline{\rho}, \underline{v}) - (\nabla \cdot \underline{v}, \eta) = 0, \underline{v} \in V_h. \tag{6.3.23}$$

由文献 [14, 21] 可得下述估计:

$$\|\underline{\rho}\|_{H(\text{div};\Omega)} + \|\eta\|_0 \leqslant M \|p\|_{k+3} h_p^{k+1}, \tag{6.3.24a}$$

$$\left\|\frac{\partial \underline{\rho}}{\partial t}\right\|_{H(\text{div};\Omega)} + \left\|\frac{\partial \eta}{\partial t}\right\|_0 \leqslant M\left\{\|p\|_{k+1} + \left\|\frac{\partial p}{\partial t}\right\|_{k+3}\right\} h_p^{h+1}. \tag{6.3.24b}$$

下面讨论逼近解 $\{P, U\}$ 和投影 $\{\tilde{p}, \tilde{\underline{u}}\}$ 之差, 由 (6.3.22a)($t = t^{n+1}$) 减去 (6.3.18a), 取检验函数 $d_t\pi^n$ 可得

$$(\phi_1 d_t\pi^n, d_t\pi^n) + (\nabla \cdot \underline{\sigma}^{n+1}, d_t\pi^n)$$

$$= -\left(\phi_1\frac{\partial \eta^{n+1}}{\partial t}, d_t\pi^n\right) + \left(\phi_1\left[d_t\tilde{p}^\pi - \frac{\partial \tilde{p}^{n+1}}{\partial t}\right], d_t\pi^n\right)$$

$$+ (c_w \alpha(\hat{c}^{n+1}) \underline{u}^{n+1} \cdot \underline{u}^{n+1} - c_w \alpha(\hat{C}_h^n) \underline{U}^n \cdot \underline{U}^n, d_t \pi^n)$$
$$+ (R'_s(\hat{c}^{n+1}) - R'_s(\hat{C}_k^n), d_t \pi^n), \tag{6.3.25}$$

由 (6.3.22b)$(t = t^{\pi+1})$ 减去 (6.3.18b) 取 $\underline{v} = \underline{\sigma}^{n+1}$ 可得关系式:

$$(\alpha(\hat{C}_h^{n-1}) \underline{\sigma}^{n+1}, \underline{\sigma}^{n+1}) - (\nabla \cdot \underline{\sigma}^{n+1}, \pi^{n+1}) = ([\alpha(\hat{C}_h^n) - \alpha(\hat{c}^{n+1})] \tilde{\underline{u}}^{n+1}, \underline{\sigma}^{n+1}). \tag{6.3.26a}$$

类似地, 由 (6.3.22b)$(t = t^\pi)$ 减去 (6.3.18b), 同样取 $v = \underline{\sigma}^{n+1}$ 可得

$$(\alpha(\hat{C}_h^{n-1}) \underline{\sigma}^n, \underline{\sigma}^{n+1}) - (\nabla \cdot \underline{\sigma}^{n+1}, \pi^n) = ([\alpha(\hat{C}_h^{n-1}) - \alpha(\hat{c}^n)] \tilde{\underline{u}}^n, \underline{\sigma}^{n+1}). \tag{6.3.26b}$$

由 (6.3.26) 可得下述关系式:

$$(d_t[\alpha(\hat{C}_h^{n-1}) \underline{\sigma}^n], \underline{\sigma}^{n+1}) - (\nabla \cdot \underline{\sigma}^{n+1}, \pi^n) = (d_t\{[\alpha(\hat{C}_h^{n-1}) - \alpha(\hat{c}^n)] \tilde{\underline{u}}^n\}, \underline{\sigma}^{n+1}). \tag{6.3.27}$$

注意到

$$d_t\{(\alpha(\hat{C}_h^{n-1}) \underline{\sigma}^n, \underline{\sigma}^n)\} = 2(d_t[\alpha(\hat{C}_h^{n-1}) \underline{\sigma}^n], \underline{\sigma}^{n+1})$$
$$- \frac{1}{\Delta t}(\alpha(\hat{C}_h^n)(\underline{\sigma}^{n+1} - \underline{\sigma}^n), (\underline{\sigma}^{n+1} - \underline{\sigma}^n))$$
$$- 2(d_t\alpha(\hat{C}_h^{n-1}) \underline{\sigma}^n, \underline{\sigma}^{n+1}) + (d_t\alpha(\hat{C}_h^{n-1}) \underline{\sigma}^n, \underline{\sigma}^n),$$

则 (6.3.27) 可改写为

$$\frac{1}{2} d_t\{(\alpha(\hat{C}_h^{n-1}) \underline{\sigma}^n, \underline{\sigma}^n)\} - (\nabla \cdot \underline{\sigma}^{n+1}, d_t \pi^n)$$
$$= (d_t\{[\alpha(\hat{C}_h^{n-1}) - \alpha(\hat{c}^\pi)] \tilde{\underline{u}}\}, \underline{\sigma}^{n+1})$$
$$- \frac{1}{2\Delta t}(\alpha(\hat{C}_h^n)(\underline{\sigma}^{n+1} - \underline{\sigma}^n), (\underline{\sigma}^{n+1} - \underline{\sigma}^n))$$
$$- (d_t\alpha(\hat{C}_h^{n-1}) \underline{\sigma}^n, \underline{\sigma}^{n+1}) + \frac{1}{2}(d_t\alpha(\hat{C}_h^{n-1}) \underline{\sigma}^n, \underline{\sigma}^n), \tag{6.3.28}$$

将 (6.3.25) 和 (6.3.28) 相加, 注意到 $\frac{1}{2\Delta t}(\alpha(\hat{C}_h^n)(\underline{\sigma}^{n+1} - \underline{\sigma}^n), (\underline{\sigma}^{n+1} - \underline{\sigma}^n)) \geqslant 0$, 有

$$(\phi_1 d_t \pi^n, d_t \pi^n) + \frac{1}{2} d_t\{(\alpha(\hat{C}_h^{n-1}) \underline{\sigma}^n, \underline{\sigma}^n)\}$$
$$\leqslant -\left(\phi_1 \frac{\partial \eta^{n+1}}{\partial t}, d_t \pi^n\right) + \left(\phi_1 \left[d_t \tilde{p}^n - \frac{\partial \tilde{p}^{n+1}}{\partial t}\right], d_t \pi^n\right)$$
$$+ (c_w \alpha(\hat{c}^{n+1}) \underline{u}^{n+1} \cdot \underline{u}^{n+1} - c_w \alpha(\hat{C}_h^n) \underline{U}^n \cdot \underline{U}^\pi, d_t \pi^n)$$
$$+ (R'_s(\hat{c}^{n+1}) - R'_s(\hat{C}_h^n), d_t \pi^n) + (d_t\{[\alpha(\hat{C}_h^{n-1}) - \alpha(\hat{c}^n)] \tilde{\underline{u}}^n\}, \underline{\sigma}^{n+1})$$
$$- (d_t\alpha(\hat{C}_h^{n-1}) \underline{\sigma}^n, \underline{\sigma}^{n+1}) + \frac{1}{2}(d_t\alpha(\hat{C}_h^{n-1}) \underline{\sigma}^n, \underline{\sigma}^n). \tag{6.3.29}$$

记 $Q^h(t^n) = \max \left\{ \sup_{\substack{x \in \Omega \\ 0 \leqslant t' \leqslant t^n}} \left| \hat{C}(x, t') \right|, \sup_{\substack{x \in \Omega \\ 0 \leqslant j \leqslant n}} \left| \hat{C}_h^j(x) \right| \right\}$, $\|\xi\|_{L^\infty(n, \Omega)} = \sup_{\substack{x \in \Omega \\ 0 \leqslant j \leqslant n}} \|\xi^j\|$, 有

$Q^n(t^n) \leqslant \sup_{\substack{x \in \Omega \\ 0 \leqslant t' \leqslant t^n}} \left| \hat{C}(x, t) \right| + \|\xi\|_{L^\infty}$, 依次估计 (6.3.29) 右端诸项

$$\left| -\left(\phi_1 \frac{\partial \eta^{n+1}}{\partial t}, d_t \pi^n \right) + \left(\phi_1 \left[d_t \tilde{p}^n - \frac{\partial \tilde{p}^{n+1}}{\partial t} \right], d_t \pi^n \right) \right|$$

$$\leqslant \varepsilon \|d_t \pi^n\|^2 + M\{h_p^{2(k+1)} + (\Delta t)^2\}, \tag{6.3.30a}$$

$$\left| (c_w \alpha(\hat{c}^{n+1}) \underline{u}^{n+1} \cdot \underline{u}^{n+1} - c_w \alpha(\hat{C}_h^n) \underline{U}^n \cdot \underline{U}^n, d_t \pi^n) \right|$$

$$\leqslant \varepsilon \|d_t \pi^n\|^2 + M(Q^h) \left\{ \left\| \hat{\xi}^m \right\|_0^2 + \|\underline{\sigma}^n\|_0^2 \right.$$

$$\left. + \|\underline{U}_h^n\|_{0,\infty} (\|\underline{\sigma}^n\|^2 + h_p^{2(k+1)}) + (\Delta t)^2 + h_p^{2(k+1)} \right\}, \tag{6.3.30b}$$

$$\left| (R_s'(\hat{c}^{n+1}) - R_s'(\hat{C}_h^n), d_t \pi^n) \right| \leqslant \varepsilon \|d_t \pi^n\|^2 + M(Q^h) \left\{ \left\| \hat{\xi}^n \right\|_0^2 + (\Delta t)^2 \right\}, \tag{6.3.30c}$$

$$\left| (d_t \{ [\alpha(\hat{C}_h^{n-1}) - \alpha(\hat{c}^n)] \tilde{\underline{u}}^n \}, \underline{\sigma}^{n+1}) \right|$$

$$\leqslant \varepsilon \left\| d_t \hat{\xi}^{n-1} \right\|^2 + M(Q^h) \left\{ \left\| \hat{\xi}^n \right\|^2 + \left\| \hat{\xi}^{n+1} \right\|^2 + \|\underline{\sigma}^{n+1}\|^2 + (\Delta t)^2 \right\}, \tag{6.3.30d}$$

$$\left| -(d_t \alpha(\hat{C}_h^{n-1}) \underline{\sigma}^n, \underline{\sigma}^{n+1}) + \frac{1}{2}(d_t \alpha(\hat{C}_h^{n-1}) \underline{\sigma}^n, \underline{\sigma}^n) \right|$$

$$\leqslant \|\underline{\sigma}^n\|_{0,\infty}^2 \left\| d_t \hat{\xi}^{n-1} \right\|^2 + M(Q^h) \{ \|\underline{\sigma}^{n+1}\|^2 + \|\underline{\sigma}^n\|^2 \}. \tag{6.3.30e}$$

我们提出归纳法假定

$$\sup_{0 \leqslant n \leqslant L-1} \|\underline{\sigma}^n\|_{0,\infty} \to 0, \quad \text{当 } h_p \to 0. \tag{6.3.31}$$

此时 $\|\underline{U}^n\|_{0,\infty}$ 有界, 且

$$\left| -(d_t \alpha(\hat{C}_h^{n-1}) \underline{\sigma}^n, \underline{\sigma}^{n+1}) + \frac{1}{2}(d_t \alpha(\hat{C}_h^{n-1}) \underline{\sigma}^n, \underline{\sigma}^n) \right|$$

$$\leqslant \varepsilon \left\| d_t \hat{\xi}^{n-1} \right\|^2 + M(Q^h) \{ \|\underline{\sigma}^{n+1}\|^2 + \|\underline{\sigma}^n\|^2 \}, \tag{6.3.32}$$

对 h_p 足够小时成立.

对 (6.3.29) 应用 (6.3.30), (6.3.31) 可得下述估计:

$$\|d_t \pi^n\|^2 + d_t \{ (\alpha(\hat{C}_h^{n-1}) \underline{\sigma}^n, \underline{\sigma}^n) \}$$

$$\leqslant \varepsilon \|d_t \xi^{n-1}\|^2 + M(Q^h) \left\{ \left\| \hat{\xi}^n \right\|^2 + \left\| \hat{\xi}^{n-1} \right\|^2 \right.$$

$$+ \left\| \underline{\sigma}^{n+1} \right\|^2 + \left\| \underline{\sigma}^n \right\|^2 + h_p^{2(k+1)} + (\Delta t)^2 \bigg\}, \tag{6.3.33}$$

对上式乘以 Δt 求和 $0 \leqslant n \leqslant L - 1$, 可得

$$\sum_{n=1}^{L-1} \left\| d_t \pi^n \right\|^2 \Delta t + \left\| \underline{\sigma}^L \right\|^2$$

$$\leqslant \varepsilon \sum_{n=0}^{L-1} \left\| d_t \hat{\xi}^{n-1} \right\|^2 \Delta t + M(Q^h) \left\{ \sum_{n=0}^{L-1} \left[\left\| \hat{\xi}^n \right\|^2 + \left\| \underline{\sigma}^{n+1} \right\|^2 \right] \Delta t + h_p^{2(k+1)} + (\Delta t)^2 \right\}, \tag{6.3.34}$$

此处 $\| \cdot \|_j$ 表示 Sobolev 空间 $H^j(\Omega)$ 的范数.

现在讨论 brine 方程, 记 $\bar{x}_{ij}^n = x_{ij} - \underline{u}_{ij}^n \Delta t / \phi_{ij}$, 有

$$\phi_{ij} \frac{\hat{\xi}_{ij}^{n+1} - (\hat{c}^n(\bar{x}_{ij}^n) - \bar{\hat{C}}_{ij}^n)}{\Delta t} - \nabla_h (E_c \nabla_h \hat{\xi})_{ij}^{n+1} = g(\hat{c}_{ij}^{n+1}) - g(\hat{C}_{ij}^n) + \eta_{ij}^{n+1}, \tag{6.3.35}$$

此处 $\left| \eta_{ij}^{n+1} \right| \leqslant M \left(\left\| \hat{c}^{n+1} \right\|_{3,\infty}, \left\| \dfrac{\partial^2 \hat{c}}{\partial \tau^2} \right\|_{L^\infty(J^{n+1}, L^\infty(\Omega))} \right) (h + \Delta t)$, 将 $\hat{\xi}^n(x)$ 理解为值 $\{\hat{\xi}_{ij}^n\}$ 的双线性插值, $\hat{\xi}^n(x) = I_1 \hat{\xi}^n$, 此处 I_1 是双线性插值算子. 设 $\bar{\hat{\xi}}_{ij}^n = \hat{\xi}(\bar{X}_{ij}^n)$, 则

$$\hat{\xi}_{ij}^{n+1} - \hat{c}^n(\bar{x}_{ij}^n) + \bar{\hat{C}}_{ij}^n = (\hat{\xi}_{ij}^{n+1} - \bar{\hat{\xi}}_{ij}^n) - (\hat{c}^\pi(\bar{x}_{ij}^n) - \hat{C}^n(\bar{X}_{ij}^n)) - (I - I_1) \hat{c}^n(\bar{X}_{ij}^n), \tag{6.3.36}$$

此处 I 是恒等算子. 注意到

$$\left| (I - I_1) \hat{c}^n(\bar{X}_{ij}^n) \right| \leqslant M \left\| \hat{c} \right\|_{2,\infty} \min(h_c^2 + h_c \Delta t), \tag{6.3.37a}$$

$$\left| \hat{c}^n(\bar{x}_{ij}^n) - \hat{c}^n(\bar{X}_{ij}^n) \right| \leqslant \left\| \hat{c} \right\|_{1,\infty} \left| \bar{x}_{ij}^n - \bar{X}_{ij}^n \right| \leqslant M \left| \underline{u}_{ij}^n - \underline{U}_{ij}^n \right| \Delta t, \tag{6.3.37b}$$

$$\left| g(\hat{c}_{ij}^{n+1}) - g(\hat{c}_{ij}^n) \right| \leqslant M(Q^h)(\Delta t + \left| \hat{\xi}_{ij}^n \right|). \tag{6.3.37c}$$

记号 $|\alpha|_0 = \langle \alpha, \alpha \rangle^{\frac{1}{2}}$ 表示离散空间 $l^2(\Omega)$ 的模:

$$\langle \alpha, \beta \rangle = \sum_{i,l=1}^{N-1} \alpha_{ij} \beta_{ij} h_c^2 + \frac{1}{2} \left\{ \sum_{j=1}^{N-1} (\alpha_{0j} \beta_{0j} + \alpha_{Nj} \beta_{Nj}) + \sum_{i=1}^{N-1} (\alpha_{i0} \beta_{i0} + \alpha_{iN} \beta_{iN}) \right\} h_c^2$$

$$+ \frac{1}{4} (\alpha_{00} \beta_{00} + \alpha_{0N} \beta_{0N} + \alpha_{N0} \beta_{N0} + \alpha_{NN} \beta_{NN}) h_c^2, \tag{6.3.38}$$

还有 $\langle E \nabla_h \xi, \nabla_h \xi \rangle$ 表示对应于 $H^1(\Omega) = W^{1,2}(\Omega)$ 的离散空间 $h^1(\Omega)$ 的加权半模平方.

对 (6.3.35) 利用 (6.3.36)、(6.3.37) 再乘以 $\delta_t \hat{\xi}^n = \hat{\xi}^{n+1} - \hat{\xi}^n = d_t \hat{\xi}^n \Delta t$, 并分部求和得

$$\langle \phi d_t \hat{\xi}^n, d_t \hat{\xi}^n \rangle \Delta t + \frac{D_m}{2} \left\{ \left| \nabla_h \hat{\xi}^{n+1} \right|_0^2 - \left| \nabla_h \hat{\xi}^n \right|_0^2 \right\}$$

$$\leqslant \left\langle \phi \frac{\bar{\hat{\xi}}^n - \hat{\xi}^n}{\Delta t}, d_t \hat{\xi}^n \right\rangle \Delta t + \varepsilon \left| d_t \hat{\xi}^n \right|_0^2 \Delta t$$

$$+ M(Q^h) \left\{ \left| \hat{\xi}^n \right|_0^2 + \left| \underline{\rho}^{n+1} + \underline{\sigma}^{n+1} \right|_0^2 + h_c^2 + (\Delta t)^2 \right\}, \tag{6.3.39}$$

这里利用了关系式 $\left\langle \nabla_h (E_c \nabla_h \hat{\xi})^{n+1}, \hat{\xi}^{n+1} - \hat{\xi}^n \right\rangle = - \left\langle E_c \nabla_h \hat{\xi}^{n+1}, \nabla_h (\hat{\xi}^{n+1} - \hat{\xi}^n) \right\rangle + O(h_c^3)$, 此处 $\left| O(h_c^3) \right| \leqslant M(Q^h) h_c^3$, 此式由 (6.3.9)、(6.3.16) 和 (6.3.19) 推得, 现在讨论右端第一项 $\left\langle \phi \frac{\bar{\hat{\xi}}^n - \hat{\xi}^n}{\Delta t}, d_t \hat{\xi}^n \right\rangle \Delta t$, 若

$$\zeta_{ij}^n = \bar{\hat{\xi}}_{ij}^n - \hat{\xi}_{ij}^n = \hat{\xi}_{ij}^n (x_{ij} - \underline{U}_{cij}^n \Delta t / \phi_{ij}) - \hat{\xi}^n(x_{ij})$$

$$= \int_{x_{ij}}^{x_{ij} - \underline{U}_{\hat{c}ij}^n \Delta t / \phi_{ij}} \nabla_h \hat{\xi}^n \cdot \frac{\underline{U}_{\hat{c}ij}^n}{\left| \underline{U}_{\hat{c}ij}^n \right|} d\sigma$$

$$\leqslant M \left| \underline{U}_{ij}^n \right| \Delta t \max \left\{ \left| \nabla_h \hat{\xi}_{p,q}^n \right| : \left| x_{pq} - x_{ij} \right| \leqslant h_c + M \left| \underline{U}_{ij}^n \right| \Delta t \right\}. \tag{6.3.40}$$

注意到 $|z|_\infty = \|z\|_{l^\infty}$ 和 $|z|_{1,2} = |z|_{h^1}$, 记 $|z|_1^2 = |z|_0^2 + |z|_{1,2}^2$, 有

$$|\zeta^n|_0^2 \leqslant M \left| \underline{U}^n \right|_\infty^2 \left(1 + M \left| \underline{U}^n \right|_\infty \frac{\Delta t}{h_c} \right) \left| \hat{\xi}^n \right|_{1,2}^2 (\Delta t)^2$$

$$\leqslant M \left| \underline{U}^n \right|_\infty^2 \left(1 + M \left| \underline{U}^n \right|_\infty \right) \left| \hat{\xi}^n \right|_{1,2}^2 (\Delta t)^2. \tag{6.3.41}$$

此处对剖分参数限定:

$$\Delta t \leqslant M h_c, \tag{6.3.42}$$

由归纳法假定 (6.3.31) 可以推得 $\left| \underline{U}^\pi \right|_\infty$ 的有界性可得

$$\left| \left\langle \phi \frac{\bar{\hat{\xi}}^n - \hat{\xi}^n}{\Delta t}, d_t \hat{\xi}^n \right\rangle \Delta t \right| \leqslant \varepsilon \left| d_t \hat{\xi}^n \right|_0^2 \Delta t + M(Q^h) \left| \hat{\xi}^n \right|_{1,2}^2 \Delta t. \tag{6.3.43}$$

对 (6.3.39) 作和数 $0 \leqslant n \leqslant L - 1$, 可得

$$\frac{\phi_\pi}{2} \sum_{n=0}^{L-1} |d_t \hat{\xi}^n|_0^2 \Delta t + \frac{D_m}{2} \left\{ |\nabla_h \hat{\xi}^{n+1}|_0^2 - |\nabla_h \hat{\xi}^0|_0^2 \right\}$$

$$\leqslant M(Q^h) \left\{ \sum_{n=0}^{L-1} \left[|\hat{\xi}^n|_1^2 + |\underline{\rho}^{n+1} + \underline{\sigma}^{n+1}|_0^2 \right] \Delta t + h_c^2 + (\Delta t)^2 \right\}$$

$$\leqslant M(Q^h) \left\{ \sum_{n=0}^{L-1} \left[|\hat{\xi}^n|_1^2 + \|\underline{\rho}^{n+1} + \underline{\sigma}^{n+1}\|_0^2 \right] \Delta t + h_c^2 + (\Delta t)^2 + h_p^4 \right\}. \tag{6.3.44}$$

最后一项是由于关于 $\underline{\rho}^{n+1} + \underline{\sigma}^{n+1}$ 的 $L^2(\Omega)$ 模代替 $l^2(\Omega)$ 模, 当指数 $k > 1$ 时出现此项; 当 $k = 1$ 或 0 时没有此项. 在实践中总是取 $k = 1$ 的 Raviart-Thomas 空间的矩形或三角形混合元. 我们以后总是讨论此情况. 取定初始值 $\hat{C}^0 = I_1\hat{C}_0(x)$, 因此 $\left|\hat{\xi}^0\right|_0^2 = 0$, 利用不等式 $\left|\hat{\xi}^L\right|_0^2 \leqslant \varepsilon \sum\limits_{n=0}^{L-1} \left|d_t\hat{\xi}^n\right|_0^2 \Delta t + M \sum\limits_{n=1}^{L} \left|\hat{\xi}^n\right|_0^2 \Delta t$, 可得

$$\sum_{n=0}^{L-1}\left|d_t\hat{\xi}^n\right|_0^2 \Delta t + \left|\hat{\xi}^L\right|_1^2 \leqslant M(Q^h)\left\{\sum_{n=0}^{L-1}[|\hat{\xi}^n|_1^2 + \|\underline{\sigma}^{n+1}\|_0^2]\Delta t + h_p^4 + h_c^2 + (\Delta t)^2\right\}, \quad (6.3.45)$$

组合 (6.3.34) 和 (6.3.45) 能够得到

$$\sum_{n=0}^{L-1}\left[\left|d_t\hat{\xi}^n\right|_0^2 + \|d_t\pi^n\|_0^2\right]\Delta t + \left|\hat{\xi}^L\right|_1^2 + \|\underline{\sigma}^L\|_0^2$$

$$\leqslant M(Q^h)\left\{\sum_{n=0}^{L-1}\left[\left|\hat{\xi}^n\right|_1^2 + \|\underline{\sigma}^{n+1}\|_0^2\right]\Delta t + h_p^4 + h_c^2 + (\Delta t)^2\right\}, \quad (6.3.46)$$

再次引入归纳法假定:

$$\sup_{0\leqslant n\leqslant L-1}\left|\hat{\xi}^n\right|_\infty \leqslant M_1, \quad (6.3.47)$$

对于某一常数 M_1. 因此 Q^h 有界, 即存在常数 M, 使得 $M(Q^h(t^{L-1})) \leqslant M$, 应用 Gronwall 引理可得

$$\sum_{n=0}^{L-1}\left[\left|d_t\hat{\xi}^n\right|_0^2 + \|d_t\pi^n\|_0^2\right]\Delta t + \left|\hat{\xi}^L\right|_1^2 + \|\underline{\sigma}^L\|_0^2 \leqslant M^*\{h_p^4 + h_c^2 + (\Delta t)^2\}. \quad (6.3.48)$$

最后需要检验归纳法假定 (6.3.31) 和 (6.3.47). 当 $n = 0$ 时, 显然 $\underline{\sigma}^0 = 0$, 若 $0 \leqslant n \leqslant L-1$ 时有 $\sup\limits_{0\leqslant n\leqslant L-1}\|\underline{\sigma}^n\|_{0,\infty} \to 0$, 由 (6.3.48) 有

$$\|\underline{\sigma}^L\|_{0,\infty} \leqslant Mh_p^{-1}\{h_p^2 + h_c + \Delta t\} = M\{h_p + h_p^{-1}(h_c + \Delta t)\}, \quad (6.3.49)$$

若空间和时间剖分参数满足限定:

$$h_c = o(h_p), \quad \Delta t = o(h_p), \quad (6.3.50)$$

则有 $\|\underline{\sigma}^L\|_{0,\infty} \to 0$, 于是归纳假定 (6.3.31) 得证. 对于 (6.3.47) 注意到 $|\xi^0|_0 = 0$, 若 $0 \leqslant n \leqslant L-1$, $\sup\limits_{0\leqslant n\leqslant L-1}\left|\hat{\xi}^n\right|_\infty \leqslant M_1$, 由 (6.3.48) 和 Bramble 估计 [21] 有

$$\left|\hat{\xi}^L\right|_\infty \leqslant M(\log h_c^{-1})^{\frac{1}{2}}\{h_p^2 + h_c + \Delta t\}, \quad (6.3.51)$$

当剖分参数之间满足限定:

$$(\log h_c^{-1})^{\frac{1}{2}}\{h_p^2 + \Delta t\} \to 0, \tag{6.3.52}$$

则 $\left|\hat{\xi}^L\right|_\infty \leqslant M_1$ 成立, 于是归纳假定 (6.3.47) 得证. 在实用上总是取 $h_p = O(h_c^{\frac{1}{2}})$, $\Delta t \leqslant Mh_c$ 的限定, 则 M_1 能够取得任意小, 因此能够选定 M 使它不依赖于 M_1. 组合 (6.3.48) 和 (6.3.24) 可得压力和浓度的估计式

$$\begin{aligned} &\left\|\hat{c} - \hat{C}\right\|_{L_\infty(J;h^1(\Omega))} + \left\|d_t(\hat{c} - \hat{C})\right\|_{\bar{L}_2(J;l^2(\Omega))} + \|\underline{u} - \underline{U}\|_{L_\infty(J;L^2(\Omega))} \\ &+ \|d_t(p - P)\|_{\bar{L}_2(J;L^2(\Omega))} \leqslant M\{h_p^2 + h_c + \Delta t\}. \end{aligned} \tag{6.3.53}$$

其次讨论误差估计 $c_{(k)}^n - C_{(k)}^n (k = 1, 2, \cdots, \bar{N})$, 记 $Q_k^h(t^n) =$

$$\max\left\{ \sup_{\substack{x \in \Omega \\ 0 \leqslant t' \leqslant t^n}} |c_k(x, t')|, \sup_{\substack{x \in \Omega \\ 0 \leqslant l \leqslant n}} \left|C_{(k)}^l(x)\right| \right\}.$$

有 $Q_k^h(t^n) \leqslant \sup_{\substack{x \in \Omega \\ 0 \leqslant t' \leqslant t^n}} |c_k(x, t')| + \|\xi_{(k)}\|_{\bar{L}^\infty(n,\Omega)}$. 若 $\bar{Q}^h(t^n) = \max\{Q^h(t^n),$ $Q_k^h(t^n)(k = 1, 2, \cdots, \bar{N})\}$. 由 (6.3.7) 和 (6.3.18d) 能够得到下述关系:

$$\begin{aligned} &\phi_{(k)ij} \frac{\xi_{(k)ij}^{n+1} - (c_k^n(\bar{x}_{(k)ij}^n) - \bar{C}_{(k)ij}^n)}{\Delta t} - \nabla_h(E_c \nabla_h \xi_{(k)})_{ij}^{n+1} \\ &= \eta_{(k)ij}^{n+1} + (Q_{1k}(\hat{c}_{ij}^{n+1}, c_{(1)ij}^{n+1}, \cdots, c_{(\bar{N})ij}^{n+1}) - Q_{1k}(\hat{C}_{ij}^{n+1}, C_{(1)ij}^n, \cdots, C_{(\bar{N})ij}^n)) \\ &\quad + \left(d_{1(k)}\left(C_{(k)ij}^n\right) \frac{P_{ij}^{n+1} - P_{ij}^n}{\Delta t} - d_{1(k)}(c_{(k)ij}^{n+1}) \frac{\partial p_{ij}^{n+1}}{\partial t}\right), \end{aligned} \tag{6.3.54}$$

此处 $\bar{x}_{(k)ij}^n = x_{ij} - \underline{u}_{ij}^{n+1}\Delta t/\phi_{(k)ij}$, $\left|\eta_{(k)ij}^{n+1}\right| \leqslant M\{h_c + \Delta t\}$.

对 (6.3.54) 乘以 $\delta_t\xi_{(k)}^n = \xi_{(k)}^{n+1} - \xi_{(k)}^n = d_t\xi_{(k)}^n\Delta t$ 求和, 则由 (6.3.53) 能够得到

$$\sum_{n=0}^{L-1} |d_t\xi_{(k)}^n|_0^2 \Delta t + |\xi_{(k)}^L|_1^2 \leqslant 2M(\bar{Q}^h)\left\{\sum_{n=0}^{L-1}\sum_{k=0}^{\bar{N}} |\xi_{(k)}^n|_1^2 \Delta t + h_p^4 + h_c^2 + (\Delta t)^2\right\}. \tag{6.3.55}$$

对 k 求和可得

$$\sum_{n=0}^{L-1}\sum_{k=1}^{\bar{N}} \left|d_t\xi_{(k)}^n\right|_0^2 \Delta t + \sum_{k=1}^{\bar{N}} \left|\xi_{(k)}^L\right|_1^2 \leqslant M(\bar{Q}^h)\left\{\sum_{n=0}^{L-1}\sum_{k=1}^{\bar{N}} \left|\xi_{(k)}^n\right|_1^2 \Delta t + h_p^4 + h_c^2 + (\Delta t)^2\right\}. \tag{6.3.56}$$

再次提出归纳假定:

$$\max_{1 \leqslant k \leqslant \bar{N}} \sup_{0 \leqslant n \leqslant L-1} \left|\xi_{(k)}^n\right|_\infty \leqslant M_2, \tag{6.3.57}$$

对于某一常数 M_2. 因此存在常数 M, 使得 $M(\bar{Q}^h) \leqslant M$, 应用 Gronwall 引理可得

$$\sum_{n=0}^{L-1} \sum_{k=1}^{\bar{N}} \left| d_t \xi_{(k)}^n \right|_0^2 \Delta t + \sum_{k=1}^{\bar{N}} \left| \xi_{(k)}^L \right|_1^2 \leqslant M\{h_p^4 + h_c^2 + (\Delta t)^2\}. \tag{6.3.58}$$

最后讨论热传导方程, 注意到 $\omega^n = T^n - T_h^n$. 记 $Q_T^h(t^n) = \max\left\{ \sup_{\substack{x \in \Omega \\ 0 \leqslant t' \leqslant t^n}} |T(x,t')|, \right.$

$\left. \sup_{\substack{x \in \Omega \\ 0 \leqslant l \leqslant n}} |T_h^l(x)| \right\}$,

$$Q_p^h(t^n) = \max\left\{ \sup_{\substack{x \in \Omega \\ 0 \leqslant t' \leqslant t^n}} |p(x,t')|, \sup_{\substack{x \in \Omega \\ 0 \leqslant l \leqslant n}} |P^l(x)| \right\},$$

$$Q_{\underline{u}}^h(t^n) = \max\left\{ \sup_{\substack{x \in \Omega \\ 0 \leqslant t' \leqslant t^n}} |\underline{u}(x,t')|, \sup_{\substack{x \in \Omega \\ 0 \leqslant l \leqslant n}} \left|\underline{U}^l(x)\right| \right\},$$

$Q_*^h(t^n) = \max\{Q^h(t^n), Q_T^h(t^n), Q_p^h(t^n), Q_{\underline{u}}^h(t^n)\}$. 由 (6.3.8) 和 (6.3.18e) 可得下述关系:

$$d_2(P_{ij}^{n+1}) \frac{\omega_{ij}^{n+1} - (T^n(\bar{x}_{(T)ij}^n) - \bar{T}_{h,ij}^n)}{\Delta t} - \nabla_h(\tilde{E}_H \nabla_h \omega)_{ij}^{n+1}$$

$$= \eta_{(T)ij}^{n+1} + (d_2(p_{ij}^{n+1}) - d_2(P_{ij}^{n+1})) \frac{\partial T_{ij}^n}{\partial t}$$

$$+ \left(d_3(p_{ij}^{n+1}) \frac{\partial p_{ij}^{n+1}}{\partial t} - d_3(P_{ij}^{n+1}) \frac{P_{ij}^{n+1} - P_{ij}^n}{\Delta t} \right)$$

$$+ (Q_2(\underline{u}_{ij}^{n+1}, p_{ij}^{n+1}, \hat{c}_{ij}^{n+1}, T_{ij}^{n+1}) - Q_2(\underline{U}_{ij}^{n+1}, P_{ij}^{n+1}, \hat{C}_{ij}^{n+1}, T_{h,ij}^n)). \tag{6.3.59}$$

此处 $\bar{x}_{(T)ij} = x_{ij} - \underline{u}_T^{n+1} \Delta t / d_2(p^{n+1})$, $\left| \eta_{(T)ij}^{n+1} \right| \leqslant M\{h_c + \Delta t\}$. 对上式乘以 $\delta_t \omega^n = \omega^{n+1} - \omega^n = d_t \omega^n \Delta t$, 求和后, 再应用分部求和并对时间 t 求和 $0 \leqslant n \leqslant L-1$, 有

$$\sum_{n=0}^{L-1} \langle d_2(P^{n+1}) d_t \omega^n, d_t \omega^n \rangle \Delta t + \frac{K_m}{2\rho_0} \{ |\nabla_h \omega^L|_0^2 - |\nabla_h \omega^0|_0^2 \}$$

$$\leqslant \sum_{n=0}^{L-1} \left\langle d_2(P^{n+1}) \frac{\varpi^{n+1} - \omega^n}{\Delta t}, d_t \omega^n \right\rangle \Delta t$$

$$+ \varepsilon \sum_{n=0}^{L-1} |d_t \omega^n|_0^2 \Delta t + M(Q_*^h) \left\{ \sum_{n=0}^{L-1} |\omega^n|_1^2 \Delta t + h_c^2 + (\Delta t)^2 \right.$$

$$+ \sum_{n=0}^{L-1} \left[\|\underline{u}^{n+1} - \underline{U}^{n+1}\|_0^2 + \|p^{n+1} - P^{n+1}\|_0^2 \right.$$

$$+ \left\| d_3(p^{n+1}) \frac{\partial p^{n+1}}{\partial t} - d_3(P^{n+1}) \frac{P^{n+1} - P^n}{\Delta t} \right\|_0^2 \Delta t \right\}. \tag{6.3.60}$$

由 (6.3.53) 可得

$$\sum_{n=0}^{L-1} |d_t \omega^n|_0^2 \Delta t + |\omega^L|_1^2 \leqslant M(Q_*^h) \left\{ \sum_{n=0}^{L-1} |\omega^n|_1^2 \Delta t + h_p^4 + h_c^2 + (\Delta t)^2 \right\}. \tag{6.3.61}$$

引入归纳法假定.

$$\sup_{0 \leqslant n \leqslant L-1} |\omega^n|_\infty \leqslant M_3, \tag{6.3.62}$$

对某一常数 M_3, 因此存在常数 M, 使得 $M(Q_*^h) \leqslant M$, 从 Gronwall 引理可得

$$\sum_{n=0}^{L-1} |d_t \omega^n|_0^2 \Delta t + |\omega^L|_1^2 \leqslant M^{**}\{h_p^4 + h_c^2 + (\Delta t)^2\}. \tag{6.3.63}$$

归纳假定 (6.3.57)、(6.3.62) 的检验和 (6.3.47) 类似.

定理 6.3.1　若核污染问题 (6.3.1)~(6.3.4) 的解具有一定的光滑性, 采用格式 I 计算, 若指数 $k = 1$, 且剖分参数满足限定 (6.3.50) 和 (6.3.52), 则下述误差估计成立:

$$\|\hat{c} - \hat{C}\|_{\bar{L}_\infty(J;h^1(\Omega))} + \|d_t(\hat{c} - \hat{C})\|_{\bar{L}_2(J;l^2(\Omega))} + \|\underline{u} - \underline{U}\|_{\bar{L}_\infty(J;L^2(\Omega))}$$
$$+ \|d_t(p - P)\|_{\bar{L}_2(J;L^2(\Omega))} \leqslant M\{h_p^2 + h_c + \Delta t\}, \tag{6.3.64a}$$

$$\sum_{k=1}^{\bar{N}} \|c_k - C_{(k)}\|_{\bar{L}_\infty(J;h^1(\Omega))} + \sum_{k=1}^{\bar{N}} \|d_t(c_k - C_{(k)})\|_{\bar{L}_2(J;l^2(\Omega))}$$
$$\leqslant M\{h_p^2 + h_c + \Delta t\}, \tag{6.3.64b}$$

$$\|T - T_h\|_{\bar{L}_\infty(J;h^1(\Omega))} + \|d_t(T - T_h)\|_{\bar{L}_2(J;l^2(\Omega))} \leqslant M\{h_p^2 + h_c + \Delta t\}. \tag{6.3.64c}$$

6.3.4　格式 II 的误差估计

设 k 表示最大的下标使得 $t_{k-1} < t^L$, 如果 t^L 是压力时间层 $t^L = t_k$. 用混合元解压力方程可以建立下述估计:

$$\sum_{m=1}^{k} \|d_t \pi_{m-1}\|_0^2 \Delta t_p + \|\underline{\sigma}_k\|_0^2$$
$$\leqslant M(Q^h) \left\{ \sum_{m=1}^{k} \left[\|\underline{\sigma}_m\|_0^2 + \|\hat{\xi}_{m-1}\|_0^2 \right] \Delta t_p + h_p^4 + (\Delta t_p)^2 \right\}$$
$$+ \varepsilon \sum_{m=1}^{k-1} \|d_t \hat{\xi}_{m-1}\|_0^2 \Delta t_p. \tag{6.3.65}$$

用特征有限差分法解浓度方程可以建立下述估计:

$$\sum_{n=0}^{L-1} \left| d_t \hat{\xi}^n \right|_0^2 \Delta t_c + \left| \hat{\xi}^L \right|_1^2$$
$$\leqslant M(Q^h) \left\{ \sum_{n=0}^{L-1} \left| \hat{\xi}^n \right|_1^2 \Delta t_c + \sum_{m=1}^{k} \|\underline{\sigma}_m\|_0^2 \Delta t_p + h_p^4 + h_c^2 + (\Delta t_c)^2 \right\}. \quad (6.3.66)$$

组合 (6.3.65) 和 (6.3.66) 有

$$\sum_{m=1}^{k} \|d_t \pi_{m-1}\|^2 \Delta t_p + \|\underline{\sigma}_k\|^2 + \sum_{n=0}^{L-1} \left| d_t \hat{\xi}^n \right|_0^2 \Delta t + \left| \xi^L \right|_1^2$$
$$\leqslant M(Q^h) \left\{ \sum_{m=1}^{k} \|\underline{\sigma}_m\|_0^2 \Delta t_p + \sum_{n=0}^{L-1} |\hat{\xi}^n|_1^2 \Delta t_c + h_p^4 + h_c^2 + (\Delta t_p)^2 + (\Delta t_c)^2 \right\}. \quad (6.3.67)$$

应用归纳法理论和 Gronwall 引理, 经过繁杂的计算和分析可以建立压力、速度、浓度和温度的误差估计公式

$$\left\| \hat{c} - \hat{C} \right\|_{\bar{L}_\infty(J;h^1(\Omega))} + \left\| d_t(\hat{c} - \hat{C}) \right\|_{\bar{L}_2(J;l^2(\Omega))} + \|\underline{u} - \underline{U}\|_{\bar{L}_\infty(J;L^2(\Omega))}$$
$$+ \|d_t(p - P)\|_{\bar{L}_2(J;L^2(\Omega))} \leqslant M\{h_p^2 + h_c + \Delta t_p + \Delta t_c\}, \quad (6.3.68a)$$

$$\sum_{k=1}^{\bar{N}} \|c_i - C_i\|_{\bar{L}_\infty(J;h^1(\Omega))} + \sum_{k=1}^{\bar{N}} \|d_t(c_i - C_i)\|_{\bar{L}_2(J;L^2(\Omega))}$$
$$\leqslant M\{h_p^2 + h_c + \Delta t_p + \Delta t_c\}, \quad (6.3.68b)$$

$$\|T - T_h\|_{\bar{L}_\infty(J;h^1(\Omega))} + \|d_t(T - T_h)\|_{\bar{L}_2(J;L^2(\Omega))}$$
$$\leqslant M\{h_p^2 + h_c + \Delta t_p + \Delta t_c\}. \quad (6.3.68c)$$

参 考 文 献

[1] Ewing R E, Yuan Y, Li G. Finite element methods for the incompressible nuclear waste-disposal contamination in prous media. Numerical Analysis, 53~66, New York: Copubished in the United States with John Wiley & Sons, Inc., 1987.

[2] Ewing R E, Yuan Y, Li G. A time-discretization procedure for a mixed finite element approximation of contamination by incompressible nuclear waste in porous media. Mathematics for Large Scale Computing, 127~146, New York and Basel: Marcel Dekker, INC., 1988.

[3] Ewing R E, Yuan Y R, Li G. Time-stepping along characteristics for a mixed finite-element approximation for compressible flour of contamination from nuclear waste in porous media. SIAM J. Nermer. Anal., 1989, 6: 1513~1524.

[4] 袁益让. 可压缩核废料污染问题的数值模拟和分析. 应用数学学报, 1992, 1: 70~82.

[5] Reeves M, Cranwell R M. User's manual for the Sandia Waste-Isolation Flow and Transport Model (SWIFT) Release 4.81. Sandia Report Nureg/CR-2324,SAND 81-2516, GF, November, 1981.

[6] Aziz K, Settari A. Petroleum Reservoir Simulation. Applied Science Publishers, 1979.

[7] Bear J. Hyaraulics of Groundwater. McGraw-Hill,1979.

[8] Cooper H. The equation of ground-water flow in fixed and deforming coordinatcs. J. Geopys. Res., 1966, 71: 4783~4790.

[9] Reddell D L, Sunda D K. Numerical simulation of dispersion in groundwater aquifers. Hydrology paper, Number 41,Colorado State University, 1970.

[10] Raviart P A, Thomas J M. A mixed finite element method for 2nd order elliptic problems. Mathematical Aspects of the Finite Element Method, Lecture Notes in Math. 606, Springer-Verlag,Berlin and New York, 1977.

[11] Thomas J M. Suri 'Analyse Numerique des Me'thods d'Element Finis Hybrides et Mixtes. These, Universite' Pierre et Marie Paris, 1977.

[12] Ciarlet P G. The Finite Element Method for Elliptic Problems. Amsterdam: North-Holland, 1978.

[13] Wheeler M F. A priori L^2error estimates for Galerkin approximations to parabolic partial differential equations. SIAM J. Numer. Anal., 1973, 10: 723~759.

[14] Brezzi F. On the existence, uniqueness, and approximation of saddle-point problems arising from Lagrangian multipliers. RAIRO Anal. Numer., 1974, 2:129~151.

[15] Douglas Jr J, Roberts J E. Numerical method for a model for compressible miscible displacement in porous media. SIAM J. Numer. Anal., 1983, 41:441~459.

[16] Douglas Jr J, Ewing R E, Wheeler M F. The approximation of the pressure by a mixed method in the simulation of miscible displacement. RAIRO Anal. Numer., 1983, 17:17~33.

[17] Douglas Jr J, Ewing R E,Wheeler M F. A time-discretization procedure for a mixed finite element approximation of miscible displacement in porous media. RAIRO Anal. Numer., 1983, 17:249~265.

[18] Ewing R E, Russell T F, Wheeler M F. Convergence analysis of an approximation of miscible displacement in porous media by mixed finite elements and a modified method of characteristics. Computer Meth. Appl. Mech. Eng.,(R.E.Ewing, ed.)1984, 47:73~92.

[19] Russell T F. An incomplete iterated characteristic finite element method for a miscible displacement problem. Ph. D. thesis, University of Chicago, Chicago, IL., 1980.

[20] 袁益让. 多孔介质中可压缩可混溶驱动问题的特征–有限元方法. 计算数学, 1992, 4: 385~400.

[21] Bramble J H. A second order finite difference analog of the first biharmonic boundary value problem. Numer. Math., 1966, 4:236~249.

第7章　地层硫酸盐结垢数值模拟

在油田开发过程中, 随着注水采油的进行, 采油井含水不断上升, 特别在进入中、高含水期以后, 地面集输系统、油井及注水地层的结垢问题日趋严重, 造成管道和地层堵塞, 严重影响原油的开发 [1]. 导致结垢的主要原因是注入水和地层水的严重不相溶性以及采油过程中压力和温度的急骤变化.

长庆油田主要开采层系中生界侏罗系延 9、延 10 油层组, 地层水中普遍含有钡、锶、钙离子, 而且含量很高, 该区的注入水洛河水含较高的硫酸根离子. 长庆马岭油田南区的油井调查表明, 在调查的 112 口井中, 含钡离子井 59 口. 在南区所辖的试验区调查 62 口井, 含钡离子井 47 口. 一般 Ba^{2+} 含量都在数百 mg/L, 少数井达 1000~1700mg/L, 如南试验区 75 井为 1674mg/L, 南 11 井为 1612mg/L, 南一区的 10~15 井为 1014mg/L. 这些含钡离子井的地层水, 一般都不含硫酸根离子. 作为注入水的洛河层水, 含 SO_4^{2-} 为 1051mg/L. 另外, 不含 Ba^{2+} 的井, 一般都含较高的 SO_4^{2-}, 如南一区的 7~15 井含 SO_4^{2-} 高达 8019mg/L. 实际调查还表明, 马岭油田南区大部分计量站都存在结垢问题, 特别是南试验区, 七个站中五个站出现了硫酸钡结垢. 对垢样分析, 其中硫酸钡占 23.95%~77.7%. 在调查的 112 口井中, 结垢井 38 口 [2,3]. 地层抽样分析, 采油地层中有新垢生成, 地层产生沉淀堵塞, 对地层渗透能力造成损害.

不考虑可能引起的结垢问题就开始注水是相当常见的, 这种忽视潜在结垢问题的主要原因是缺少一个可以精确预测由注入和原油藏物质间的不相溶性所产生的结垢问题的计算模式. 许多文献 [4,5] 把油田主要结垢的形成描述成水的成分和热力学条件的一个函数, 然而, 这些函数都是在很强局限条件下获得的经验公式, 不能适用于评价大规模注水时所遇到的水的不相溶性问题, 不适用于注水时所预料到的各种共结垢问题进行全面精确的评价. 对油田结垢的计算机数值预测是有效防垢处理的先决条件, 只有准确合理地获得油田地层结垢的趋势, 才能提出开采的合理方法和完善的防垢处理方法.

针对长庆油田的实际情况着重研究了油田作业过程中的 $BaSO_4$、$SrSO_4$、$CaSO_4$ 垢沉积问题, 提出了在油藏不同条件下硫酸盐结垢的预测模型和高精度的计算机数值模拟方法, 研制了具有全面预测功能的软件系统, 实例预测结果同国外文献比较, 结果稳定、可靠, 对长庆油田实际水样进行了系统预测、结果合理, 同实验结果和实测结果相一致.

7.1　基本原理和数值计算方法

7.1.1　溶度积方程

溶淀物的溶度积 K_{sp} 是一个非常重要的量, 在预测结垢趋势问题中具有十分重要的意义 [6]. 由于从油井上部到油藏内部, 温度的变化非常大, 必须考虑 K_{sp} 随温度的变化规律. 在温度变化情况下, 组分 i 的质量摩尔比热 C_{pi} 由下述关系给出:

$$C_{pi} = A + BT + \frac{C}{T^2},$$

其中 A、B、C 为常数. 利用标准热力学积分公式推出组分 i 的自由焓 ΔG_i^o 为

$$\Delta H_o^i = \int_{c_{pi}} \mathrm{d}T = AT + \frac{1}{2}BT^2 - \frac{C}{T} + I_h,$$

$$\Delta G_i^o = -T \int \frac{\Delta H_o^i}{T}\mathrm{d}T = -AT\ln T - \frac{1}{2}BT - \frac{C}{2T} + I_h T + I_g,$$

进而

$$\ln K_{sp} = \frac{\Delta A \ln T}{R} + \frac{\Delta B \cdot T}{2R} + \frac{\Delta C}{2RT^2} - \frac{\Delta I_h}{RT} - \frac{\Delta T_g}{R}, \tag{7.1.1}$$

式中 T 为绝对温度, R 为一固定常数, 系数 ΔA、ΔB、ΔC、ΔT_h、ΔT_g 需要以待定的方式, 从已知的数据求得.

压力对于 K_{sp} 的影响是非常小的, 但是, 由于油井上部到油层之间的压力变化足有上百个大气压, 因此, 在计算 K_{sp} 时, 压力的影响成为不可忽视的因素. 根据热力学规律可得到关系

$$\ln \frac{K(P)}{K(I)} = -\frac{\Delta V^0 P}{RT} + \frac{\Delta K^0 P^2}{2RT}, \tag{7.1.2}$$

式中 $K(P)$ 为在 $P\mathrm{bar}(1\mathrm{bar}=10^5\mathrm{Pa})$ 压力下的 K_{sp} 值; $K(I)$ 为 I bar 压力下的 K_{sp} 值; ΔK^0、ΔV^0 可以从离子的溶解热力学以及固体的密度求得. 在整个采油过程中压力、温度都要发生变化, 且温度的影响较大.

7.1.2　Pitzer 方程

Pitzer 方程 [7] 是关于离子相互作用的有效处理方法, 它的起源可追回到著名的 Debye-Huckel 方程, 它既考虑到溶液离子强度的影响, 又考虑了单个离子的摩尔量的影响, 从而特殊离子对于电解质性质的影响得到充分体现, 它已被成功地用于计算不同情况下电解质的性质. Pitzer 方程包括过剩自由 Gibbs 能方程, 渗透系数

方程和平均活度系数方程. 用 γ_{MX} 表示混合溶液中电解质 MX 的平均活度系数, 由下式给出:

$$
\ln \gamma_{MX} = |Z_M Z_X| f + \frac{2 \upsilon_M}{\upsilon} \sum_a m_a \left(B_{Ma} + \mu C_{Ma} + \frac{\upsilon_X}{\upsilon_M} \theta_{Xa} \right)
$$

$$
+ \frac{2 \upsilon_X}{\upsilon} \sum_a \left(B_{cx} + \mu C_{cx} + \frac{\upsilon_M}{\upsilon_X} \theta_{MC} \right)
$$

$$
+ \sum_{c,a} m_c m_a \left[|Z_M Z_X| B'_{ca} + \frac{1}{\upsilon} (2 \upsilon_M Z_M C_{ca} + \upsilon_M \psi_{Mca} + \upsilon_X \psi_{caX}) \right]
$$

$$
+ \frac{1}{2} \sum_{c,c'} m_c m_{c'} + \left[\frac{\upsilon_X}{\upsilon} \psi_{cc'x} + |Z_M Z_X| \theta'_{cc'} \right]
$$

$$
+ \frac{1}{2} \sum_{a,a'} m_a m_{a'} \left(\frac{\upsilon_M}{\upsilon} \psi_{Maa'} + |Z_M Z_X| \theta'_{aa'} \right), \tag{7.1.3}
$$

其中 m_i 为离子 i 摩尔浓度, a、a′ 表示溶液中的阴离子, c、c' 表示溶液中的阳离子, Z_M、Z_X 表示离子价, υ_M、υ_X 为一个分子中阳、阴离子的个数, $\upsilon = \upsilon_M + \upsilon_X$、$\mu = \sum m_c z_c = \sum m_a |Z_a|$. 方程右端由两部分组成, 第一部分为修正的 Debye-Huckel 项表示距静电力, 其中

$$
f = -A_\varphi \left[\frac{I^{1/2}}{1 + 1.2 I^{1/2}} + \frac{2}{1.2} \ln(1 + 1.2 I^{1/2}) \right]. \tag{7.1.4}
$$

这里 A_φ 为 Debye-Huckel 系数, I 为离子程度. 其他项表示离子间的短距相互作用和溶剂结构的影响, 其中

$$
B_{ij} = \beta_{ij}^{(0)} + \frac{\beta_{ij}^{(1)}}{\alpha_1^2 I} [1 - (1 + \alpha_1 I^{1/2}) \exp(-\alpha_1 I^{1/2})]
$$

$$
+ \frac{\beta_{ij}^{(2)}}{\alpha_1^2 I} [1 - (1 + \alpha_2 I^{1/2}) \exp(-\alpha_2 I^{1/2})], \tag{7.1.5}
$$

$$
B'_{ij} = \frac{\partial B_{ij}}{\partial I}. \tag{7.1.6}
$$

在预测问题中, 混合液往往含有 Ba^{2+}、Ca^{2+}、Sr^{2+}、SO_4^{2-}、Na^+、Cl^-、Mg^{2+} 等离子, 而方程 (7.1.3) 右端许多系数关于组分、温度和压力的关系是未知的, 甚至在具体温度和压力下系数的值也是很难测出的. 这就需要采用优化的方法确定 $BaSO_4$、$CaSO_4$、$SrSO_4$ 的平均活度系数值.

7.1.3 溶解度关系方程

在混合溶液中, 当阳离子 M^{2+} 和阴离子 X^{2-} 形成沉淀物 MX 时,

$$
M^{2+} + X^{2-} + n H_2O = MX \cdot n H_2O,
$$

热力学溶度积 $K_{sp,\mathrm{MX}}$ 可表示为

$$K_{sp,\mathrm{MX}} = m_\mathrm{M} m_\mathrm{X} \gamma_\mathrm{M} \gamma_\mathrm{X} \gamma_{\mathrm{H_2O}}^n = Q_{sp,\mathrm{MX}}^2 \gamma_\mathrm{MX}^2 \gamma_{\mathrm{H_2O}}^n, \tag{7.1.7}$$

其中 γ_M、γ_X 为 M 和 X 的活度系数, $\gamma_{\mathrm{H_2O}}$ 为水的活度系数, $Q_{sp,\mathrm{MX}}$ 为计算化学溶解度的平方根.

由此推得

$$-\ln Q_{sp,\mathrm{MX}} = -\frac{1}{2} \ln K_{sp,\mathrm{MX}} + \ln \gamma_\mathrm{MX} + \frac{n}{2} \ln \gamma_{\mathrm{H_2O}}, \tag{7.1.8}$$

对于许多溶液 $(\mathrm{Ba,Sr,Ca})\mathrm{SO_4}$—$\mathrm{H_2O}$,$(\mathrm{Ba,Sr,Ca})\mathrm{SO_4}$—$\mathrm{NaCl}$—$\mathrm{H_2O}$, $(\mathrm{Ba,Sr,Ca})\mathrm{SO_4}$—$\mathrm{MgCl_2}$—$\mathrm{H_2O}$, 大量一定温度压力下 $\mathrm{BaSO_4}$、$\mathrm{SrSO_4}$、$\mathrm{CaSO_4}$ 的溶解度数据已被测出, 由此获得一定温度、压力下的 Q_{sp}, 利用 (7.1.1), (7.1.2), (7.1.3) 优化迭代, 可获得 $\gamma_\mathrm{MX}, Q_{sp,\mathrm{MX}}, K_{sp,\mathrm{MX}}$ 与组分、离子强度、温度和压力的关系.

7.1.4　预测模型

为描述某一物质 MX 从溶液中的沉淀, 有两个概念非常重要, 一个是过饱和度 (SP), 另一个是沉淀量 (PP). 物质 MX 的过饱和度 $\mathrm{SP_{MX}}$ 反映了其在溶液中的稳定程度, 其定义为

$$\mathrm{SP_{MX}} = \frac{(m_\mathrm{M} m_\mathrm{X})^{0.5}}{Q_{sp,\mathrm{MX}}}. \tag{7.1.9}$$

若 $\mathrm{SP_{MX}} > 1$, 则含有 MX 的溶液是过饱和的, 将发生沉淀; 相反, 若 $\mathrm{SP_{MX}} < 1$, 则 MX 在溶液中是稳定的, 其中若有固态 MX, 将趋向溶解, 若 $\mathrm{SP_{MX}} = 1$, 则离子在溶液中是处于平衡状态.

物质 MX 的沉淀量 $\mathrm{PP_{MX}}$ 是指从最初的过饱和溶液到平衡建立起来的所最终形成的固体 MX 的量, $\mathrm{PP_{MX}} = m_{\mathrm{x}i} - m_{\mathrm{x}e} = m_{\mathrm{M}i} - m_{\mathrm{M}e}$, 其中下标 i, e 分别表示该量是最初或平衡时的浓度.

混合液中若 $\mathrm{SP_{BaSO_4}}$、$\mathrm{SP_{SrSO_4}}$、$\mathrm{SP_{CaSO_4}}$ 都大于 1, 即过饱和的, 则会同时发生沉淀, 直到三种盐都建立起溶解、沉淀平衡, 即

$$\underset{m_1-\Delta m_1}{\mathrm{Ba}^{2+}} + \underset{x-\Delta m}{\mathrm{SO_4^{2-}}} = \underset{\Delta m_1}{\mathrm{BaSO_4}},$$

$$\underset{m_2-\Delta m_2}{\mathrm{Sr}^{2+}} + \underset{x-\Delta m}{\mathrm{SO_4^{2-}}} = \underset{\Delta m_2}{\mathrm{SrSO_4}},$$

$$\underset{m_3-\Delta m_3}{\mathrm{Ca}^{2+}} + \underset{x-\Delta m}{\mathrm{SO_4^{2-}}} = \underset{\Delta m_3}{\mathrm{CaSO_4}},$$

其中 m_1、m_2、m_3 为 Ba^{2+}、Sr^{2+}、Ca^{2+} 的最初浓度, x 为 $\mathrm{SO_4^{2-}}$ 的最初浓度, Δm_1、Δm_2、Δm_3 分别为 $\mathrm{BaSO_4}$、$\mathrm{SrSO_4}$、$\mathrm{CaSO_4}$ 的沉淀量, $\Delta m = \Delta m_1 + \Delta m_2 + \Delta m_3$. 有平衡方程

$$Q_{\mathrm{SP,BaSO_4}} = \{(m_1 - \Delta m_1)\left[X - (\Delta m_1 + \Delta m_2 + \Delta m_3)\right]\}^{1/2}, \tag{7.1.10}$$

$$Q_{\mathrm{SP,SrSO_4}} = \{(m_2 - \Delta m_2)\,[X - (\Delta m_1 + \Delta m_2 + \Delta m_3)]\}^{1/2}, \tag{7.1.11}$$

$$Q_{\mathrm{SP,CaSO_4}} = \{(m_3 - \Delta m_3)\,[X - (\Delta m_1 + \Delta m_2 + \Delta m_3)]\}^{1/2}. \tag{7.1.12}$$

7.1.5 共沉淀数值计算方法

平衡方程 (7.1.10)、(7.1.11)、(7.1.12) 为非线性方程组, 采用牛顿迭代法来求解. (7.1.10)、(7.1.11)、(7.1.12) 写成如下形式:

$$F(x) = [f_1(x_1, x_2, x_3), f_2(x_1, x_2, x_3), f_3(x_1, x_2, x_3)] = 0, \tag{7.1.13}$$

式中 x_1、x_2、x_3 代表 $\mathrm{BaSO_4}$、$\mathrm{SrSO_4}$、$\mathrm{CaSO_4}$ 的沉淀量 (摩尔浓度)

$$f_i = Q - \{(M_i - x_i)[X - (x_1 + x_2 + x_3)]\}^{1/2}. \tag{7.1.14}$$

迭代格式 I 取 X_0 为初始近似, 记

$$\mathrm{DF}(x) = \left[\begin{array}{ccc} \dfrac{\partial f_1}{\partial x_1} & \dfrac{\partial f_1}{\partial x_2} & \dfrac{\partial f_1}{\partial x_3} \\[2mm] \dfrac{\partial f_2}{\partial x_1} & \dfrac{\partial f_2}{\partial x_2} & \dfrac{\partial f_2}{\partial x_3} \\[2mm] \dfrac{\partial f_3}{\partial x_1} & \dfrac{\partial f_3}{\partial x_2} & \dfrac{\partial f_3}{\partial x_3} \end{array}\right]$$

对 $k = 1, 2, \cdots$, 做

1° 求 $Y_k \in \mathbf{R}^3$, 使 $\mathrm{DF}(X_k)Y_k = F(X_0)$

2° $X_{k+1} = X_k - \omega_k Y_k$

3° 若 $\dfrac{\|X_{k+1} - X_k\|}{\|X_k\|} \leqslant \varepsilon$, 则结束, 否则执行 1°

其中 ω_k 为松弛因子, ε 为精确度.

迭代格式 II 取初始近似 $X_0 \in \mathbf{R}^3$, 记

$$Ak = \frac{1}{h}\,[F(x_k + \mathrm{he}_1) - F(x_k), F(x_k + \mathrm{he}_2) - F(x_k), F(x_k + \mathrm{he}_3) - F(x_k)],$$

对 $k = 1, 2, \cdots$, 做

1° 求 $y_k \in \mathbf{R}^3$, 使

$$A_k y_k = F(x_k),$$

2° 计算, $x_{k+1} = x_k - \omega_k y_k$,

3° 若 $\dfrac{\|x_{k+1} - x_k\|}{\|x_k\|} \leqslant \varepsilon$, 则结束,

其中 $h > 0$, 为小步长, ω_k, ε 的意义同前.

　　不论选取的迭代法 I 还是迭代法 II, 都要求我们选取非常接近精确解的初始近似, 否则, 迭代不收敛. 我们的做法是, 假设 $BaSO_4$, $SrSO_4$, $CaSO_4$ 同时有一沉淀量 Δx_1, Δx_2, Δx_3, 之后再计算三种物质的过饱和度, 若某物质的过饱和度不在 1 的某个邻域取值, 再取新的一组 Δx_1, Δx_2, Δx_3, 继续进行计算, 直到三种物质的过饱和度都接近 1 为止. 这里, Δx_1, Δx_2, Δx_3 的选取是问题的关键, 令其与每一物质的过饱和度和离子浓度有关, 且每一步都取不同的值.

　　在实际过程中, 混合液含有许多离子成分, 许多沉淀物同时析出, 不仅平衡方程为非线性方程值, 而在沉淀的过程中, $Q_{sp,MX}$ 又随温度、压力和组分发生变化, 平衡方程实际为变化着的方程组, 这就给共沉淀量的计算带来极大困难. 采用高精度的初值、非线性方程迭代求解和整个过程共沉淀优化处理的模拟方法 (计算流程图见图 7.1.1), 研制了具有全面预测功能的预测软件 (系统模块结构示意图见图 7.1.2).

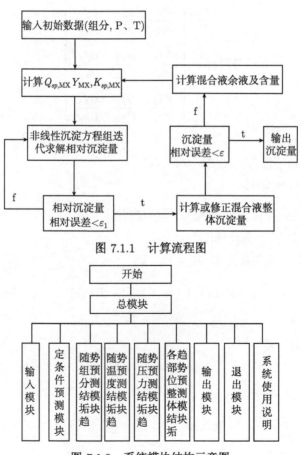

图 7.1.1　计算流程图

图 7.1.2　系统模块结构示意图

7.1.6 软件系统 (SDCQPC) 的功能与特点

SDCQPC 系统可对注入水和地层水混合引起的硫酸盐结垢趋势进行预测. 同时考虑水组分 Ba^{2+}, Sr^{2+}, Ca^{2+}, Mg^{2+}, Na^+, Fe^{2+}, Cl^-, HCO_3^-, CO_3^{2-} 等离子共存, 温度、压力、混合组分变化的影响, 对 $BaSO_4$, $SrSO_4$, $CaSO_4$ 同时沉淀进行预测.

(1) 软件可在一般微机上使用. 具有广泛的使用性.

(2) 具有人机对话、多功能菜单系统、汉字功能. 具有使用的简单性.

(3) 具有汉字说明的表格和优美图形的输入和输出功能. 具有通俗的直观性.

(4) 预测部分是该系统的核心, 具有全面的预测功能. 对定组分水样和一定热力学条件进行预测, 随注入水和地层水混合比例变化结垢趋势预测, 随温度变化结垢趋势预测, 随压力变化结垢趋势预测, 具体油田油藏各部位整体结垢趋势预测.

特点:

(1) 同时考虑各种因素变化的影响, 使结垢预测更合理, 可适用于任何类型的硫酸盐结垢预测.

(2) 设计中始终体现共沉淀思想, 优化处理. 使预测结果更真实可靠.

(3) 高精度结垢初始解的计算方法, 使其沉淀准确合理地获得.

(4) 可容易增加其他类型垢的预测模块, 增加整个系统的功能?

(5) 本系统内装有软件使用说明, 简单阅读即可使用本系统.

7.1.7 SDCQPC 系统使用说明

SDCQPC 系统是具有多功能菜单系统、汉字功能的人机对话系统, 可在一般微机上使用. 使用者只要按屏幕提示要求, 进行简单操作就可得到所需要的预测结果.

在微机使用, 需要具有 CCDOS 系统, 浪潮记忆联想汉字系统, Graphics 系统和预测软件系统 SDCQPC 系统及一部打印机.

第一步, 启动微机 CCDOS 系统, 浪潮记忆联想汉字系统和 Graphics 系统.

第二步, 启动 SDCQPS 系统, 微机屏幕上出现总菜单系统, 供您根据需要选择功能.

选择 1, 请您考虑是否输入新的水样数据.

选择 2, 对定水组分和热力条件进行定量、定性预测, 首先请您选择是否输入新的组分和热力学条件, 然后进行预测.

选择 3, 随混合比变化进行预测.

选择 4, 随温度变化进行预测.

选择 5, 随压力变化进行预测.

选择 6, 油田各部位整体结垢预测. 当您确定是否修改油田各部位条件, 然后进行整体综合预测.

选择 7, 进入输出功能子菜单.

根据您的要求输出, 当您接通打印机, 可把结果在打印机上打印出来.

选择 8, 退出整个系统.

7.2　测 试 分 析

应用 SDCQPC 软件系统, 我们对大量试验数据进行了预测, 测试系统各项功能, 测试预测结果, 都得到十分可靠的结果. 以国际最新文献为准, 采用 Vetter 等 [1] (J.P.T, 1989 或 SPE7794), Yuan[8] 等 (SPE 18482, 1989) 和 Atlinson 等 [9](SPE 21021, 1991) 的计算水样成分和热力学条件为准, 计算结果和比较如表 7.2.4∼ 表 7.2.7 所示.

为了说明 SDCQPC 系统的计算容量和工作能力, 下面介绍一个实际样品的计算结果. 表 7.2.1、表 7.2.2 给出了四种水各自所含的离子成分. 两种水源和两种地层水是极不相容的, 两种水源中的任何一种注入到其中任一储集层中都会出现严重的结垢现象.

表 7.2.1　模式计算中所用的水的成分　　　　　　(单位: mg/L)

水的成分 ＼ 水的名称	地层水 RW.1	注入水 SW.1
Na^+	98512	72076
Mg^{2+}	511	464
Ca^{2+}	21663	1805
Sr^{2+}	1106	0.5
Ba^{2+}	495	0.7
Cl^-	192190	113483
SO_4^{2-}	1.5	2348
HCO_3^-	363	726
CO_3^{2-}	0	0
K^+	524	0.5
Fe^{2+}	485	0.5

表 7.2.2　模式计算中所用的水的成分　　　　　　(单位: mg/L)

水的成分 ＼ 水的名称	地层水 RW.2	注入水 SW.2
Na^+	98512	772
Mg^{2+}	511	188

续表

水的成分 \ 水的名称	地层水 RW.2	注入水 SW.2
Ca^{2+}	2166	289
Sr^{2+}	1106	0.5
Ba^{2+}	495	0.7
Cl^-	159276	1490
SO_4^{2-}	1.5	915
HCO_3^-	3.63	145.2
CO_3^{2-}	0	0
K^+	524	0.5
Fe^{2+}	485	0.5

图 7.2.1~ 图 7.2.3 为注入水 SW.1 注入地层水 RW.1 中, 沉淀随混合比、温度和压力变化趋势预测. 图 7.2.4~ 图 7.2.6 为注入水 SW.2 注入地层水 RW.2 中, 沉淀随混合比、温度和压力变化趋势预测.

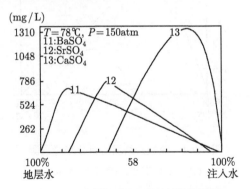

图 7.2.1 硫酸盐结垢随组分趋势预测

(RW.1 地层水, SW.1 注入水)

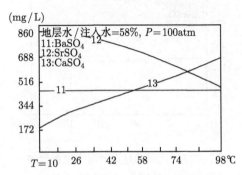

图 7.2.2 硫酸盐结垢随温度趋势预测

(RW.1 地层水, SW.1 注入水)

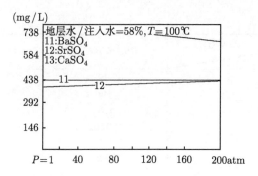

图 7.2.3　硫酸盐结垢随压力趋势预测

(RW.1 地层水, SW.1 注入水)

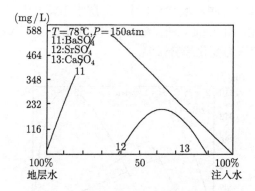

图 7.2.4　硫酸盐结垢随组分趋势预测

(RW.2 地层水, SW.2 注入水)

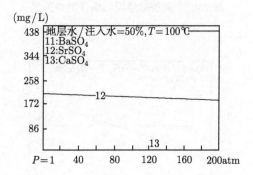

图 7.2.5　硫酸盐结垢随压力趋势预测

(RW.2 地层水, SW.2 注入水)

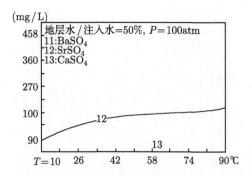

图 7.2.6 硫酸盐结垢随温度趋势预测
(RW.2 地层水, SW.2 注入水)

表 7.2.3 列出油田各部位相应的压力和温度.

表 7.2.3 油田各部位压力及温度条件

油藏静压/atm	200	储层温度/℃	100
井底流压/atm	160	井底温度/℃	100
井口流压/atm	10	井口温度/℃	70
地面设备压力/atm	1	地面设备温度/℃	25

图 7.2.7~ 图 7.2.10 为注入水 SW.1 和地层水 RW.1 和表 7.2.3 所给的条件进行各部位整体预测结果.

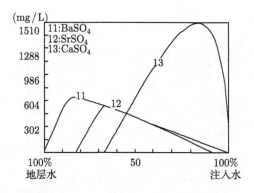

图 7.2.7 油藏硫酸盐结垢趋势预测
(RW.1 地层水, SW.1 注入水)

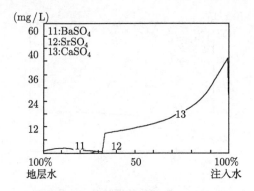

图 7.2.8　表皮硫酸盐结垢趋势预测

(RW.1 地层水, SW.1 注入水)

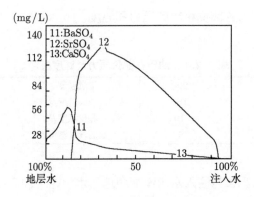

图 7.2.9　井口硫酸盐结垢趋势预测

(RW.1 地层水, SW.1 注入水)

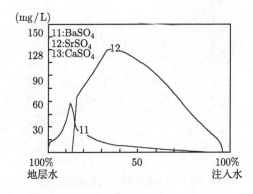

图 7.2.10　地面硫酸盐结垢趋势预测

(RW.1 地层水, SW.1 注入水)

图 7.2.11~ 图 7.2.14 为注入水 SW.2 和地层水 RW.2 和表 7.2.3 所给的条件进行各部位整体预测结果.

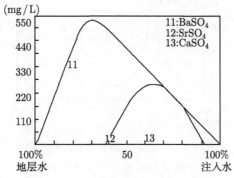

图 7.2.11 油藏硫酸盐结垢趋势预测

(RW.2 地层水, SW.2 注入水)

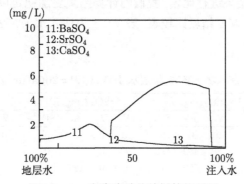

图 7.2.12 表皮硫酸盐结垢趋势预测

(RW.2 地层水, SW.2 注入水)

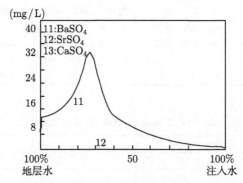

图 7.2.13 井中硫酸盐结垢趋势预测

(RW.2 地层水, SW.2 注入水)

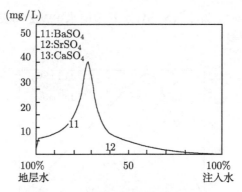

图 7.2.14　地面硫酸盐结垢趋势预测

(RW.2 地层水, SW.2 注入水)

利用 SDCQPC 系统对表 7.2.1、表 7.2.2 的数据进行计算预测, 同 Yuan、Vetter 和 Atkinson 的计算结果进行比较, 我们的计算结果更加稳定可靠. 表 7.2.4 为注入水 SW.1 和地层水 RW.1 结垢比较表, 表 7.2.5 为注入水 SW.2 和地层水 RW.1 的计算结果比较表.

表 7.2.4　注入水 SW.1 地层水 RW.1, $P=200\mathrm{atm}$, $T=100^\circ\mathrm{C}$

(注入水/地层水)/%	$BaSO_4$/(mg/L)				$SrSO_4$/(mg/L)				$CaSO_4$/(mg/L)			
	V.	Y.	A.	SD.	V.	Y.	A.	SD.	V.	Y.	A.	SD.
0	0	0	0	0	0	0	0	0	0	0	0	0
10		480	450	483	0	0	0	0	0	0		0
20	620	620	582	619	0	0	127	95	140	30	0	0
30				556	0	0		449				0
40	500	480	410	482	0	0	556	486	880	410	0	261
50			345	403	0	0	567	405				633
60	390	340	276	323	0	0	418	318	1500	1200	255	981
70			200	243	0	0	274	226				1282
80	160	170	139	162	0	0	143	129	1940	1425	455	1482
90			69	81	0	0	19	23	1960	1400	73	1412
100	0	0	0	0	0	0	0	0	1040	10	0	355

表 7.2.5　注入水 SW.2 地层水 RW.1, $P=200\mathrm{atm}$, $T=100^\circ\mathrm{C}$

(注入水/地层水)/%	$BaSO_4$/(mg/L)				$SrSO_4$/(mg/L)				$CaSO_4$/(mg/L)			
	V.	Y.	A.	SD.	V.	Y.	A.	SD.	V.	Y.	A.	SD.
0	0	0	0	0	0	0	0	0	0	0	0	0
10		175	198	188	0	0	0	0	0	0		0
20		360	384	390	0	0	0	0	0	0	0	0
30	525	505	449	509	0	0	0	0	0	0	0	0

续表

(注入水/地层水)/%	BaSO₄/(mg/L)				SrSO₄/(mg/L)				CaSO₄/(mg/L)			
	V.	Y.	A.	SD.	V.	Y.	A.	SD.	V.	Y.	A.	SD.
40	475	480	405	479	0	0	0	0	5	0	0	0
50	420	410	343	406	20	0	0	100	70	0	0	0
60	335	340	275	327	22	0	8	179	150	0	0	0
70	255	260	208	247	7	70	38	185	245	0	0	0
80	170	170	139	165	0	100	58	120	340	5	0	0
90	70	70	70	82	0	60	52	0.94	440	0	0	0
100	0	0	0	0	0	0	0	0	160	0	0	0

注: V.=Vetter[3],Y.=Yuan[8],A.=Atkinson[9],SD.=SDCQPC 系统

我们用 SDCQPC 系统对文献 [8,10] 的水样和热力学条件进行了计算预测, 所得结果同 Jacques[10] 和 Yuan[8] 进行了比较.

表 7.2.6　计算水样成分 ($T=230°$F, $P=2500$psig)

水的成分 ＼ 水的名称	A 水/(mg/L)	B 水/(mg/L)	C 水/(mg/L)
Sr^{2+}	560	565	550
Na^+	43817	39292	44275
Ca^{2+}	7930	6977	6967
Mg^{2+}	1422	1270	1215
Cl^-	85555	76148	83957
SO_4^{2-}	210	540	100
HCO_3^-	232	311	360

表 7.2.7　SrSO₄ 垢计算结果比较

水的名称 ＼ 预测方法	J.	Y.	FO.	SD.		
	定性结论	过饱和度	定性结论	定性结论	过饱和度	沉淀量/(mg/L)
A 水	borderline	1.04	borderline	微沉淀	1.05	32
B 水	scale	1.70	scale	沉淀	1.73	467
C 水	noscale	0.72	noscale	不沉淀	0.74	0. 0

注: J.=Jacques[10],Y.=Yuan[8],FO.=Field obseruation[8],SD.=SDCQPC 系统

7.3　长庆油田油井结垢趋势预测结果

长庆马岭油田南区主要开采层系中生界侏罗系延 9、延 10 油层组, 地层水中普遍含有钡离子, 而且含量很高, 作为该区注入水的洛河水含较高的硫酸根. 从 1979 年 9 月以来, 在该区的 108,107,103,203 等计量站陆续发现硫酸钡结垢, 后来又发现

一些油井结垢. 地层水与注入水的不相容性, 导致产生硫酸钡结垢. 使用 SDCQPC 系统对长庆马岭油田南 75 井地层水, 南 92 地层水和洛河注入水进行系统预测, 结果如图 7.3.1~ 图 7.3.12 所示. 预测结果同实验结果和实测结果相一致 (参见文献 [2]、[3]).

表 **7.3.1**　**模式计算中所用的水的成分**　　　　　(单位: mg/L)

水的成分 ＼ 水的名称	地层南 75	地层水区南 92	注入水洛河水
Na^+	32866	34575	758
Mg^{2+}	444	665	31
Ca^{2+}	6265	5092	67
Sr^{2+}	0	0	0
Ba^{2+}	1674	488	0
Cl^-	64549	64371	445
SO_4^{2-}	0	0	1051
HCO_3^-	195	203	259
CO_3^{2-}	0	0	0
K^+	0	0	0
Fe^{2+}	0	0	0

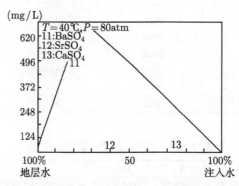

图 7.3.1　硫酸盐结垢随组分趋势预测 (南 92 地层水, 洛河注入水)

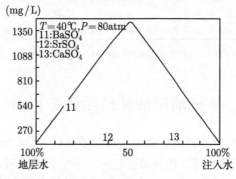

图 7.3.2　硫酸盐结垢随组分趋势预测 (南 75 地层水, 洛河注入水)

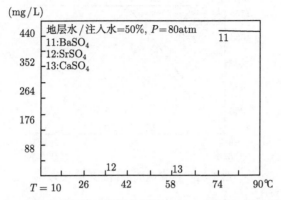

图 7.3.3 硫酸盐结垢随温度趋势预测 (南 92 地层水, 洛河注入水)

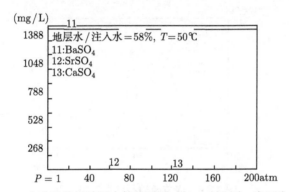

图 7.3.4 硫酸盐结垢随压力趋势预测 (南 75 地层水, 洛河注入水)

表 7.3.2 硫酸盐结垢预测

注入水名	地层水名	(注入水/地层水)/%	温度/℃	压力/atm
洛河	南 75	50	50	90
	$BaSO_4$	$SrSO_4$	$CaSO_4$	
沉淀量 (mg/L)	1265.98	0	0	
过饱和度 (SP=)	32.14	0	0.46	
定性结论	沉淀	不沉淀	不沉淀	
注入水名	地层水名	注入水/地层水/%	温度/℃	压力/atm
洛河	南 92	50	40	90
	$BaSO_4$	$SrSO_4$	$CaSO_4$	
沉淀量 (mg/L)	413.13	0	0	
过饱和度 (SP=)	20.67	0	0.38	
定性结论	沉淀	不沉淀	不沉淀	

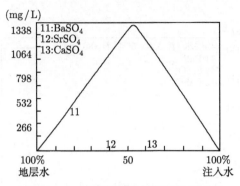

图 7.3.5　油藏硫酸盐结垢趋势预测

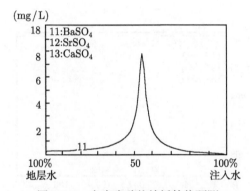

图 7.3.6　表皮硫酸盐结垢趋势预测

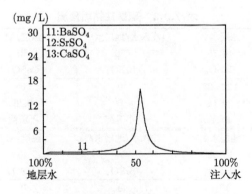

图 7.3.7　井中硫酸盐结垢趋势预测

(南 75 地层水, 洛河注入水)

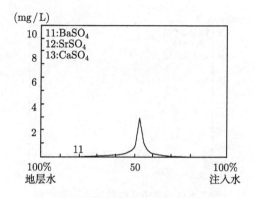

图 7.3.8 地面硫酸盐结垢趋势预测

(南 75 地层水, 洛河注入水)

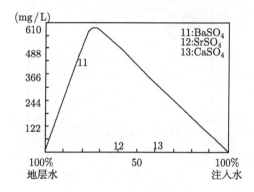

图 7.3.9 油藏硫酸盐结垢趋势预测

(南 92 地层水, 洛河注入水)

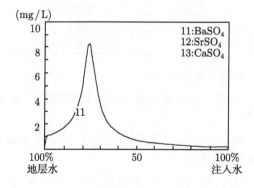

图 7.3.10 表皮硫酸盐结垢趋势预测

(南 92 地层水, 洛河注入水)

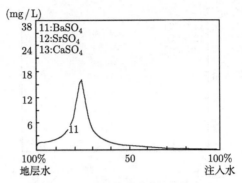

图 7.3.11　井中硫酸盐结垢趋势预测

(南 92 地层水, 洛河注入水)

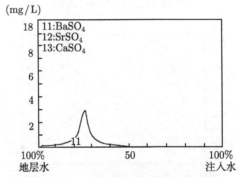

图 7.3.12　地面硫酸盐结垢趋势预测

(南 92 地层水, 洛河注入水)

表 7.3.3　油田各部位压力及温度条件

油藏静压/atm	140	储层温度/℃	60
井底流压/atm	50	井底温度/℃	50
井口流压/atm	10	井口温度/℃	25
地面设备压力/atm	1	地面设备温度/℃	20

油井结垢趋势预测结果指明 [11,12]:

(1) 高含钡、锶、钙离子地层水与含 SO_4^{2-} 较高的注入水具有不相容性, 二者混合将生成硫酸盐沉淀.

(2) 油藏各部位都将发生沉淀, 地层内沉淀趋势最大. 沉淀析出停留在何位置, 还要受到结晶和液体流动的影响.

(3) 多种离子共存时, 共沉淀发生. 沉淀趋势受压力、温度、离子强度以及离子成分含量的影响.

(4) 数值预测模拟适合于评价大规模注水时的共沉淀问题, 有利于提出完善合理的防垢处理方案.

参 考 文 献

[1] Vetter O J, Kandarpa V, Harowska A.Prediction of scale problems due to injection of incompatible water. J. Pet. Tech., 1982, Feb. 273~284.

[2] 严衡文, 吕耀明, 徐安新. 长庆低渗透注水油田 —— 注水地层结垢机理研究. 石油学报, 1986, (2).

[3] 巨全义. 油田地层水中硫酸钡结垢的化学防治. 油田化学, 1987,4(1):9~15.

[4] Vetter O J. How barium sulfate is formed:an interpretation. J. Pet. Tech., 1975, Dec., 1515~1524.

[5] Cowan J C, Weintritt D J. Water-formen Scale Deposits. Gulf Publishing Conpany, Houstion, Texas, 1976.

[6] Raju K, Atkinson G. Thermodynamics of soale mineral solubilities. J. Chem, Eng. Data, 35, 1990, 361~367.

[7] Pitzer K S. Thermodynamics of electrolytes I.theoretical basis and general equations. J. Phys. Chem., 1973, 77(2): 268~277.

[8] Yuan M D, Todd A C.Prediction of sulfate scaling tendency in oilfield operations. SPE 18484, 1989.

[9] Atkinson G, Raju K, Howell R D. Thermodynamics of scale prediction. SPE 21021, 1991, 209~214.

[10] Jacques D F, Bourland B I. A study of solubility of strontium sulphate. SPEJ, Apr., 1983, 292~300.

[11] 袁益让, 梁栋, 芮洪兴等. 长庆油田地层硫酸盐结垢预测模拟. 石油学报, 1996, 17(4): 62~70.

[12] 山东大学数学系, 长庆石油勘探开发研究院. 地层硫酸盐结垢趋势预测软件研究 (开发结束报告). 1992. 12.

索　引

《信息与计算科学丛书》已出版书目